Business Cases

Andreas Taschner

Business Cases

Ein anwendungsorientierter Leitfaden

2., überarbeitete Auflage

Springer Gabler

Andreas Taschner
ESB Business School Reutlingen
Reutlingen, Deutschland

ISBN 978-3-658-00156-8 ISBN 978-3-658-00157-5 (eBook)
DOI 10.1007/978-3-658-00157-5

Die Deutsche Nationalbibliothek verzeichnet diese Publikation in der Deutschen Nationalbibliografie; detaillierte bibliografische Daten sind im Internet über http://dnb.d-nb.de abrufbar.

Springer Gabler

Lektorat: Anna Pietras, Renate Schilling

Gedruckt auf säurefreiem und chlorfrei gebleichtem Papier.

Springer Gabler ist eine Marke von Springer DE. Springer DE ist Teil der Fachverlagsgruppe Springer Science+Business Media
www.springer-gabler.de

Vorwort zur 2. Auflage

Das Arbeiten mit Business Cases erweist sich – natürlich nicht unerwartet – offensichtlich als ein „Dauerbrenner-Thema", mit einem anhaltenden Bedarf nach einer praxisorientierten, leicht verständlichen Einführung in die Welt der Wirtschaftlichkeitsrechnung von Investitionen. Diesem Bedarf soll mit der nun vorliegenden zweiten Auflage weiterhin Rechnung getragen werden.

Neben den bei jeder Neuauflage anstehenden „Renovierungsarbeiten" wie dem Korrigieren verbliebener Irrtümer und Tippfehler, sprachlichen Umformulierungen und stellenweisen Kürzungen wurde der gesamte Text noch einmal kritisch auf logische Konsistenz und Verständlichkeit geprüft. Der inhaltliche Aufbau und die bewährte Ausrichtung des Textes als Leitfaden für die praktische Anwendung wurden nicht verändert. Inhaltliche Ergänzungen finden sich in Kapitel 10. Dort wurden einige weitere Methoden der Wirtschaftlichkeitsrechnung sowie Metriken zur Beurteilung der Vorteilhaftigkeit von Investitionen neu aufgenommen. Ebenso wurde ein Abschnitt zu Vollständigen Finanzplänen (VOFIs) ergänzt.

Die zweite Auflage möge wiederum möglichst vielen Lesern ein nützlicher Begleiter auf der Reise durch die Welt der Business Cases sein. Für Anregungen, Hinweise und Ergänzungsvorschläge bin ich natürlich nach wie vor dankbar. Sie erreichen mich unter andreas.taschner@reutlingen-university.de.

Reutlingen, im Januar 2013

Andreas Taschner

Vorwort zur 1. Auflage

Warum lesen Sie diese Zeilen? Die Chancen sind hoch, dass Sie es tun, weil Sie demnächst selbst einen Business Case erstellen bzw. einen von anderen Personen erstellten Business Case bewerten sollen. Ein anderer Grund könnte aber auch sein, dass Sie sich schon seit längerem mit Business Cases beschäftigen und nun einfach wissen wollen, „was andere zu dem Thema so zu sagen haben".

In beiden Fällen werden Sie hoffentlich nicht enttäuscht. Das Buch versucht eine Brücke zu schlagen zwischen der vielfältigen und umfangreichen Literatur zu Investitions- und Wirtschaftlichkeitsrechnung einerseits und den in der praktischen Arbeit auftretenden Problemen andererseits. Leider überschneiden sich die auftretenden praktischen Probleme und die in der Literatur behandelten Themen und Lösungen nur zum Teil. Praktiker beklagen deshalb oft die eigenen „Wissenslücken" bzw. umgekehrt die „Realitätsferne" der Wissenschaft. Hier will das Buch dazu beitragen, diese Lücke zu verkleinern. Es legt den Schwerpunkt auf die in der Praxis auftretenden Probleme und versucht, dafür Lösungsverschläge aufzuzeigen – ohne aber in eine „theoriefreie Zone" abzudriften.

Die Inhalte und Vorschläge in diesem Buch stammen zum einen aus Erkenntnissen und Erfahrungen, welche während der eigenen praktischen Beschäftigung mit dem Thema „Business Cases" gesammelt worden sind. Sie sind deshalb natürlich teilweise subjektiv (wie jede praktische Erfahrung). Zum anderen setze ich als Lehrender an einer Hochschule aber die „akademische Brille" (und damit den Blick auf die Theorie) nie vollständig ab. Ich hoffe, dass diese Kombination ein lesenswertes Produkt hervorgebracht hat.

Kein Werk ist so gut, dass es nicht verbessert werden könnte. Deshalb freue ich mich über jede Art des Lobes und der Kritik von Ihrer Seite. Vor allem interessiert mich natürlich der praktische Nutzen des Werkes: Finden Sie Ihre eigenen Probleme wieder? Was fehlt? Was hätten Sie zusätzlich gerne erfahren, um mit Business Cases (noch) besser umgehen zu können?

In diesem Sinne wünsche ich viel Spaß bei der Lektüre und viel Erfolg beim Erstellen der nächsten Business Cases!

Berlin, im Juli 2008

Andreas Taschner

Inhaltsverzeichnis

1 Zielsetzung und Aufbau des Buches

Wie viele Menschen haben schon einmal einen Business Case gerechnet? Viele! Wie viele Menschen haben schon einmal einen Business Case in ihren Händen gehalten? Noch mehr!

Die Chancen stehen gut, dass die meisten dies getan haben, ohne es zu wissen. Ein Business Case ist weder eine akademische Übung für verstaubte Bibliotheken noch ein kalkulatorisches Monstrum, das nur mit Hilfe von Supercomputern zu bewältigen ist. Ein Business Case setzt kein mehrjähriges Studium voraus und ist kein Zeitvertreib einer kleinen Profession von hochbezahlten Spezialisten. Business Cases kommen vielmehr in vielerlei Gewändern vor: als kleine Excel Tabelle auf dem Laptop eines Vertriebsbeauftragten, als Projekt für ein Team von Fusionsexperten, als Inhalt einer Hochglanzbroschüre auf einer Branchenmesse, aber ebenso als private Kalkulation beim Bau eines Eigenheimes oder als umfangreiche Studie bei der Planung einer staatlichen Baumaßnahme.

Die rasante Entwicklung der Rechenleistung moderner Computer hat der weiten Verbreitung der Spezies „Business Case" den idealen Nährboden geliefert. Was vor 20 Jahren noch mit immensem Rechenaufwand verbunden war, lässt sich heute mit jedem Tabellenkalkulationsprogramm ohne große Mühe erledigen. Das Rechnen eines Business Case hat damit zwar seine mathematischen Schwierigkeiten verloren – nicht aber seine methodischen!

Im Gegenteil: Die heute praktisch vollständige Verbreitung von Computern in der Arbeitswelt einerseits und die zunehmende „Monetarisierung" ebendieser Arbeitswelt andererseits führen zu immer mehr Situationen, in denen ein „Rechnen Sie doch mal den Business Case dafür!" zu hören ist. Der Adressat dieser Aufforderung ist immer häufiger eben kein jahrelang dafür ausgebildeter Spezialist, sondern „ein Mensch wie du und ich".

Fehlendes methodisches und finanztheoretisches Wissen kann das Projekt „Business Case" dann schnell zu Fall bringen bzw. zumindest den Adrenalinspiegel des damit Betrauten deutlich steigen lassen. Trotzdem ist für viele die Hemmschwelle groß, dicke Fachliteratur zu wälzen und sich mit zunächst schwer verständlichem Spezialjargon herumzuschlagen.

Business Cases werden also zunehmend von Nicht-Spezialisten erstellt, die sich in der Regel auch gar nicht zum Spezialisten entwickeln wollen, trotzdem aber ein ausreichend robustes Wissen benötigen, um die Aufgabe „Erstellen Sie doch mal den Business Case!" erfolgreich bewältigen zu können.

Für diese Zielgruppe ist das vorliegende Buch primär geschrieben. Es soll das nötige „robuste Wissen" liefern zusammen mit den notwendigen Einsichten in die Zusammenhänge und Beschränkungen, denen man bei der Erstellung eines Business Cases unterworfen ist. Um Missverständnissen vorzubeugen: Business Cases sind keineswegs eine „theoriefreie Zone" und jeder, der einen Business Case rechnet, tut gut daran, sich mit der notwendigen Theorie zu beschäftigen. Die Frage ist bloß, wie viel Theorie nötig ist und wie diese vermittelt werden kann. Hier versucht das Buch einen praxistauglichen Weg zu gehen.

Aber auch Studierende aus wirtschaftswissenschaftlichen Fachrichtungen können von diesem Werk profitieren, indem sie mit der Lektüre dieses Buches ihr in Lehrveranstaltungen und durch einschlägige Fachliteratur erworbenes theoretisches Wissen zur Investitionsrechnung um vielfältige und später mindestens ebenso wichtige Praxisaspekte ergänzen.

Diesem Ziel folgend unterscheidet sich das Buch in mehreren Punkten von den meisten anderen Büchern zum Thema Investitionsrechnung:

- Die theoretischen und mathematischen Aspekte, welche meist den Großteil (wenn nicht sogar den gesamten) Inhalt anderer Lehrbücher ausmachen, werden hier bewusst kürzer gehalten. Auf theoretische Sonderfälle oder Ableitungen wird verzichtet. Trotzdem werden alle wesentlichen Inhalte in der gebotenen Tiefe behandelt.
- An jedem Kapitelanfang steht eine Übersicht der Fragen, welche im Kapitel beantwortet werden. Dies erleichtert das Nachschlagen von konkreten Einzelproblemen und schafft mehr Übersicht beim erstmaligen Durcharbeiten.
- Die strenge Orientierung am idealtypischen Prozess einer Business Case Erstellung hilft beim Erarbeiten eigener Business Cases und liefert einen Leitfaden für die ersten selbstständigen Arbeiten.
- An Stelle eines umfangreichen Literaturverzeichnisses (welches von den meisten Lesern eines Fachbuches nie gelesen wird...) finden sich zu den einzelnen Themen jeweils kommentierte Hinweise auf einige wenige Werke, die der interessierte Leser zur Vertiefung zu Rate ziehen kann.
- Die Inhalte des Buches werden in einem durch alle Kapitel beibehaltenen und weiter ausgebauten Fallbeispiel angewendet, um das vorher Ausgeführte zu veranschaulichen und damit einen ersten Anstoß für die Einbindung in der eigenen praktischen Arbeit zu geben.
- Schließlich sind an jedes Kapitel noch Kontrollfragen angefügt, mit deren Hilfe der Leser prüfen kann, ob er die Inhalte des Kapitels anwenden und umsetzen kann. Dabei geht es weniger um „Rechnen" als vielmehr um „Verstehen".

Wie geht man am besten mit dem Buch um? Der Neuling liest das Buch am besten von vorne nach hinten und verschafft sich so einen Überblick über die Materie. Der Praktiker, der bereits auf eigene Erfahrungen aufbauen kann, pickt sich nach einem Blick auf den idealtypischen Prozess (siehe Kapitel 3) die Kapitel heraus, die ihm „unter den Nägeln brennen".

„Ein neuer Platz für die Soft&Schlank GmbH" - Ein Fallbeispiel

Die Soft&Schlank GmbH beschäftigt sich mit der Entwicklung und dem Vertrieb von Standardsoftware für die Gesundheitsbranche. Ihr „Flaggschiff" ist das Softwarepaket „e-slim", welches mit Hilfe von fuzzy-logic-Algorithmen das bisherige Ernährungsprofil einer Person mit Angaben zu persönlichen Vorlieben, gesundheitlicher Leistungsfähigkeit und anderen, frei wählbaren Rahmenparametern (wie Wunschgewicht und Dauer bis Erreichen des Wunschgewichts) kombiniert und daraus ein maßgeschneidertes Ernährungs- und Fitnessprogramm erstellen und kontinuierlich überwachen kann.

„e-slim" wird vornehmlich von kommerziellen Anbietern von Schlankheitsprogrammen und -kuren, von Ernährungsberatern, aber auch in Fitnessstudios oder vereinzelten Arztpraxen in der Version „professional" eingesetzt. Damit lassen sich die Profile von bis zu 20000 Personen verwalten. Der Vertrieb erfolgte zunächst zum Großteil über das Internet, inzwischen auch vermehrt durch Mundpropaganda. Die Soft&Schlank GmbH verfügt über kein Vertreternetz, nimmt aber an den wichtigsten Branchenmessen im Inland teil. Im Jahr 2008 hat Soft&Schlank eine abgespeckte Version „personal" für Privatkunden auf den Markt gebracht, welche ausschließlich über das Internet vertrieben wird. Seit 2010 bietet Soft&Schlank als Ergänzung zur Software auch Beratungsleistungen rund um den Einsatz von „e-slim" an (Training, Projektmanagement bei der Einführung, etc.) sowie neu seit 2011 ein Leasingmodell, bei dem Soft&Schlank für den Kunden die Softwarelösung auf eigenen Rechnern betreibt, die Datenpflege übernimmt und eine 24-Stunden Hotline anbietet (ein sogenannter „hosted service").

Soft&Schlank wurde 1999 noch als echte „Garagenfirma" von ihrem jetzigen Alleineigentümer Kurt Grips gegründet, welcher schon während seines (letztlich abgebrochenen) Informatikstudiums erste Softwarelösungen auf Werkvertragsbasis für verschiedene Auftraggeber entwickelte. Gemeinsam mit 2 Studienkollegen erfolgte Ende des Jahres 1999 die Firmengründung und schon wenige Monate später die Vorstellung der ersten Softwarelösung unter eigenem Namen – dem Vorgängerprogramm von „e-slim". Von damals 3 Personen ist die Firma inzwischen auf über 60 fest angestellte Mitarbeiter gewachsen.

Die Soft&Schlank GmbH konnte seit ihrer Gründung kontinuierlich um 20-50% jährlich wachsen und hat im Geschäftsjahr 2011 einen Umsatz von 12,4 Millionen Euro erwirtschaftet. Im Jahr 2008 wurde zum ersten Mal ein positives Betriebsergebnis erwirtschaftet, im Jahr 2010 belief sich dieses auf knapp 300.000 Euro. Die größte Belastung neben den Personalkosten stellen zurzeit die Zinsen und Rückzahlungen für das in der Startphase aufgenommene Fremdkapital dar.

Kurt Grips rechnet mit einem weiterhin wachsenden Umsatz, vor allem vom neuen Leasingmodell erhofft er sich einiges. Dies soll neben den Erlösen aus dem Lizenzverkauf und einigen laufenden Wartungsverträgen mit größeren Kunden das dritte Standbein für Soft&Schlank werden. Ein weiterer Anstieg der Mitarbeiterzahl auf über 100 innerhalb der nächsten 2 Jahre erscheint Kurt Grips nicht unrealistisch, der Umsatz soll die 20-Millionen-Schwelle überschreiten. Kurt Grips blickt durchaus optimistisch in die Zukunft und träumt mittelfristig von einem Börsengang seines Unternehmens.

2 Definitionen

In diesem Kapitel erfährt der Leser:

- Was unter einem Business Case zu verstehen ist.
- Wofür man Business Cases braucht.
- In welchen Situationen Business Cases erstellt werden.
- Wann Business Cases keinen Sinn machen.
- Was einen Business Case von ähnlichen Begriffen wie „Business Plan", „Kalkulation" oder „Kostenrechnung" unterscheidet.

2.1 Begriffsklärung: Das Wesen eines Business Case

Was ist ein Business Case? Es ist bezeichnend, dass sich allein der Begriff „Business Case" nur mit Mühe ins Deutsche übertragen lässt. Die wörtliche Übersetzung „Geschäfts-Fall" ist so nichtssagend wie falsch. Inhaltlich passender wäre das Wortungetüm „Investitionsfolgenabschätzung", welches sich aber nicht wirklich durchsetzen konnte.

So ist es nicht verwunderlich, dass auch in der deutschsprachigen Praxis der englische Begriff „Business Case" verwendet wird. Wo das Deutsche teilweise umständlich theoretische Begrifflichkeiten klar ziehen muss, prägt das Englische oft eingängige Schlagworte, welche der Theoretiker zwar als unscharf bezeichnen mag, die sich aber trotzdem (oder vielleicht auch gerade deshalb) häufig in der Praxis durchsetzen. Also erstellen auch deutschsprachige Manager, Unternehmensberater und Mitarbeiter öffentlicher Einrichtungen Arbeiten und Analysen, welche sie eben als „Business Cases" und nicht als „Investitionsfolgenabschätzungen" bezeichnen.

Ein Business Case behandelt immer die zentrale Frage:

„Welche finanziellen Konsequenzen entstehen, wenn eine (unternehmerische) Entscheidung so (und nicht anders) getroffen wird?"

Ein Business Case:

- wird zur Unterstützung von Planungsaufgaben oder Entscheidungen gerechnet. Wo nichts entschieden werden muss, ist auch kein Business Case nötig. Dabei behandelt ein Business Case in aller Regel Investitionsentscheidungen, d.h. Situationen, in denen über alternative Möglichkeiten des (meist langfristigen) Einsatzes von Finanzmitteln entschieden werden muss. Ein Business Case ist damit die praktische Umsetzung und Anwendung der verschiedenen Methoden der Investitionsrechnung.

- analysiert mindestens die finanziellen Auswirkungen dieser Entscheidung – aber nicht nur diese. Er kann zusätzlich auch nicht-finanzielle Wirkungen betrachten (z.B. in einem verbalen Teil). Ein Business Case ohne Abschätzung der finanziellen Wirkungen ist allerdings kein Business Case.

Das Wesen eines Business Case hängt nicht direkt von der Form seiner Darstellung und Erstellung ab. Ein Business Case kann als Tabellenkalkulation, als Textdokument oder als multimediale Präsentation existieren – oder in allen drei Formen gleichzeitig!

Ein Business Case ist demnach ein Entscheidungsunterstützungsinstrument. Er analysiert Alternativen und quantifiziert deren Konsequenzen in Geldeinheiten. Die eigentliche Entscheidung, d.h. die Wahl einer konkreten Alternative gehört allerdings nicht zum Business Case. In aller Regel werden die Ergebnisse des Business Case gewisse Alternativen attraktiver erscheinen lassen als andere (genau dies ist ja das Ziel der Übung!). Allerdings bleibt es nach wie vor Sache des Entscheiders selbst, die aufgezeigten Konsequenzen zu bewerten und (abhängig vom persönlichen Risikoprofil) eine bestimmte Alternative den anderen vorzuziehen. Der Business Case an sich (und damit auch sein Ersteller) sind in dieser idealtypischen Welt also völlig neutral. Dass dies in der Praxis eine sehr anspruchsvolle Forderung ist, wird in Kapitel 6 noch näher erläutert.

Ein Business Case ist also umso sinnvoller, je eindeutiger die folgenden Voraussetzungen gegeben sind:

1. Es muss eine Entscheidung getroffen werden zwischen mindestens zwei verschiedenen Handlungsalternativen.
2. Der Entscheidungsprozess ist ergebnisoffen, d.h. es gibt keine Vorgabe, welche Alternative zu wählen ist.
3. Die Entscheidung ist komplex – keine Alternative lässt sich unmittelbar als die günstigste identifizieren.
4. Die Konsequenzen der Entscheidung lassen sich ganz oder weitgehend in monetären Größen ausdrücken.
5. Die Konsequenzen werden als potentiell so gravierend empfunden, dass sich die Mühe einer detaillierten Analyse lohnt.

Umgekehrt erübrigt sich aus theoretischer Sicht die Erstellung eines Business Case, wenn keine Entscheidungsfreiheit mehr vorliegt. In der Praxis werden Business Cases aber manchmal auch nicht „mit offenem Ausgang" erstellt, sondern durchaus mit dem expliziten Ziel, eine bestimmte Alternative als wünschenswert, optimal oder überlegen darzustellen. Der Business Case ist dann kein neutrales Entscheidungsunterstützungsinstrument mehr, sondern ein Marketinghilfsmittel oder eine (nachträgliche) Rechtfertigung einer bereits auf anderem Wege getroffenen Entscheidung. Dies mag man aus theoretischen oder moralischen Überlegungen bedauern. Es ist aber in jedem Fall eine Tatsache, mit der man sich auseinandersetzen muss, wenn man über Business Cases spricht.

2.2 Abgrenzung von verwandten Begriffen

Nicht alles, was mit monetären Größen (Geld) rechnet, ist ein „Business Case". Im Folgenden sollen einige wichtige Abgrenzungen vorgenommen werden:

2.2.1 „Business Case" und „Business Plan"

Ein Business Plan (für den es – im Unterschied zum „Business Case" – mit dem Begriff "Geschäftsplan" auch eine adäquate deutsche Entsprechung gibt) ist die schriftliche Zusammenfassung eines zukünftigen unternehmerischen Vorhabens. Dies kann die Neugründung eines Unternehmens sein, eine Fusion, die Ausgliederung eines Unternehmens, der Eintritt in einen neuen Markt, die Entwicklung einer neuen Produktlinie, etc.

Wesentlich für den Business Plan ist, dass er nicht nur das Ziel (z.B. die Unternehmensgründung) beschreibt, sondern auch und vor allem detailliert den Weg dorthin aufzeigt (die Strategie und die daraus abgeleiteten Maßnahmen) sowie die Gründe, warum genau dieser Weg (also die gewählte Strategie) zielführend und erfolgversprechend ist. Ein Business Plan kann Ergebnisse eines Business Case als Untermauerung enthalten, er verfolgt aber eine andere Zielsetzung: „Verkaufen" der als richtig erachteten Strategie zur Erreichung eines als wünschenswert angesehenen Ziels sowie Maßnahmenplanung zur Umsetzung dieser Strategie. Die Entscheidung ist also bereits gefallen (hoffentlich auf Grundlage eines gerechneten Business Case), nunmehr wird der Weg aufgezeigt, wie der gewünschte Zustand erreicht werden kann. Ein Business Plan ist (z.B. bei Neugründungen von Unternehmen) oft Voraussetzung, um notwendiges Startkapital von Geldgebern (Banken, Risikokapitalgebern) zu erhalten.

2.2.2 „Business Case" und „Kalkulation"

Der Begriff Kalkulation (lat.: *calculare* = rechnen) steht zunächst ganz allgemein für „Berechnung". In der Praxis meint man meist die Berechnung der Stückkosten einer Ware oder Dienstleistung (Produktkalkulation) oder die Berechnung der Selbstkosten eines Projekts (Projektkalkulation) bzw. Auftrags. In beiden Fällen ist Kalkulation also die vorausschauende oder rückblickende Berechnung von (zukünftigem oder vergangenem) Ressourcenverbrauch.

Im Unterschied zu einem Business Case geht es bei der Kalkulation nicht um die Bewertung unterschiedlicher Alternativen, sondern um die möglichst genaue Planung der zukünftig anfallenden (bzw. auf ein Objekt zurechenbaren) Kosten mit dem Ziel, diese im weiteren Verlauf kontrollieren und steuern zu können. Die Entscheidung zwischen den Alternativen (sofern es diese überhaupt gab) ist also bereits vorher gefallen. Während ein Business Case immer vorausschauend ist, kann die Kalkulation durchaus auch retrospektiv sein, d.h. rückwirkend angefallene Kosten kalkulieren (wie z.B. bei der Ermittlung des Periodenerfolgs).

2.2.3 „Business Case" und „Kostenrechnung"

Kostenrechnung ist Teil der internen Unternehmensrechnung und dient der Kontrolle und Steuerung des Unternehmens als Ganzes in Bezug auf angefallene Kosten und erbrachte Leistungen. Kostenrechnung ist eine kontinuierliche Aufgabe, welche typischerweise mit festen Zyklen arbeitet (Monate, Quartale, Jahre). Die Kostenrechnung trifft also Aussagen für jeweils eine bestimmte Periode.

Ein Business Case unterscheidet sich hier in mehrerer Hinsicht. Zum einen fehlt dem Business Case das zyklische Wesen: unterschiedliche Entscheidungen erfordern unterschiedliche Business Cases und fallen typischerweise auch nicht in bestimmten festen Zyklen an. Dem Business Case fehlt also der Charakter einer in festen Abständen wiederkehrenden Übung, er ist in seinem Wesen diskontinuierlich. Außerdem nimmt der Business Case meist nicht das Unternehmen als Ganzes zum Bezugsobjekt, sondern eben einzelne Entscheidungsobjekte – das kann ein Unternehmen sein (z.B. bei Übernahmen), aber auch Produkte, einzelne Investitionsgüter, Märkte, etc.

Ein weiterer wesentlicher Unterschied liegt in den Rechnungsobjekten von Kostenrechnung einerseits und Business Case andererseits. Während die Kostenrechnung mit „Kosten" und „Leistungen" arbeitet, zielt ein Business Case primär auf Zahlungsströme ab. Kosten müssen nicht mit Zahlungen verbunden sein und umgekehrt. D.h. Kostenrechnung und Business Case beleuchten bei ein und derselben Problemstellung unterschiedliche Aspekte. Auf die Abgrenzung zwischen Zahlungen einerseits und Kosten / Leistungen andererseits wird in Kapitel 8.2 noch einmal eingegangen.

„Ein neuer Platz für die Soft&Schlank GmbH" - Ein Fallbeispiel

In der Gründungsphase seines Unternehmens musste Kurt Grips seiner Hausbank einen „Business Plan" vorlegen, in welchem er die Geschäftsidee selbst, den damit erreichbaren Markt und seine Strategie zur Marktbearbeitung darlegen musste. Der Business Plan war das zentrale Argument, um die Hausbank zur Kreditvergabe zu bewegen: In ihm hatte Kurt Grips aufgezeigt, warum seine Geschäftsidee funktionieren konnte und wie er sie umsetzen wollte.

Als Laie in betriebswirtschaftlichen Dingen holte sich Kurt Grips damals Hilfe von Rainer Schlau, einem befreundeten Unternehmensberater. Dieser half ihm bei der Entwicklung seines Geschäftsplans und dessen „bankentauglicher" Ausformulierung und Darstellung. Dieser Business Plan ist für Kurt Grips noch heute gültige strategische Leitlinie für die weitere Entwicklung seines Unternehmens. Einmal im Jahr sitzen er und der Unternehmensberater zusammen, um den aktuellen Stand des Unternehmens mit dem damals skizzierten Plan zu vergleichen.

Die Soft&Schlank GmbH ist zur Führung von Büchern und zur Erstellung von Jahresabschlüssen verpflichtet. Die Buchhaltung und die Bilanzierungsaufgaben werden von einem Steuerberater übernommen. Kurt Grips hat bisher auf den Aufbau einer firmeneigenen Buchhaltungs- oder Controllingabteilung verzichtet, er sieht die Soft&Schlank GmbH vornehmlich als einen „think tank", in welchem seine „schlauen Informatikerköpfe" (wie er seine Mitarbeiter nennt) intelligente Softwarelösungen entwickeln. Mit kaufmännischen Fragen hat er sich selbst nur so weit als nötig befasst und sonst auf den fallweisen Rat seines Bekannten Rainer Schlau vertraut bzw. sich Einzelfragen von seinem Steuerberater erklären lassen. Eine systematisch ausgebaute Kostenrechnung gibt es bisher nicht.

Die Soft&Schlank GmbH hat sich in der Preisfestsetzung für ihre Produkte an branchenüblichen Größen für Lizenz- und Wartungsverträge orientiert, welche Kurt Grips aus seiner Zeit als freier Mitarbeiter anderer Softwarehäuser kennengelernt hat. Eine detaillierte Kalkulation fand nicht statt.

2.3 Kontrollfragen zu Kapitel 2

Kontrollfrage 2-1:

Überlegen Sie, ob in den folgenden Entscheidungssituationen die Erstellung eines Business Case jeweils möglich und sinnvoll ist. Begründen Sie Ihre Aussage!

- Aufnahme eines Privatkredites zur Finanzierung eines Wohnungskaufs
- Teilnahme als Aussteller an einer großen Branchenmesse im Ausland
- Wechsel der Sicherheitsfirma, welche aktuell mit der Bewachung des Firmengeländes betraut ist
- Abgabe eines Kaufangebots zur Übernahme des größten Konkurrenten
- Neugestaltung des nunmehr 60 Jahre alten Firmenlogos

Kontrollfrage 2-2:

Skizzieren Sie kurz, wie die Begriffe „Business Case „ und „Business Plan" zusammenhängen. Wann werden Sie einen „Business Case" erstellen und wann einen „Business Plan"?

Kontrollfrage 2-3:

Nennen Sie 3 Unterschiede zwischen einem Business Case und einer Kalkulation. Kann ein Business Case einzelne Kalkulationen als Bestandteile enthalten?

3 Der Business Case Prozess

In diesem Kapitel erfährt der Leser:

- Welche unterschiedlichen Aufgabenarten anfallen, um einen vollständigen und passenden Business Case zu erstellen.
- Wie der idealtypische Prozess der Erstellung eines Business Case aussieht.
- Aus welchen einzelnen Teilschritten der Prozess besteht und was diese Schritte jeweils umfassen.
- Welche „Abkürzungen" im Prozess in bestimmten Fällen möglich und sinnvoll sind.

3.1 Teilaufgaben eines Business Case

Ein Business Case wird nicht einfach nur „gerechnet". In der Praxis stellt sich das Rechnen – also die mathematische Verarbeitung der Inputs – nur als ein (oftmals eher kleiner) Teil der Aufgabe dar. Der Prozess der Business Case Erstellung umfasst vielmehr eine Reihe von Einzelschritten, die sich wiederum drei verschiedenen Klassen zuordnen lassen:

Mathematik – „Rechnen": Dies ist die Verarbeitung einzelner Inputdaten mit Hilfe von geeigneten Algorithmen. Durch die Anwendung moderner Tabellenkalkulationsprogramme ist der Rechenaufwand heute in der Regel kein Engpassfaktor mehr. Im Gegenteil: Ein und denselben Business Case in immer neuen Varianten zu rechnen, ist kein Problem einer fehlenden Rechenleistung. Die Schwierigkeit liegt eher darin, dass das menschliche Vermögen, Komplexität zu verarbeiten, in keiner Weise mit der Steigerung der Rechnerleistung mitgehalten hat: Wir können zwar immer mehr und immer kompliziertere Business Cases rechnen, aber wir können deren Ergebnisse gedanklich nicht mehr ausreichend ordnen, erfassen und interpretieren!

Deshalb muss in jedem Business Case auch eine Entscheidung getroffen werden, wann sich ein Weiterrechnen (obwohl computertechnisch einfach und deshalb vielleicht verführerisch) nicht mehr lohnt, weil es das Bild eher verkompliziert und damit die Entscheidung erschwert.

Eng damit verbunden ist die Wahl der anzuwendenden Algorithmen (Methoden der Investitionsrechnung). Das beste Computerprogramm nützt nichts, wenn der Anwender für die Fragestellung falsche Methoden wählt oder diese nicht der Fragestellung entsprechend anwendet. Hier ist ein Grundverständnis der zur Verfügung stehenden Methoden nötig, um das für die Fragestellung passende Werkzeug aus dem Werkzeugkasten zu holen.

Systematik – „Strukturieren": Bevor ein Problem gelöst werden kann, muss es hinreichend strukturiert sein: die Aufgabe muss geklärt und ein Problemlösungsweg (im Business Case:

das „Modell“) muss festgelegt sein. Die wesentliche strukturierende Aufgabe ist deshalb die Aufstellung eines geeigneten Modells, mit dem sich die Entscheidung darstellen und danach „rechnen“ (also in monetären Einheiten ausdrücken) lässt.

Zu den strukturierenden Prozessschritten gehört aber ebenso die Aufbereitung und Darstellung der Ergebnisse des Business Case: diese müssen verständlich und klar strukturiert sein. Gerade im Business Case gilt, dass die Zahlen in aller Regel nicht „für sich“ sprechen, sondern weiter erläutert und erklärt werden müssen, um ihren Zweck (nämlich: die Unterstützung einer Entscheidung) zu erfüllen. Strukturiert werden müssen also nicht nur die Inputs, sondern auch die Outputs eines Business Case!

Politik – „Organisieren“: Anders als in Lehrbüchern normalerweise dargestellt, sind die organisatorischen Aufgaben im Rahmen eines Business Case oft die aufwändigsten und schwierigsten. Dazu zählen zunächst die Abklärung der Rahmenbedingungen (Was muss bis wann an wen in welcher Form geliefert werden?), die Bereitstellung bzw. Sicherung der dafür notwendigen Ressourcen (Zeit, Personal, etc.) sowie die Identifikation und Sammlung der notwendigen Inputdaten.

Manche Ablaufschritte lassen sich nicht eindeutig einer der drei Kategorien zuordnen. So ist das Sammeln von Inputdaten keine rein politische Aufgabe („Was gibt man mir?“), sondern weist auch einen stark systematischen Charakter auf („Was genau brauche ich?“).

Nur wer alle 3 Arten von Teilaufgaben meistert, kann erfolgreich einen Business Case erstellen.

3.2 Idealtypischer Prozess einer Business Case Erstellung

Den typischen Business Case gibt es nicht - den typischen Prozess einer Business Case Erstellung schon eher. Die drei großen Aufgabenbereiche Rechnen, Strukturieren und Organisieren wechseln einander dabei immer wieder ab. Die nachfolgende Grafik zeigt den idealtypischen Prozess mit seinen einzelnen Teilaufgaben (vgl. **Abbildung 3.1**). Die einzelnen Prozessteile werden hier zunächst kurz beschrieben, ihre ausführliche Behandlung erfolgt in den nachfolgenden Kapiteln.

Abbildung 3.1 Idealtypischer Prozess der Business Case Erstellung

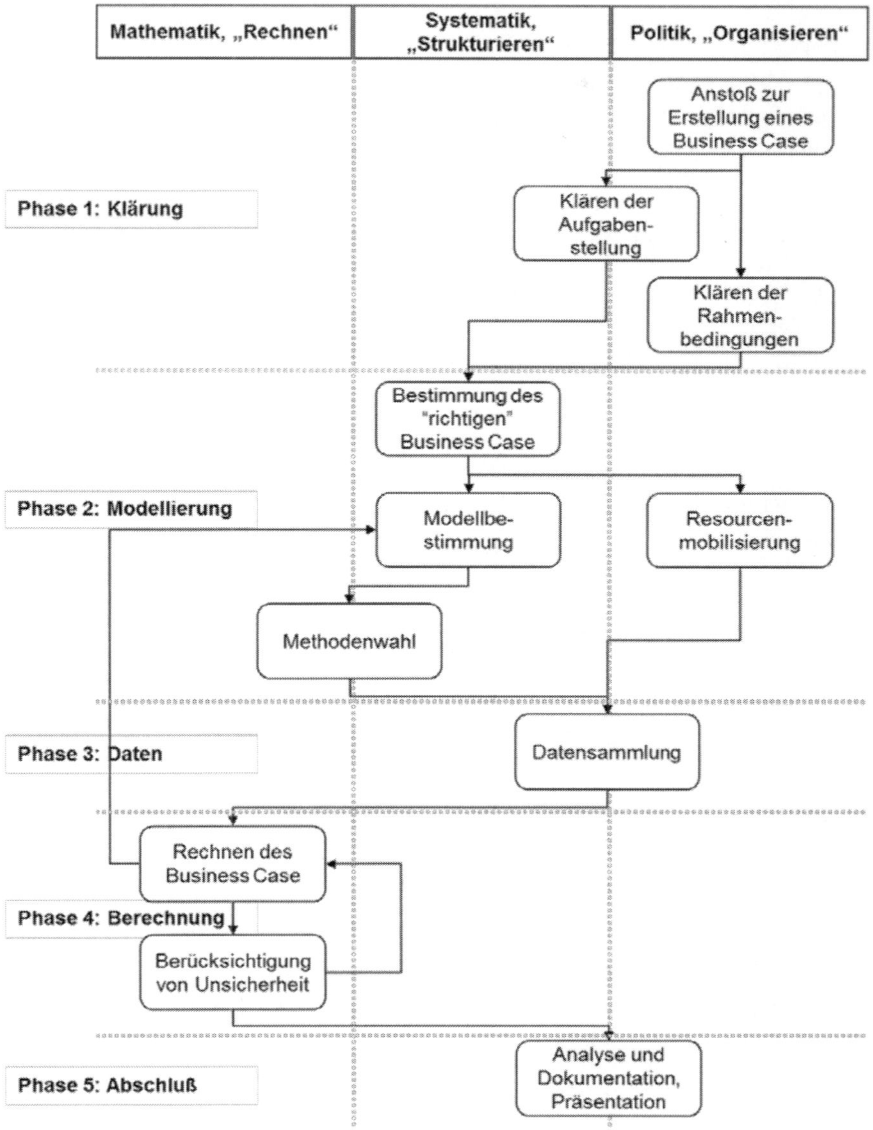

3.2.1 Anstoß zur Erstellung des Business Case

Dies ist der Zeitpunkt, an dem der Beschluss gefasst wird, eine anstehende Entscheidung nur zu treffen, wenn die Konsequenzen der verschiedenen Alternativen zuvor genauer beleuchtet worden sind. Inhaltlicher Anstoß für den Business Case ist also immer eine in näherer Zukunft zu treffende Entscheidung. Formaler Anstoß kann eine offizielle Beauftragung, eine Projekterklärung oder eine Weisung eines Vorgesetzten, etc. sein. Wichtig: der Auftraggeber des Business Case muss nicht unbedingt auch derjenige sein, der die eigentliche Entscheidung zu treffen hat.

Es sind also drei verschiedene Rollen zu besetzen (vgl. **Abbildung 3.2**): der Ersteller des Business Case (der „Rechner"), der Abnehmer der Business Case Ergebnisse (der „Auftraggeber") und derjenige, der die vom Business Case untersuchte Entscheidung zu treffen hat (der „Entscheider"). Im einfachsten Fall werden alle drei Rollen von ein und derselben Person wahrgenommen – man denke z.B. an eine Entscheidung im privaten Umfeld wie etwa einen Immobilienkauf. Im komplexesten Fall werden die drei Rollen jeweils von Gruppen verschiedener Personen wahrgenommen, welche wiederum noch zu unterschiedlichen Organisationen gehören können. Ein Beispiel dafür kann eine komplexe Firmenübernahme sein. Hier wird ein Team von externen Beratern (die „Rechner") von einem Projektteam der übernehmenden Firma (die „Auftraggeber") beauftragt, die Alternativen auszuleuchten, welche danach der Firmenleitung (den „Entscheidern") vorgelegt werden.

Abbildung 3.2 Rollen in einem Business Case Projekt

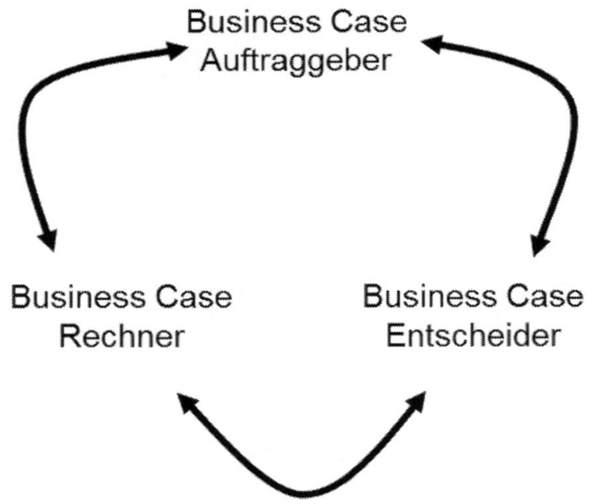

Die jeweilige Rollenkonstellation hat Einfluss auf die weiteren Prozessschritte, so vor allem auf die zeitliche Planung, die verfügbaren Ressourcen, die Anforderungen an die Ergebnisdarstellung, etc. Deshalb ist es für den Rechner des Business Case essentiell zu wissen, in welcher Rollenkonstellation er sich bewegt.

3.2.2 Klären der Aufgabenstellung

Sobald man weiß, dass ein Business Case erstellt werden soll, ist der nächste Schritt die Klärung, was für ein Business Case zu welchem Zweck erstellt werden soll: Welche Entscheidung soll von wem getroffen werden? Welche Unterstützung soll dem oder den Entscheidern durch den Business Case geliefert werden? Hängen andere Entscheidungen oder Aufgaben davon ab, d.h. handelt es sich um eine Einzelentscheidung oder um ein ganzes Gefüge von zusammenhängenden Entscheidungen?

So kann z.B. die Entscheidung über den Standort einer neu zu bauenden Fertigungsstraße im Ausland mit der Entscheidung über die dann günstigerweise eingesetzte Produktionsmethode zusammenhängen, vielleicht auch noch mit der Wahl der Rechtsform der neuen Auslandstochter. In diesem Fall wäre es zu kurz gesprungen, wenn der Business Case die damit verbundenen monetären Auswirkungen nicht ebenfalls berücksichtigen würde.

Die Aufgabenstellung des Business Case muss also so definiert werden, dass eine Menge von klar abgegrenzten Alternativen entsteht, für die jeweils gilt:

- Die Alternativen schließen einander wechselseitig aus, es kann also nur jeweils eine der betrachteten Alternativen gewählt werden. Die simultane Umsetzung mehrerer Alternativen ist nicht möglich („entweder – oder", aber kein „sowohl – als auch" oder „von allem ein bisschen").

  UND

- Alle Teilentscheidungen, welche logisch zusammenhängen und deshalb nicht losgelöst voneinander getroffen werden können, sind in *einer* Alternative zusammengefasst und werden so im Business Case behandelt – siehe das vorhin genannte Beispiel der neu zu bauenden Fertigungsstraße im Ausland.

Die Abgrenzung der einzelnen Alternativen stellt sich in der Praxis oft als sehr schwierig dar. Letztendlich muss eine subjektive Beurteilung darüber befinden, was noch als hinreichend „logisch zusammenhängend" anzusehen ist und deshalb in die Betrachtung einer Alternative aufgenommen werden muss.

3.2.3 Klären der Rahmenbedingungen

Die allerwenigsten Business Cases scheitern an mangelndem mathematischem Know-how des Erstellers. Viel kritischer für den Erfolg des Business Cases sind die Rahmenbedingungen, unter denen der Business Case erstellt wird. Darunter sind vor allem die folgenden Punkte zu verstehen:

Zeitlicher Rahmen, Termine: Wie viel Zeit steht zur Erstellung des Business Case zur Verfügung? Welche Termine sind einzuhalten? Wann müssen Zwischenergebnisse vorliegen? Zeit ist in vielen Fällen der bestimmende Begrenzungsfaktor, der damit auch festlegt, wie umfangreich das Modell bzw. wie aufwändig die Sammlung der Inputdaten werden darf.

Personelle Ressourcen: Wie in Kapitel 6 noch genauer dargestellt, werden viele Business Cases von Teams erstellt. Dies ermöglicht Arbeitsteilung und führt in aller Regel auch mehr Know-how zusammen, als eine einzelne Person haben kann. Allerdings fehlt die Zeit der Teambildung bei der Zeit zur Erstellung des eigentlichen Business Case. Je mehr Zeit also mit der Zusammenstellung eines Expertenteams verbracht wird, desto schneller muss dieses Team danach zu Ergebnissen kommen. Die Größe und die Zusammensetzung des Teams bestimmen wiederum, wie detailliert der Business Case gestaltet werden kann, welche Zusammenhänge modelliert werden können (weil das Fachwissen dafür im Team vorhanden ist), etc.

Finanzielle Ressourcen: Dieser Punkt ist vor allem bei der Datenbeschaffung wichtig (z.B. für den Erwerb von externen Studien, Marktforschungsergebnissen, statistischen Daten, etc.), aber auch bei der Einbeziehung externer Dritter zur Verstärkung des methodischen und/oder inhaltlichen Know-hows (Berater). Alle diese Punkte setzen den Einsatz von Finanzmitteln voraus, welche dem Business Case Team zur Verfügung stehen müssen. Wenn nicht, hat dies wiederum direkte Auswirkungen auf die Qualität des Modells und der Inputdaten – und damit auch der Ergebnisse.

Die frühzeitige Klärung dieser Punkte – nämlich noch vor Beginn der eigentlichen inhaltlichen Arbeit – gehört zu den wichtigsten Aufgaben des Business Case Erstellers.

3.2.4 Bestimmung des „richtigen" Business Case

Grob vereinfacht gilt es bei der Erstellung eines Business Case zwei zentrale Fehler zu vermeiden:

1. Fehler:

Man rechnet nicht den „richtigen" Business Case – d.h. der Business Case beantwortet nicht die vom Adressaten gestellte Frage, er hilft nicht bei der eigentlich zu treffenden Entscheidung. Ein solcher Business Case „geht am Thema vorbei" und wird damit irrelevant.

2. Fehler:

Man rechnet den Business Case nicht „richtig" – d.h. es werden falsche oder veraltete Daten verwendet, unpassende Methoden benutzt, Ergebnisse falsch interpretiert, etc. Ein solcher Business Case trifft zwar das Thema, führt aber zu falschen Entscheidungen.

Die Erstellung des Business Case beginnt deshalb mit der Festlegung des „richtigen" Business Case. Dafür sind die folgenden fünf Fragen – gemeinsam mit dem Auftraggeber des Business Case – zu klären:

1. Welche Entscheidung soll der Business Case unterstützen? Handelt es sich um eine Einzelentscheidung („Ja oder nein?"), eine Wahlentscheidung („lieber A oder lieber B?") oder um eine Ersatzentscheidung („Jetzt oder später?")?
2. Wer ist der Adressat des Business Case? Wer muss die Ergebnisse des Business Case verstehen und interpretieren können, um danach eine Entscheidung zu treffen?
3. Welchen Zeitraum muss der Business Case umfassen, damit alle für die Entscheidung relevanten Ereignisse (aber auch *nur* diese!) berücksichtigt sind und der Business Case ein treffendes Bild zeichnet?
4. In welchem Detaillierungsgrad muss das Problem dargestellt und im Business Case analysiert werden, damit eine Entscheidung getroffen werden kann?
5. Wie muss der Business Case (insbesondere seine Ergebnisse) dargestellt und aufbereitet werden, damit er seinen Zweck optimal erfüllen kann?

Auf diese 5 Fragen wird in Kapitel 5 näher eingegangen.

3.2.5 Ressourcenmobilisierung

Nachdem die Rahmenbedingungen, unter denen der Business Case erstellt wird, geklärt worden sind (siehe oben), gilt es nun, die zugeteilten oder versprochenen Ressourcen zu mobilisieren und für die Business Case Erstellung optimal einzusetzen. In dieser Hinsicht unterscheidet sich die Erstellung des Business Case nicht von anderen Arten von Projekten. Ein Projektplan klärt, welche Personen welche Aufgabenbereiche übernehmen sollen (z.B. Datensammlung, Modellerstellung, Implementierung in einem Tabellenkalkulationsprogramm, etc.), wie diese Aufgabenbereiche zeitlich und inhaltlich zusammenhängen und welche Ergebnisse jeweils bis wann zu erwarten sind.

Nicht zu vergessen sind neben den personellen Ressourcen auch die notwendigen finanziellen Mittel – etwa wenn es darum geht, ein Budget für den Erwerb externer Daten rechtzeitig zu beantragen, oder wenn (z.B. bei großen Projekten) eigene Kostensammler (Projekt-Kostenstellen) mit eigenem Budget eingerichtet werden sollen.

Ressourcenmobilisierung ist also eine Projektmanagementaufgabe, welche sich im Fall „Erstellen eines Business Case" nicht wesentlich von anderen Arten von Projekten unterscheidet.

3.2.6 Modellbestimmung

Nachdem man weiß, was der Auftraggeber des Business Case erwartet, steht mit der Modellbestimmung der wichtigste Teil des Prozesses an. Das Modell ist eine vereinfachende Abbildung der realen Situation – keine 1:1 Entsprechung. Das bedeutet, dass im Modell immer Faktoren weggelassen, Zusammenhänge vereinfacht und reale Gegebenheiten zusammengefasst werden müssen. In der Modellbestimmung geht es also darum, das Wesentliche vom Unwesentlichen zu trennen und das als wesentlich Erkannte zu so verknüpfen, dass es die realen Zusammenhänge passend nachbildet. Zu klären ist damit vor allem:

- Welche realen Faktoren beeinflussen die Entscheidung so wesentlich, dass sie im Modell als Variablen erfasst werden müssen? Hier sind Fragen der folgenden Art zu stellen: Hat die Inflationsrate wesentlichen Einfluss auf die Entscheidung und muss sie deshalb im Modell als Variable enthalten sein? Spielt die gesamtwirtschaftliche Entwicklung eine Rolle? Wenn ja, welche Aspekte müssen ins Modell einfließen? Wirtschaftswachstum? Arbeitslosenrate? Wechselkurse? Etc.
- Kann ein Faktor als einzelne Modellvariable abgebildet werden oder ist er so komplex, dass er lieber als Teilmodell (mehrere Variablen samt den Verbindungen zwischen ihnen) auftauchen sollte? Lässt sich der Faktor „Preis des Endprodukts" als Einzelvariable sinnvoll bestimmen oder benötigt man ein vorgeschaltetes Teilmodell, in welchem der Preis selbst modelliert / ermittelt wird?
- Welche Zusammenhänge zwischen diesen Faktoren existieren und welcher Natur sind sie? Sind Faktoren unabhängig voneinander oder existiert ein Ursache-Wirkungs-Verhältnis? Ist dieses unidirektional oder wechselseitig? Wie stark ist es? Etc. Fragen dieser Art lauten dann z.B.: Wenn der Preis des Endprodukts ein wichtiger Faktor ist – was beeinflusst er? Die Absatzmenge? In welcher Form? Wie stark ist dieser Einfluss (Preiselastizität)? Etc.

Auf die Modellbestimmung wird in Kapitel 7 im Detail eingegangen.

3.2.7 Methodenwahl

Der Begriff „Methode" soll hier ein auf einem festgelegten Regelsystem aufbauendes Verfahren bzw. eine Vorgehensweise bei der Lösung eines Problems oder der Generierung neuen Wissens bezeichnen. Die Methode in einem Business Case legt fest, mit welchen finanzmathematischen Regeln die Inputs verarbeitet werden und welche Art von Output daraus erzeugt wird.

Die Investitionsrechnung unterscheidet zwischen statischen und dynamischen Verfahren, welche sich primär durch die Berücksichtigung des Zeitwertes des Geldes (Auf- und Abzinsung) unterscheiden. Dynamische Verfahren werden allgemein als leistungsfähiger und realistischer angesehen, bringen aber einen höheren Rechenaufwand mit sich. Nachdem das eigentliche Rechnen heute kein Problem darstellt (siehe dazu gleich unten), trifft man in der Praxis in aller Regel dynamische Verfahren an (allerdings oft noch durch Ergebnisse statischer Verfahren ergänzt).

Häufig werden verschiedene Verfahren simultan kombiniert, sodass ein typischer Business Case oft Outputs liefert, die mit mehr als einem Verfahren erzeugt worden sind. Die Methodenwahl gehört im Prinzip zu den wenigen einfach abzuarbeitenden Schritten im Prozess der Business Case Erstellung, weil der Ersteller im Zweifelsfall keine Wahlentscheidung treffen muss, sondern einfach mehrere Methoden parallel einsetzen kann. Das eigentliche Rechnen mag dadurch nicht wesentlich schwieriger geworden sein, die Interpretation der Ergebnisse unter Umständen aber sehr wohl – weil nicht alle Methoden immer zum gleichen Ergebnis kommen! Dies wird in den Kapiteln 8 und 10 weiter ausgeführt.

3.2.8 Datensammlung

Die Datensammlung bleibt leider zu oft ein Stiefkind des gesamten Prozesses. Inputdaten sind häufig schwer zu beschaffen, mit Kosten verbunden und trotzdem unsicher. Außerdem sind für den Adressaten des Business Case naturgemäß die Outputs (und deren Darstellung) unmittelbar wichtiger als die verwendeten Inputs. Deshalb wird oft mehr Wert gelegt auf das „Ausfeilen" des Modells und die Darstellung der Ergebnisse als auf die Beschaffung der Inputs.

Bis zu einem gewissen Grad mag dies gerechtfertigt sein, weil auch die besten Inputs das wesentliche Problem eines Business Case nicht lösen können: dass seine Ergebnisse mit Unsicherheit behaftet sind. Adäquate und verlässliche Inputs können diese Unsicherheit aber wesentlich reduzieren. Vor allem können sie helfen, einen systematischen Fehler zu vermeiden: Weil mein an sich passendes Modell mit falschen (weil z.B. nur grob geschätzten und nicht genau ermittelten) Inputs rechnet, produziert es Ergebnisse, die systematisch von der Realität abweichen.

Der systematische Fehler kann durch geeignete Modellbildung und Verwendung passender und verlässlicher Inputdaten reduziert werden. Der unsystematische Fehler in den Ergebnissen, der dadurch entsteht, dass zukünftige Ereignisse eben nicht determiniert sind und deshalb immer etwas Unerwartetes eintreten kann, lässt sich auch durch noch so gute und teure Inputdaten nicht vermeiden.

Deshalb ist der Kern der Datensammlung ein Abwägen zwischen den Kosten (Zeit, Geld), die entstehen, und dem Nutzen, den Daten für die Brauchbarkeit und Robustheit des Business Cases liefern. Zu typischen Inputdaten und deren möglichen Quellen wird in Kapitel 9 mehr gesagt.

3.2.9 Rechnen des Business Case

Dies ist der Schritt, den Lehrbücher und Lehrveranstaltungen zur Investitionsrechnung typischerweise in großer Tiefe abdecken. Hier ist das finanzmathematische Wissen gefragt, um die Inputdaten im gewählten Modell mit adäquaten Methoden so zu verarbeiten, dass die zu treffende Entscheidung optimal unterstützt wird.

Heute geschieht dies in aller Regel mit Tabellenkalkulationsprogrammen, welche ein multivariates, mehrperiodiges Modell übersichtlich in Spalten und Zeilen darstellen können und außerdem bereits über ein mehr oder weniger großes Repertoire an vorab implementierten finanzmathematischen Funktionen verfügen. Damit beschränkt sich das eigentliche Rechnen heute zunächst auf die fehlerfreie Bedienung entsprechender Software.

3.2.10 Berücksichtigung von Unsicherheit

Eine Quelle häufiger Frustration für den Rechner eines Business Cases ist die typische Frage nach Vorstellung der Ergebnisse: „Kann ich mich darauf auch verlassen?" Diese Frage muss in aller Regel verneint werden – und zwar aus mindestens drei Gründen:

1. Weil der Business Case Aussagen über zukünftige Ereignisse (Zahlungsströme) macht, sind diese Aussagen naturgemäß mit Unsicherheit behaftet.
2. Dazu kommt, dass das Modell – per definitionem – Vereinfachungen der realen Verhältnisse macht und auch dadurch bedingt Abweichungen und Unsicherheiten entstehen.
3. Zum dritten sind auch die verwendeten Inputdaten in aller Regel nicht fehlerfrei bzw. werden für manche Faktoren subjektiv gefärbte Annahmen gemacht, womit auch an dieser Stelle Unsicherheit entsteht.

Weil ein Business Case also immer mit Unsicherheit behaftet ist, muss in jedem Business Case von neuem überlegt werden, inwieweit und auf welche Weise diese Unsicherheit berücksichtigt wird. Dazu gibt es eine Vielzahl von mehr oder weniger einfachen Ansätzen, welche die „Robustheit" der Ergebnisse steigern bzw. eine Abschätzung des Risikos ermöglichen sollen, welche in den Ergebnissen steckt.

Auch hier ist durch die heute zur Verfügung stehende Computerausstattung das eigentliche Rechnen kein Problem mehr. Vielmehr stellt das menschliche Gehirn und seine Möglichkeiten zur Ordnung und Reduktion von Komplexität häufig den eigentlichen Engpassfaktor dar: Der typische Adressat der Business Case Ergebnisse kann von einer gutgemeinten, aber völlig überzogenen detaillierten Analyse der Unsicherheitspotentiale und Risikofaktoren überrollt werden, wodurch die Brauchbarkeit des gesamten Business Cases leidet: Was ich nicht verstehe, akzeptiere ich nicht. Und was ich nicht akzeptiere, verwende ich auch kaum als Richtlinie für mein Handeln und Entscheiden!

Die Möglichkeiten der Berücksichtigung von Unsicherheit sowie die Vor- und Nachteile der einzelnen Ansätze werden in Kapitel 11 weiter behandelt.

3.2.11 Analyse und Dokumentation, Präsentation

Die Erstellung von Business Cases geschieht häufig unter hohem Zeitdruck und stellt hohe Anforderungen an die Stressresistenz des Erstellers. Oft muss es gerade kurz vor Erreichen des Abgabetermins noch schnell gehen und der letzte Schritt in der Prozesskette fällt entsprechend kurz aus: die Dokumentation und Präsentation des Business Case.

Zu einer Dokumentation gehört zumindest die Formulierung des Untersuchungsauftrags, die wahrgenommenen Rahmenbedingungen, ebenso wie ein klares Festhalten der im Business Case getroffenen Annahmen, der verwendeten Quellen für Inputdaten und eine Kenntlichmachung von Annahmen (in Abgrenzung zu empirischen Daten). Eine saubere

Dokumentation erhöht die Nachvollziehbarkeit und auch die Glaubwürdigkeit des Business Case und liegt damit im ureigenen Interesse des Erstellers.

Damit verbunden, aber nicht deckungsgleich ist die Präsentation der Ergebnisse. Teilweise wird man hier bereits in der Dokumentation festgehaltene Dinge wiederverwenden können. Jedoch liegt der Schwerpunkt hier darauf, den Business Case als Werkzeug zur Entscheidungsunterstützung möglichst brauchbar zu machen: Ergebnisse werden hervorgehoben und grafisch aufbereitet, einander gegenübergestellt (Alternativenvergleich), mögliche Streubreiten (Ergebnis einer Sensitivitätsanalyse) dargestellt, etc. Je nach Untersuchungsauftrag kann hier auch eine Empfehlung oder eine bevorzugte Entscheidungsalternative hervorgehoben (und natürlich begründet) werden.

3.3 „Abkürzungen“ im Business Case Prozess

Dieser idealtypisch skizzierte Prozess der Erstellung eines Business Case vom Anstoß bis zur abschließenden Dokumentation und Präsentation wird je nach konkreter Aufgabenstellung mehr oder weniger leicht verändert auftreten. Generell gilt natürlich, dass Entscheidungen, deren Konsequenzen als sehr schwerwiegend eingeschätzt werden, umfangreichere Arbeiten am Business Case rechtfertigen – ebenso wie Entscheidungen, welche zum ersten Mal auftreten. Entscheidungen mit geringeren Konsequenzen ebenso wie wiederkehrende Entscheidungen werden weniger Aufwand beim Business Case rechtfertigen.

In solchen Fällen werden sich gewisse „Abkürzungen“ im Prozess herauskristallisieren. Typische Abkürzungen, welche in solchen Situationen gerechtfertigt sind und die Brauchbarkeit des Business Cases a priori noch nicht einschränken, sind:

1. Verschmelzung der drei ersten Prozessschritte zu einem einzigen Schritt „Klärung“. Wenn eine Entscheidung regelmäßig, in gleichartiger Art und mit gleichartiger Aufgabenstellung anfällt (z.B. Ersatzentscheidung für Leasingfahrzeuge), dann lassen sich die Aufgabenstellung und die Rahmenbedingungen gleich beim Anstoß zur Erstellung klären („Same procedure as last year?“ „Same procedure as every year!“).
2. Gleiches gilt für die Prozessschritte in Phase 2, welche zu einem umfassenden Punkt „Modellierung“ zusammengezogen werden können, weil die zu verwendenden Ressourcen ebenso klar sind wie die Methoden. Eine Überarbeitung des Modells mag allerdings manchmal notwendig sein.
3. Eine immer wieder auffindbare – aber streng genommen unzulässige – Abkürzung stellt schließlich noch der Wegfall des Punktes „Berücksichtigung von Unsicherheit“ dar. Oft geschieht dies, weil der Ersteller (häufiger aber die Adressaten des Business Case) die damit verbundene Komplexität und die erhöhte Schwierigkeit der Interpretation der Ergebnisse scheuen. Man vermeidet damit aber nicht das Problem an sich (die Ergebnisse bleiben unsicher), sondern blendet es einfach nur aus.

„Ein neuer Platz für die Soft&Schlank GmbH" - Ein Fallbeispiel

Der Unternehmensberater Rainer Schlau ist ein langjähriger Bekannter von Kurt Grips und hat als solcher die Entwicklung der Soft&Schlank GmbH von Anfang an verfolgt und immer wieder auch mit fachmännischem Rat begleitet. Rainer Schlau hat sich schon vor einigen Jahren beruflich selbstständig gemacht und ist heute als Unternehmensberater mit den Schwerpunkten Controlling und strategische Planung erfolgreich tätig.

Eine Spezialität von Rainer Schlau ist die Erstellung von Business Cases als Instrument zur Entscheidungsunterstützung. Er tritt dabei als extern hinzugezogener Fachmann im Kundenunternehmen auf, wo er mit seinem analytischen Denken, der inzwischen jahrelangen Erfahrung auf dem Gebiet von Business Cases und einem in der Praxis angeeigneten Gespür für organisatorisch Mögliches und Unmögliches seinen Kunden in den allermeisten Fällen einen spürbaren Mehrwert liefert.

Rainer Schlau legt großen Wert auf systematisches Vorgehen und hält nichts von schnellen (Schein-)Lösungen. Er orientiert sich in seinen Beratungsmandaten wann immer möglich am idealtypischen Prozess der Business Case Erstellung und vermeidet es, mit einem vorgefertigten Standardmodell zu schnellen, aber meist unpassenden Aussagen zu kommen. Oft startet er die Analysephase mit einem Workshop zur Festlegung des Analyseauftrags und zur Bestimmung der relevanten Rahmenbedingungen. Großen Wert legt Rainer Schlau darauf, den oder die Entscheider mindestens einmal persönlich gesprochen zu haben (auch wenn dies in großen Unternehmen nicht immer einfach ist). Meist werden ihm vom Kunden ein oder mehrere Ansprechpartner zur Seite gestellt, mit denen er im Team den Business Case erarbeitet. Während sich Rainer Schlau auf sein eigenes methodisches und analytisches Wissen verlassen kann, so ist er doch in jedem Fall immer auf das inhaltliche Expertenwissen seiner Ansprechpartner aus dem Kundenunternehmen angewiesen – z.B. wenn es um branchenspezifische Fragen oder um die Identifikation notwendiger Inputdaten geht. Ebenso sind die Partner aus dem Kundenunternehmen bei der Sicherstellung der notwendigen Managementunterstützung im Kundenunternehmen und bei der Abstimmung der terminlichen Rahmenbedingungen eine wertvolle Hilfe.

Wenn auch hin und wieder ein Kunde sein sorgfältiges Vorgehen in den ersten Phasen zunächst als Ratlosigkeit oder Zaudern interpretiert, so lassen sich doch alle recht schnell vom Nutzen dieser geordneten und nicht überhasteten Vorgehensweise überzeugen.

3.4 Kontrollfragen zu Kapitel 3

Kontrollfrage 3-1:

Die Einzelaufgaben im Prozess der Business Case Erstellung lassen sich in „Rechnen", „Strukturieren" und „Organisieren" gruppieren. Macht es Sinn, diese Aufgabentypen arbeitsteilig von unterschiedlichen Personen bearbeiten zu lassen? Wenn ja, unter welchen Bedingungen?

Kontrollfrage 3-2:

Bestimmen Sie, wer in den folgenden Situationen jeweils die Rolle des „Auftraggebers", des „Entscheiders" und des „Erstellers" des Business Case innehat:

- Nachdem die Unternehmensleitung der Maschinenbau Süd AG das Investitionsbudget für jeden einzelnen Unternehmensbereich im Zuge der Jahresplanung festgelegt hat, soll nun der vorteilhafteste Anbieter für die geplante Softwaremodernisierung im Bereich „Services" ermittelt werden. Der Unternehmensbereich erstellt zunächst ein internes Pflichtenheft und danach die Ausschreibungsunterlagen, auf deren Basis die eintreffenden Angebote von einer internen Arbeitsgruppe gesichtet und eine Auswahlliste der Unternehmensleitung zur Entscheidung vorgelegt werden sollen.
- Der Einzelunternehmer Robert M. plant die Vergrößerung seines Firmengeländes durch Zukauf eines Nachbargrundstückes und anschließenden Bau einer neuen Produktionshalle, um die Produktionskapazität für das aktuell sehr stark nachgefragte Produkt ABC steigern zu können. Er bittet den Berater seiner Hausbank um Unterstützung bei der Planung des Vorhabens inklusive eines Angebots zur Finanzierung der Investition durch die Bank.
- Die Firma „Luftikus Bau" entwickelt und baut wetterfeste Luftkissenkonstruktionen als Alternative zu herkömmlichen Stahlkonstruktionen für Lager- und Produktionshallen. Noch kann die Luftikus Bau nur auf wenige Referenzprojekte verweisen. Sie möchte aber Herrn Robert M. davon überzeugen, dass in seinem Fall eine Luftkissenkonstruktion wirtschaftlich günstiger ist und wird dies in ihrem Angebot mit Zahlen untermauern.

Kontrollfrage 3-3:

Stellen Sie für jede Situation aus Kontrollfrage 3-2 die „5 Fragen" zur Bestimmung des richtigen Business Case und skizzieren Sie Ihre Antworten!

Kontrollfrage 3-4:

In welchem der drei Business Cases aus Kontrollfrage 3-2 wird das detaillierteste Modell erarbeitet werden? Warum?

Kontrollfrage 3-5:

Welche Abkürzungen in den drei Business Cases aus Kontrollfrage 3-2 erscheinen Ihnen sinnvoll und zulässig? Warum?

4 Ausgangssituation

In diesem Kapitel erfährt der Leser:

- Welche typischen Ausgangssituationen in einem Business Case auftreten können.
- Was man über die Ausgangssituation wissen muss, um einen sinnvollen Business Case erstellen zu können.
- Warum die Ausgangssituation das weitere Vorgehen bestimmt.
- Warum ein Business Case immer eine Vergleichsbasis braucht, um sinnvoll zu sein.

4.1 Komplexitätsdimensionen der Ausgangssituation

Die Ausgangssituation lässt sich in ihrer Komplexität in drei Dimensionen beschreiben:

1. Personelle Trennung der Rollen,
2. Zahl der beteiligten unterschiedlichen Organisationen / Unternehmen,
3. Zahl der Personen pro Rolle.

In Kapitel 3 wurde bereits die Unterscheidung getroffen zwischen dem Rechner oder Ersteller des Business Case, dessen Auftraggeber und dem letztendlichen Entscheider. Den Anstoß zur Erstellung des Business Case gibt der Auftraggeber – welcher jedoch nicht mit dem eigentlichen Entscheider zusammenfallen muss. Beide Rollen sind aber immer vorhanden (unter Umständen eben durch ein und dieselbe Person verkörpert). Für den Ersteller des Business Case ist immer die Situation des Entscheiders die wichtigste: ihm muss das Ergebnis des Business Case inhaltlich nützen.

Aus der Sicht des Erstellers kann der Entscheider ein interner (zum gleichen Unternehmen bzw. der gleichen Organisation gehöriger) oder ein externer Entscheider sein (zu einem anderen Unternehmen gehörig). Als dritte Dimension gilt es noch zu beachten, ob jede Rolle jeweils nur von einer Einzelperson oder von Personengruppen (Teams) wahrgenommen wird.

Damit ergeben sich unterschiedlichste Konstellationen, welche die jeweilige Ausgangssituation der Business Case Erstellung prägen (vgl. **Abbildung 4.1**). Sie reichen vom einfachsten Fall (alle drei Rollen in Personalunion von einer einzigen Einzelperson wahrgenommen) bis zum komplexesten denkbaren Fall, in dem jede Rolle von unterschiedlichen (und unter Umständen großen) Teams wahrgenommen wird und diese Teams zu drei verschiedenen Organisationen gehören.

Abbildung 4.1 Komplexitätsdimensionen der Ausgangssituation

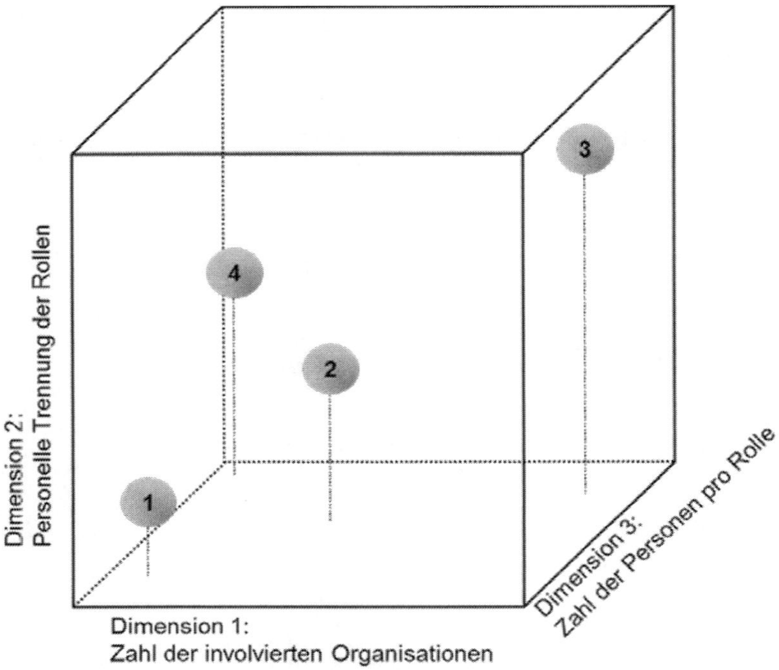

Die Grafik zeigt beispielhaft einige typische Konstellationen, welche als Ausgangsbasis eines Business Case auftreten können:

- Fall 1 ist durch geringstmögliche Komplexität in allen drei Dimensionen geprägt: Alle drei Rollen werden von ein und derselben Einzelperson wahrgenommen (es gibt also keine Mehrpersonenteams), die Zahl der involvierten Organisationen ist damit zwangsläufig ebenfalls gleich 1. Die Person erstellt den Business Case, weil sie selbst eine Entscheidung zu treffen hat. Diese Ausgangssituation ist typisch für private Entscheidungen (z.B. Ein Single überlegt den Kauf einer Immobilie), tritt aber auch im beruflichen Umfeld auf (Ein Zahnarzt plant die Anschaffung einer neuen Praxisausstattung, ein Handwerker muss eine wichtige Maschine ersetzen, etc.).
- In Fall 2 geschieht bereits eine gewisse Trennung der Rollen auf verschiedene Personen bzw. Personengruppen (Teams), welche auch nicht mehr der gleichen Organisation angehören. Fall 2 weist also in jeder Dimension eine höhere Komplexität auf als Fall 1. Typische Beispiele hierfür treten in Investitionsgüterindustrien auf, wo ein Team der Verkäuferorganisation einen Business Case als Teil eines Angebots erstellt, um den Nutzen des angebotenen Produkts für die Abnehmerorganisation darzustellen. Da es

sich normalerweise um größere Anschaffungen handelt, wird in der Abnehmerorganisation die Kaufentscheidung ebenfalls von einem Team und keiner Einzelperson getroffen werden. Es treten also Teams (und keine Einzelpersonen) auf, welche nicht mehr der gleichen Organisation angehören.

- Fall 3 spiegelt die größtmögliche Komplexität wider, weil jede Rolle von einem Team (und keiner Einzelperson) wahrgenommen wird, welche jeweils zu unterschiedlichen Organisationen gehören. Solche Konstellationen treten oft bei öffentlichen Großprojekten auf. Dem Entscheiderteam (z.B. ein Gremium gewählter Vertreter wie Stadtrat, Kreistag, etc.) wird als Hilfestellung eine Machbarkeits- und Wirtschaftlichkeitsstudie an die Hand gegeben (z.B. von einem privaten Beratungsunternehmen oder einem Ingenieurbüro), welche wiederum von einer Stelle der öffentlichen Verwaltung in Auftrag gegeben wird (z.B. Stadtplanungsamt).
- Fall 4 schließlich ist geprägt durch eine Konzentration aller Beteiligten in der gleichen Organisation, einer mittleren bis hohen personellen Trennung der Rollen sowie einer hohen Zahl von Einzelpersonen in jeder Rolle. Dieser Fall ist typisch für viele komplexe Investitionsentscheidungen innerhalb eines Unternehmens. Das Entscheidergremium (z.B. die Geschäftsführung, der Vorstand) erhält als Entscheidungsgrundlage einen Business Case, welcher von einem Team unternehmensinterner Experten erstellt wird (Vertreter aus verschiedenen Fachbereichen, Controlling, Einkauf, etc.). Die Rolle des Auftraggebers kann entweder mit dem Entscheidergremium zusammenfallen oder von einem dritten Team wahrgenommen werden (z.B. Stabsstelle „Unternehmensstrategie" oder auch das Leitungsgremium eines betroffenen Unternehmensbereichs).

Warum ist es wichtig, sich der jeweiligen Ausgangssituation bewusst zu sein? Weil sie erheblichen Einfluss auf den weiteren Prozess der Business Case Erstellung hat. In allen vier Fällen geht es im Grunde zwar immer um das Gleiche: eine noch zu treffende Investitionsentscheidung (wenn auch mit unterschiedlichem Inhalt und in unterschiedlicher Größe). Dennoch wird der Prozess völlig unterschiedlich ablaufen:

Je mehr unterschiedliche Personen beteiligt sind, desto schwieriger wird die Klärung der Aufgabenstellung und desto anspruchsvoller sind die Rahmenbedingungen für die Erstellung des Business Case. Ganz besonders trifft dies auf Situationen zu, in denen die Rolle des Auftraggebers von der des Entscheiders verschieden ist. Deren Interessen und Ziele können durchaus verschieden sein, welche der Ersteller mit seinem Business Case zwangsläufig nicht alle befriedigen kann. Die Unterschiedlichen Interessenslagen können auch die Sicherung der notwendigen Ressourcen (z.B. Unterstützung aus den Fachabteilungen) und die Datenbeschaffung sehr viel schwieriger machen.

Diesem Dilemma entkommt der Business Case nur, indem er genau diese Zielkonflikte thematisiert und in der Alternativenbetrachtung zu integrieren versucht. Der Business Case darf also nicht schon vorab Partei für eine Seite ergreifen, indem er die Interessen der anderen Seite ignoriert und aus der Analyse ausblendet. Im Gegenteil: Versuchen unterschiedliche Interessensgruppen drei verschiedene Zielzustände durchzusetzen, dann sind (mindestens) diese drei Zielzustände Teil des Alternativenraumes, in dem entschieden werden muss. Die Ausgangssituation gibt dem Ersteller des Business Case also schon implizit vor, welche Alternativen in die Analyse einbezogen werden müssen – sie bestimmt zu einem wesentlichen Teil, wie der richtige Business Case auszusehen hat.

4.2 „Business as usual" oder „base case" als Vergleichsbasis

Was tun, wenn keine Zielkonflikte auszumachen sind, welche implizit die zu analysierenden Alternativen vorgeben? Kann die Ausgangssituation auch so einfach sein, dass sie keinerlei Hinweise für die Business Case Erstellung gibt? Die Antwort ist ein klares „Nein".

Jede Entscheidung bringt auch immer die Alternative mit sich, nichts am gegenwärtigen Zustand zu ändern – sich überhaupt nicht zu entscheiden und alles „einfach weiterlaufen" zu lassen. In jeder Situation gibt es als „base case" also die (zukünftige) Situation, welche eintritt, wenn überhaupt keine Entscheidung getroffen wird. Was passiert, wenn ich die fragliche Maschine weder bei A noch bei B kaufe – sondern eben gar nicht? Dann könnten wir das neue Produkt nicht produzieren und vermarkten. Welche finanziellen Konsequenzen hätte dies? Was passiert, wenn wir die Ersatzentscheidung weder heute noch morgen treffen? Dann werden wir mit der vorhandenen Ausrüstung weitermachen, bis diese unbrauchbar geworden ist. Welche finanziellen Konsequenzen hätte dies?

In vielen Fällen wird die Alternative „gar nichts entscheiden" also auf eine Fortführung des gegenwärtigen Zustands hinauslaufen (zumindest für eine gewisse Zeit – siehe Ersatzproblem). Manchmal wird aber auch – durch die Umwelt oder Dritte bestimmt – ein davon abweichender zukünftiger Zustand eintreten: Wenn wir uns nicht entscheiden können, ob wir den angeschlagenen Konkurrenten übernehmen sollen, dann wird dieser entweder von einem anderen Mitkonkurrenten übernommen oder geht in Konkurs und verschwindet vom Markt. Auf jeden Fall werden wir es auch im Falle eines Nicht-Entscheidens mit einer anderen Situation zu tun haben als heute.

Ein Business Case findet also – glücklicherweise – nie ein Vakuum vor, sondern mindestens die Alternative, nichts zu tun und die Ereignisse einfach abzuwarten. Zur Analyse der Ausgangssituation gehört deshalb nicht nur, die Rollenverteilung zu klären (siehe oben), sondern mindestens auch die Klärung der Alternative „laufen lassen". Beides zusammen gibt dem Ersteller des Business Case bereits viele Anhaltspunkte zur Bestimmung des richtigen Business Case – welche er mit den im Folgenden erläuterten „5 Fragen" noch weiter verfeinert.

„Ein neuer Platz für die Soft&Schlank GmbH" - Ein Fallbeispiel

Seit 2004 nutzt Soft&Schlank angemietete Büroräume in einem gemischten Wohngebiet in der Heimatstadt von Kurt Grips. Ausschlaggebend für die Standortwahl war damals eine rasche Verfügbarkeit (die Firma wuchs sehr schnell und Kurt Grips hatte weder die Zeit noch den Willen, sich lange mit der Suche nach Büroräumen zu befassen) und die Vertrautheit des Eigentümers mit der Umgebung. Der damalige Mitarbeiterstamm von 13 Personen fand bequem Platz in den neuen Räumlichkeiten. Nach und nach wurden zusätzliche Arbeitsplätze geschaffen, doch die Anmietung von zusätzlichen Räumen in benachbarten Gebäuden war letztlich unvermeidbar.

Heute sind die 60 Mitarbeiter der Soft&Schlank GmbH auf 4 Standorte verteilt, welche alle in einem Umkreis von 1 km liegen. Dennoch muss sich Kurt Grips immer öfter leises Grummeln und auch offene Beschwerden von Mitarbeitern anhören, welche diese räumliche Trennung als ineffizient und störend empfinden. Kurt Grips fürchtet, dass die Arbeitsplätze in den angemieteten Außenstellen als „zweitklassig" wahrgenommen werden und sie die betroffenen Mitarbeiter demotivieren könnten.

Auch leidet der für ein Softwarehaus unerlässliche schnelle und sichere Austausch von elektronischen Daten durch die räumliche Trennung, weil nicht alle Außenstellen über eine adäquate Netzwerkverbindung verfügen. Eine Aufrüstung käme relativ teuer und würde die anderen Probleme der Zersplitterung nicht lösen.

Die Situation wird mit jedem neu hinzukommenden Standort unangenehmer für alle Beteiligten. Bei einer Fortführung des aktuellen Zustands fürchtet Kurt Grips, mehrere wichtige Mitarbeiter zu verlieren. Kurt Grips ist sich mit seinem Bekannten, dem Unternehmensberater, einig, dass das für die Zukunft geplante Firmenwachstum nicht über die Anmietung weiterer Außenstellen gesichert werden kann. Die beiden beschließen, dass etwas passieren muss – und zwar bald. Ein neuer, für das zukünftige Wachstum geeigneter Standort muss gefunden werden.

So startet eine kurze, aber intensive Suche nach geeigneten Standorten für die wachsende Firma. Aus persönlichen Gründen, aber auch im Interesse der Belegschaft, schließt Kurt Grips den Umzug in eine andere Stadt aus. Der neue Standort soll mit möglichst wenig Aufwand für alle erreichbar sein. Schon bald kristallisieren sich zwei Alternativen heraus:

1. Im Gewerbegebiet am Rande der Stadt könnte das ehemalige Verwaltungsgebäude einer Spedition zu einem attraktiven Preis gekauft werden. Eine gute Verkehrsanbindung und ein relativ niedriger Kaufpreis sowie viel Platz für eine zukünftige Expansion machen diese Alternative attraktiv. Allerdings wären einige weitere Umbau- und Adaptionsarbeiten erforderlich, vor allem für die so wichtige Einrichtung einer sicheren und leistungsfähigen IT-Infrastruktur (Firmennetzwerk).

2. Direkt im Stadtzentrum gäbe es geeignete Räumlichkeiten zur Miete in einem Business Center. Diese könnten sofort bezogen werden, die Infrastruktur ist vorhanden. Allerdings ist der Mietpreis relativ hoch.

Wie immer vertraut Kurt Grips auf den Rat von Rainer Schlau und bittet ihn, ihm bei der Entscheidung zu helfen. Rainer Schlau bietet sich an, die Entscheidung auf eine sachlich fundierte Grundlage zu stellen und einen Business Case zu rechnen. Auf dessen Basis könnte Kurt Grips dann die vorteilhafteste Alternative bestimmen und umsetzen.

4.3 Kontrollfragen zu Kapitel 4

Kontrollfrage 4-1:

Beschreiben Sie die Ausgangssituation im Fallbeispiel der Soft&Schlank GmbH in ihren drei Komplexitätsdimensionen. Halten Sie dies für eine einfache oder eine komplexe Ausgangssituation? Wie sieht der „base case" im Fall der Soft&Schlank aus?

Kontrollfrage 4-2:

Korreliert die Komplexität eines Business Case (sein Umfang, sein Detaillierungsgrad, etc.) mit der Komplexität der Ausgangssituation? In welcher Hinsicht?

Kontrollfrage 4-3:

Die Firma „Bau und Putz" will sich mit einem Zulieferer als Partner an einer großen Ausschreibung für den Bau der neuen Stadthalle beteiligen. Man ist auf der Suche nach dem besten Partnerunternehmen und hat bereits mit zwei Firmen Gespräche geführt, welche aber technisch sehr unterschiedliche Lösungen zuliefern würden. Die Erfolgsaussichten dieser beiden Techniken bei der Ausschreibung sind schwierig abzuschätzen, noch hat die „Bau und Putz" keine Entscheidung getroffen.

Skizzieren Sie den „base case", der als Alternative „Nichts entscheiden" die Vergleichsbasis für den Business Case der „Bau und Putz" bildet.

5 Die „5 Fragen“ eines Business Case

In diesem Kapitel erfährt der Leser:

- Welcher Unterschied besteht zwischen „den richtigen Business Case rechnen“ und „den Business Case richtig rechnen“.
- Welche 5 Fragen man sich stellen muss, um den richtigen Business Case zu rechnen.
- Wie die Antworten auf diese 5 Fragen das weitere Vorgehen bestimmen.

Wie in Kapitel 3 aufgezeigt, können bei der Erstellung eines Business Case zwei prinzipielle Fehlerarten auftreten:

1. Fehler: Man rechnet nicht den „richtigen“ Business Case – d.h. der Business Case beantwortet nicht die vom Adressaten gestellte Frage, er hilft nicht bei der eigentlich zu treffenden Entscheidung. Ein solcher Business Case „geht am Thema vorbei“ und wird damit irrelevant bzw. zu einer rein akademischen Übung.

2. Fehler: Man rechnet den Business Case nicht „richtig“ – d.h. es werden falsche oder veraltete Daten verwendet, unpassende Methoden benutzt, Ergebnisse falsch interpretiert, etc. Ein solcher Business Case trifft zwar das Thema, führt aber zu falschen Entscheidungen.

Abbildung 5.1 Vermeidung der „klassischen“ Business Case Fehler

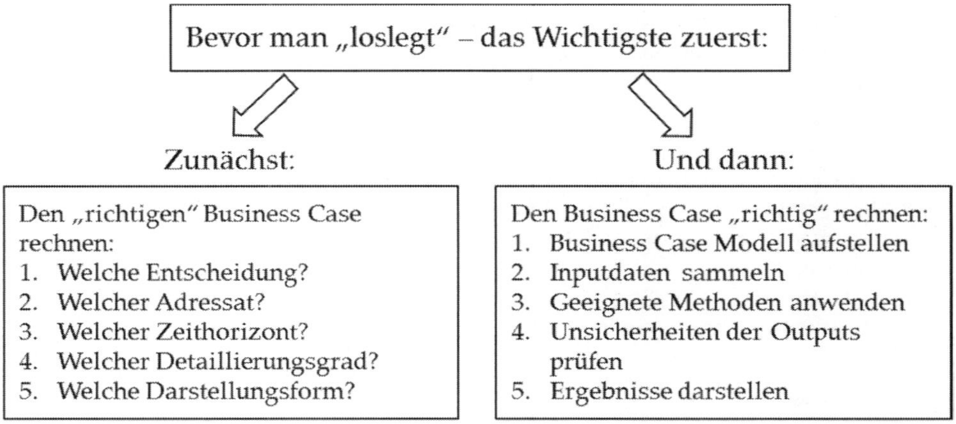

Die Erstellung des Business Case beginnt deshalb mit der Festlegung des „richtigen“ Business Case. Dabei sind die folgenden fünf Fragen zu klären.

5.1 Frage 1: Welche Entscheidung?

Jede Entscheidung setzt voraus, dass es mindestens 2 Alternativen gibt, zwischen denen gewählt werden muss. In manchen Fällen ist die Zahl der Alternativen allerdings deutlich größer. Grundsätzlich kann der Business Case mit den folgenden Entscheidungstypen konfrontiert sein.

Einzelentscheidung („Ja oder nein?“)

Hier muss entschieden werden, ob eine bestimmte Maßnahme realisiert wird oder nicht. Eine Entscheidung **gegen** die Durchführung ist gleichbedeutend mit Beibehaltung des Status Quo – wobei wie oben gezeigt sich der Status Quo durchaus ohne Zutun des Entscheiders weiter verändern kann. „Kaufen wir die Maschine – ja oder nein?“ „Wollen wir in den neuen Auslandsmarkt einsteigen – ja oder nein?“ Lautet die Entscheidung „Nein“, dann läuft die Produktion so wie bisher ohne die Maschine bzw. wird der Auslandsmarkt nicht bedient. Die Alternative „Nein“ stellt also die Vergleichsbasis für den Business Case dar. Auf keinen Fall darf diese Vergleichsbasis aber als komplett statisch (d.h. im Zeitverlauf unveränderbar) angesehen werden. Wenn wir die Maschine nicht kaufen, werden sich unsere produktive Kapazität und die damit verbundenen Kosten ebenfalls verändern: die vorhanden Maschinen werden älter und erzeugen höhere Wartungskosten, sie fallen unter Umständen häufiger aus, womit ihre Periodenkapazität abnimmt, etc. Eine Entscheidung „Nein“ ist also nicht gleichbedeutend mit „Einfrieren unseres heutigen Standes“. Die Analyse einer solchen Einzelentscheidung wird damit besser charakterisiert durch die Frage „aktiv gestalten oder passiv treiben lassen?“. Auf jeden Fall wird der Business Case auch bei einer Einzelentscheidung die Konsequenzen von **zwei** Alternativen darstellen.

Wesentlich ist dabei immer eine korrekte, nämlich für die Analyse passende Abgrenzung der einzelnen Alternativen. Ein Bündel von logisch miteinander verknüpften Maßnahmen muss als eine einzige Alternative betrachtet werden. Wenn der Kauf der Maschine immer bauliche Vorbereitungen in der Werkhalle erfordert, dann muss die Alternative „Ja, wir kaufen!“ natürlich auch die finanziellen Auswirkungen dieser baulichen Vorbereitungen mit einschließen. Ein Kauf ohne bauliche Veränderungen ist denkunmöglich, insofern sind beide Maßnahmen unauflösliche Bestandteile der gleichen Alternative und müssen im Business Case auch entsprechend behandelt werden. Könnte die Maschine allerdings auch am Platz der alten Maschine aufgestellt werden (nachdem diese demontiert worden ist), so lägen zwei verschiedene Varianten vor: „kaufen und auf neuem Platz aufstellen“ bzw. „kaufen und an Stelle der alten Maschine aufstellen“. Dies führt zu einer

Wahlentscheidung („A oder lieber B?“)

Hier stehen dem Entscheider neben der Variante „laufen lassen“ noch mindestens zwei – einander ausschließende – Alternativen zur Verfügung. Der Entscheidungsraum umfasst damit mindestens 3 Alternativen. In der Regel wird bei einer Wahlentscheidung die Alternative „laufen lassen“ meist nicht als echte Handlungsoption angesehen. Die Vor-Entscheidung, den Status Quo ändern zu wollen, ist also meist (implizit oder explizit) bereits gefallen. Allerdings stellt dieser Status Quo wiederum die Vergleichsbasis dar. Die Attraktivität der anderen Alternativen bestimmt sich jeweils durch den Vergleich mit dieser Basis: Die Alternative mit dem höchsten relativen Vorteil wird gewählt werden. Für den Fall (und nur für diesen Fall), dass sich alle Alternativen schlechter als die Vergleichsbasis darstellen, muss die Entscheidung dann aber konsequenterweise „laufen lassen" (also Beibehaltung des Status Quo) lauten.

Ein Business Case zur Unterstützung einer Wahlentscheidung wird normalerweise auf inkrementeller Basis erstellt, d.h. nicht die absoluten Werte sind entscheidend, sondern die Differenz zwischen einer Alternative und der Vergleichsbasis (dem Status Quo).

Ersatzentscheidung („Jetzt oder später?")?

Bei einer Ersatzentscheidung ist die Entscheidung für eine bestimmte Maßnahme im Prinzip schon gefallen. Unbestimmt ist allerdings noch der beste Zeitpunkt zur Durchführung der Maßnahme. Typische Beispiele von Ersatzentscheidungen sind die Modernisierung eines Maschinen- oder Fuhrparks oder die Erneuerung von IT-Ausstattung. Es steht außer Frage, dass die Maßnahme früher oder später durchgeführt werden muss; nun ist der beste Zeitpunkt dafür zu bestimmen.

Anders als Einzel- und Wahlentscheidungen haben Ersatzentscheidungen keine disjunkten Alternativen: Im Prinzip ist jeder beliebige zukünftige Zeitpunkt wählbar. Eine Ersatzentscheidung könnte also in eine Wahlentscheidung mit einer (beliebig) großen Anzahl an Alternativen (jede durch einen anderen Ersatzzeitpunkt dargestellt) umgeformt werden. Dies geschieht in der Praxis nicht. Stattdessen wählt man oft die pragmatische Vorgehensweise, einen Vergleich zwischen „Ersatz sofort" und „Ersatz in der nächsten Periode" zu erstellen. In Abhängigkeit von der konkreten Fragestellung kann die Periode ein Monat, ein Quartal, oder (häufig) ein Jahr darstellen. Die Ersatzentscheidung wird dann zu einer Einzelentscheidung. Sollte die Entscheidung „später" lauten, so muss sie am Ende der betrachteten Periode naturgemäß neu gestellt werden. Der Vergleich findet dann nicht mehr zwischen Zeitpunkt t und t+1 statt, sondern dann eben zwischen t+1 und t+2. Damit der Vergleichsmaßstab der gleiche bleibt, wird der Business Case für eine Ersatzentscheidung keine inkrementellen, sondern absolute Werte betrachten. Dann lässt sich die Vorteilhaftigkeit späterer Ersatzzeitpunkte miteinander vergleichen, egal welche Periode gerade als Vergleichsbasis herangezogen wird.

Aus der Antwort auf die Frage „Welche Entscheidung?" kann der Ersteller des Business Case also bereits konkrete Rückschlüsse darauf ziehen, wie der Business Case strukturiert sein muss: welche und wie viele Alternativen (mindestens) zu berücksichtigen sind und ob inkrementelle oder besser absolute Werte betrachtet werden.

5.2 Frage 2: Welcher Adressat?

Die Rollenunterscheidung zwischen „Auftraggeber“ und „Entscheider“ ist bereits diskutiert worden. Wer ist nun der Adressat des Business Case? Der Adressat ist derjenige, an den sich der Business Case wendet – der ihn verstehen und interpretieren können muss. Dies ist auf jeden Fall der Entscheider, aber in vielen Fällen (sofern die Rollen von unterschiedlichen Personen wahrgenommen werden) auch der Auftraggeber!

Der Auftraggeber entscheidet formal darüber, ob die Leistung „erstelle einen Business Case für ...“ wie gewünscht erfüllt und abgeschlossen worden ist. Kommt der Auftrag aus einer anderen Organisation, so wird der Auftraggeber formal zum Kunden, dem unter Umständen auch die Rechnung für die erbrachte Leistung geschickt wird. Daraus ergibt sich: Der **inhaltliche** Adressat des Business Case ist der Entscheider – der **formale** Adressat ist der Auftraggeber!

Idealerweise müssen damit beide Rollen 1) den Business Case inhaltlich nachvollziehen und 2) das Ergebnis als formal ausreichend akzeptieren, um den Auftrag als erfüllt anzusehen. In der Praxis wird bei einer formalen Trennung der beiden Rollen „Auftraggeber“ und „Entscheider“ der Auftraggeber oft eine (offene oder verdeckte) Katalysatorfunktion ausüben: Die Ergebnisse und Empfehlungen des Business Case werden nicht direkt vom Ersteller den Entscheidern vorgetragen, sondern über den Auftraggeber vermittelt: Die Experten werden nicht direkt in der Vorstandssitzung (dem eigentlichen Entscheidergremium) gehört, sondern der Bereichsleiter (als Auftraggeber) trägt die Ergebnisse vor. Der externe Gutachter liefert seine Expertise nicht an den Stadtrat, sondern an die ihn formal beauftragende Verwaltungseinheit, welche die Entscheider informiert, etc. In diesen Fällen ist die Rolle des Auftraggebers für den Ersteller des Business Case die entscheidende: Der Auftraggeber muss verstehen, was der Business Case verarbeitet und zu welchen Ergebnissen er kommt.

Die Klärung des Adressaten erschöpft sich allerdings nicht in dieser Rollenfestlegung. Danach muss der Ersteller mit dem Adressaten mindestens noch die folgenden Punkte klären:

1. Welches Komplexitätsniveau ist in der Analyse gewünscht bzw. unter Berücksichtigung der vorhandenen Sachkenntnis beim Adressatenkreis angemessen? Ein hochwissenschaftlicher und für den Nicht-Experten unverständlicher Business Case erfüllt seinen Zweck nicht – eine auch für den Nicht-Fachmann offensichtliche laienhafte Behandlung der Entscheidungssituation aber ebenso wenig. Der Adressatenkreis mit seinen Vorkenntnissen und seinem Erkenntnisinteresse bestimmt deshalb maßgeblich die Komplexität und die Struktur des Business Case und noch viel mehr seine abschließende Darstellung und Präsentation.

2. Wie soll die Entscheidungssituation angemessen abgegrenzt werden? Was sieht der Adressat als zugehörig zur Entscheidung an und was nicht? Dies mag in der fortschreitenden Analyse durch den Ersteller korrigiert oder verändert werden, aber es ist definitiv der Ausgangspunkt der Analyse. Der Business Case muss den Adressaten bei sei-

nem eigenen Problemverständnis „abholen". Deshalb muss genau dieses mit dem Adressaten geklärt sein. Die Identifikation der relevanten Entscheidungsalternativen kann nicht durch den Ersteller alleine erfolgen, sondern erfordert die Mitwirkung des Adressaten.

5.3 Frage 3: Welcher Analysezeitraum?

Hier geht es um die Klärung, welchen Zeitraum der Business Case umfassen muss, damit alle für die Entscheidung relevanten Ereignisse (aber auch nur diese!) berücksichtigt sind und der Business Case ein treffendes Bild zeichnet. Dabei ist sowohl der Anfangszeitpunkt als auch der Endzeitpunkt festzulegen. Der Anfangszeitpunkt des Analysezeitraums wird bestimmt durch den zeitlich ersten durch die zu treffende Entscheidung verursachten oder beeinflussten Unterschied zwischen den Alternativen. Wann immer im Zeitablauf die betrachteten Alternativen zum ersten Mal einen Unterschied aufweisen, liegt der Startzeitpunkt der Analyse. Anders formuliert: Die Analyse hat mit der ersten Wirkung der Entscheidung zu beginnen.

Die Analyse beginnt aber in aller Regel **nicht** mit dem Zeitpunkt der Entscheidung. Je komplexer die Entscheidung ist, desto länger wird der Vorlauf zwischen der Entscheidung selbst und dem ersten Zeitpunkt, zu dem die Entscheidung eine konkrete Wirkung hat: die formale Zustimmung anderer Gremien mag erforderlich sein, die Entscheidung mag noch einer (zeitlich aufwändigen) ausformulierten Begründung bedürfen, der Startzeitpunkt eines Projekts (z.B. einer Baumaßnahme) mag auf Grund externer Gegebenheiten für einen bestimmten Termin fixiert sein, etc. In all diesen Fällen ist der Zeitraum zwischen der Entscheidung für eine Alternative und dem Zeitpunkt der eigentlichen Realisierung dieser Alternative nicht Gegenstand des Business Case.

Dabei gilt es aber zu beachten, dass der Startzeitpunkt der Realisierung nicht unbedingt mit einem formalen Akt („Spatenstich") zusammenfallen muss, sondern durchaus früher liegen kann. Vorarbeiten und Planungsaktivitäten beginnen unter Umständen bereits kurz nach der Entscheidung und sind damit bereits konkrete Wirkungen. Ohne die Entscheidung gäbe es auch diese Vorarbeiten nicht, weshalb sie in die Analyse einbezogen werden müssen (vgl. **Abbildung 5.2**).

Die Frage nach dem Endzeitpunkt des Analysezeitraums ist im Prinzip analog zu beantworten: Der Business Case reicht soweit in die Zukunft, wie die letzte Wirkung der Entscheidung auszumachen ist. In der Praxis stellt sich dies allerdings in vielen Fällen als unmöglich dar: Je weiter ein Ereignis in der Zukunft liegt, desto schwieriger wird es, den Kausalzusammenhang mit der zu treffenden Entscheidung darzustellen und eindeutig zu identifizieren. Die Wirkungen einer Entscheidung sind in der nahen Zukunft also offensichtlicher als in der weiter entfernten Zukunft. Sie verschwinden im Nebel anderer zukünftiger Entscheidungen.

Abbildung 5.2 Bestimmung des Analysezeitraums eines Business Case

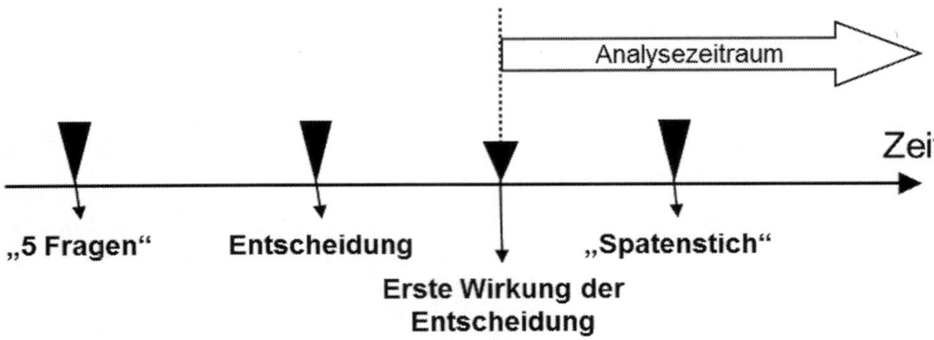

Die Bestimmung des Endzeitpunkts der Analyse wird deshalb in aller Regel von anderen Überlegungen geleitet:

- Datenverfügbarkeit („Wie weit in die Zukunft können wir realistische Zahlen finden?“)
- Planungs- bzw. Berichtzyklen des Adressaten („Wie weit schaut unser Abnehmer bei anderen Fragestellungen in die Zukunft? Welche Planungszeiträume ist er gewohnt?“)
- Entscheidungsspezifische Meilensteine („Wann ist eine erneute Entscheidung zu treffen?“ – z.B. Produktlebenszyklen, Abschreibungszeiträume, Kreditlaufzeiten etc.)

Die Bestimmung des Endzeitpunkts und damit des Analysezeitraums insgesamt lässt sich nur subjektiv bestimmen und sollte ebenfalls eng mit dem Adressaten abgestimmt sein.

5.4 Frage 4: Welcher Detaillierungsgrad?

Jeder Business Case muss als vereinfachendes Modell der Wirklichkeit gewisse Faktoren ausblenden bzw. vereinfachen. Umgekehrt sollen aber alle Auswirkungen der Entscheidung adäquat abbildbar bleiben. Hier muss regelmäßig abgewogen werden, was als sinnvoll und notwendig erachtet wird und was nicht. Die generelle Regel lautet: „So einfach wie möglich, so kompliziert wie nötig.“

Was nötig ist und was nicht, bestimmt der Ersteller des Business Case am besten wiederum gemeinsam mit den Adressaten (dem Auftraggeber und dem Entscheider). Ein umfangreiches, komplexes Modell kann mehr Faktoren berücksichtigen und bietet dem erfahrenen Anwender mehr Möglichkeiten für Sensitivitätsanalysen und Risikoabschätzungen. Allerdings wird dies durch eine schlechtere Verständlichkeit und damit einhergehend auch häufig durch geringere Akzeptanz erkauft: „Was ich nicht verstehe, glaube ich (eher) nicht!“ Abgesehen von diesem intersubjektiven Akzeptanzproblem bringt ein komplexer

Business Case auch ganz objektiv größere Schwierigkeiten mit sich: vor allem bei der Datensammlung, aber auch bei der Erstellung und Interpretation. Selbst bei einem sehr aufgeschlossenen und inhaltlich sachkundigen Entscheider wird der Ersteller des Business Case nicht zur größtmöglichen Komplexität bzw. dem größten Detaillierungsgrad im Business Case tendieren. Vielmehr gilt es, einen für den jeweiligen Einzelfall passenden Kompromiss zu finden (vgl. **Abbildung 5.3**).

Abbildung 5.3 Komplexitätsniveau eines Business Case

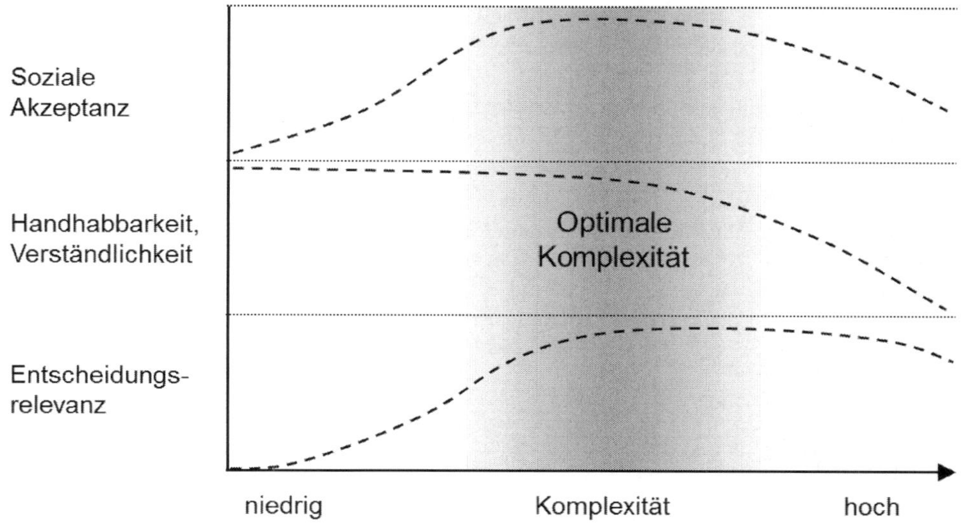

Quelle: eigene Darstellung

1. Die soziale Akzeptanz bei den Abnehmern steigt zunächst mit zunehmender Komplexität deutlich an: Man traut der Analyse mehr zu, weil sie detaillierter und vollständiger ist (bzw. zumindest so erscheint). Allerdings hält dieser Effekt nicht grenzenlos an: Mit zunehmender Komplexität steigt der Verdacht, dass Unnötiges oder Irrelevantes betrachtet wird – vielleicht weil der Ersteller selbst nicht weiß, was wichtig ist? Auf jeden Fall wächst das Misstrauen gegenüber einem extrem komplizierten und detaillierten Business Case. Der Adressat bekommt das Gefühl, dass die Detailvielfalt Wichtiges (gewollt oder ungewollt) verbirgt und die Entscheidung dadurch nicht einfacher wird.

2. Die Handhabbarkeit (für den Ersteller) und die Verständlichkeit (für den Adressaten) bleiben zunächst einmal relativ konstant: Ein triviales Modell etwas umfangreicher zu gestalten tut der Verständlichkeit noch keinen Abbruch. Auch das Arbeiten mit einem etwas komplexeren Modell ist nicht allzu schwierig. Allerdings nehmen die Schwierigkeiten danach sehr rasch zu. Handhabbarkeit und Verständlichkeit sinken ab einem

gewissen Niveau nicht linear mit zunehmender Komplexität, sondern vielmehr exponentiell. Mit anderen Worten: ab einem gewissen Grad an Komplexität wird der Business Case sehr schnell unübersichtlich, schwierig zu überschauen und damit nicht mehr handhabbar.

3. Als dritte – und tendenziell gegenläufige – Variable tritt die Entscheidungsrelevanz ins Bild. Triviale Business Cases sind praktisch überhaupt nicht entscheidungsrelevant. Der Business Case drückt nur etwas aus, was der Entscheider intuitiv oder auf Grund persönlicher Erfahrung ohnehin schon weiß. Der Business Case wird umso relevanter, je mehr Neues der Entscheider erfahren und miteinander verknüpfen kann. Dies erfordert kompliziertere Modelle, welche mehr Faktoren berücksichtigen und gleichzeitig so aufarbeiten, dass der Entscheider mögliche Konsequenzen seiner Entscheidung unmittelbar abschätzen kann. Diese Entscheidungsunterstützungsfunktion erfüllt ein Business Case zunächst mit zunehmender Komplexität. Allerdings gibt es auch hier ein Optimum, bei dessen Überschreiten die Relevanz abnimmt: Der Entscheider „sieht den Wald vor lauter Bäumen nicht“. Der Blick für das Wesentliche ist verstellt. Auf Grund der Vielzahl an Faktoren und Zusammenhängen fällt es dem Entscheider immer schwerer, die Ursache-Wirkungs-Zusammenhänge nachzuvollziehen. Warum eine Entscheidung die Konsequenzen nach sich ziehen soll, welche der komplexe Business Case postuliert, ist für ihn nicht mehr einsichtig. Damit fördert der Business Case Unsicherheit, anstatt sie zu reduzieren. Die Relevanz für die eigentliche Entscheidung sinkt wieder.

Leider lassen sich diese drei Kurven nur allgemein skizzieren, die exakten Verläufe sind im Einzelfall von der Fragestellung und den beteiligten Personen abhängig. Tendenziell gilt aber die goldene Regel, dass ein Business Case mittlerer Komplexität die höchsten Chancen hat, seinen Zweck zu erfüllen.

Damit stellt sich für den Ersteller des Business Case die Frage, mit welchen Stellschrauben er die Komplexität beeinflussen kann. Hier sind zumindest die folgenden Faktoren relevant:

Inhaltliche Komplexität:	In wie viele Teilmodelle soll der Sachverhalt aufgespalten werden? Wo genügt eine einfache Annahme und wo müssen Zusammenhänge explizit modelliert und parametrisiert werden?
Zeitliche Komplexität:	In wie viele Perioden soll der Analysezeitraum untergliedert werden? Genügt eine Jahresbetrachtung oder sind Quartale / Monate sinnvoller? Wie groß sollen die „Zeitscheiben“ sein? In welcher Periodizität liegen die Inputdaten vor?
Mathematische Komplexität:	Welche Teil- oder Zwischenergebnisse muss der Business Case ausweisen? Welche Algorithmen sind zur Abbildung bestimmter Kausalzusammenhänge passend? Genügen Näherungen oder müssen komplexe Formeln aufgestellt werden?

5.5 Frage 5: Welche Darstellungsform?

Ein Business Case erfüllt seinen Zweck nur dann, wenn der Adressat ihn als Entscheidungshilfe akzeptiert und einsetzt. Dies wird nicht zuletzt durch eine angemessene Darstellung des Business Case und seiner Ergebnisse erreicht. Der Ersteller hat sich also die Frage zu stellen, wie der Business Case (insbesondere seine Ergebnisse) dargestellt und aufbereitet werden muss, damit er diesen Zweck optimal erfüllen kann. In der Regel wird dies folgendes umfassen:

1. Schriftliche Dokumentation der Annahmen, der modellierten Wirkungszusammenhänge, der verwendeten Inputdaten sowie der daraus abgeleiteten Ergebnisse. Die Dokumentationserfordernisse können von einer beinahe unkommentierten Tabellenkalkulation bis zu einem umfangreichen ausformulierten schriftlichen Bericht (Studie) mitsamt begleitendem Präsentationsmaterial reichen.
2. Verbale Darstellung in einem Workshop oder einer Präsentation vor dem Entscheidergremium.

„Ein neuer Platz für die Soft&Schlank GmbH" - Ein Fallbeispiel

Rainer Schlau macht sich an die Arbeit, denn die Zeit drängt. Zunächst gilt es zu klären, was der von ihm verlangte Business Case genau analysieren soll. Deshalb schlägt er Kurt Grips vor, sich gemeinsam für einen halben Tag in Klausur zu begeben und den Fahrplan für den Business Case auszuarbeiten. Wie bei allen seinen Aufträgen beginnt Rainer Schlau mit den „5 Fragen":

Welche Entscheidung?

Auf Grund der gebotenen Eile ist diese Frage schnell beantwortet: Kurt Grips hat eine Wahlentscheidung zu treffen. Das prinzipielle „Ja, wir ziehen um" ist eigentlich bereits gefallen und auch ein Aufschub auf spätere Perioden („jetzt oder später?") kommt nicht wirklich in Betracht. Das bedeutet für Rainer Schlau, dass er in seinem Business Case die beiden identifizierten Alternativen einander gegenüberstellen muss. Er wird dabei auf inkrementelle Werte zurückgreifen, d.h. beide Alternativen mit der Situation vergleichen, die bei einem weiteren Abwarten von Kurt Grips eintreten würde: Welche monetären Auswirkungen haben die beiden Alternativen im Vergleich zu einem weiteren Verbleib in den aktuellen Räumlichkeiten? Kurt Grips sieht diesen Verbleib inzwischen sehr negativ: Er fürchtet den Abgang mehrerer Schlüsselpersonen, und die Entwicklung der neuen Softwareversion hinkt heute schon hinter dem ursprünglichen Zeitplan hinterher – was die Mitarbeiter auf die langwierigen Abstimmungen und den umständlichen Informationsaustausch zwischen den Standorten zurückführen. Ein weiterer Verbleib in den alten Räumen kann die Firma eine Stange Geld für Personalsuche und verspätete Auslieferung des neuen Produkts kosten. Ist das also wirklich eine Alternative? Trotzdem: Rainer Schlau beharrt darauf, dass der Vergleich nicht nur zwischen den beiden neuen Alternativen stattfinden darf, sondern immer die Alternative „laufen lassen „ (hier also: in den alten Räumen bleiben) beinhalten muss. Kurt Grips lässt sich gerne davon überzeugen.

Welcher Adressat?

Diese Frage erscheint Kurt Grips zunächst trivial. Er selbst ist natürlich der Adressat! Rainer Schlau stimmt ihm auch zu: ja, Kurt ist definitiv der Auftraggeber des Business Case. Aber ist er auch der alleinige Entscheider? Stimmt, diese Rolle hätten sie wohl beide gemeinsam inne, pflichtet ihm Kurt Grips bei. Nein, das meine er nicht. Er wolle sich gar nicht in die letztendliche Entscheidung einmischen, meint Rainer Schlau. Sein Beitrag wäre mit der Rolle des Erstellers und Beraters schon groß genug. Nein, er sähe noch einen weiteren – unausgesprochenen – Mitentscheider, dessen Interessen bei der Erstellung des Business Case und der Darstellung seiner Ergebnisse zu berücksichtigen seien: die Hausbank von Kurt Grips! Sie werde die durch den Umzug anfallenden Kosten (vor allem bei einem eventuellen Kauf des Gebäudes im Gewerbegebiet) möglicherweise kritisch sehen. Umso wichtiger sei es in diesem Fall, den Verbleib in den aktuellen Räumlichkeiten als Alternative offen auszuweisen und deren Konsequenzen darzustellen. Nur so könne Kurt Grips auf Unterstützung hoffen. Außerdem werde die Hausbank die Entscheidung für einen Umzug sicher leichter akzeptieren, wenn ihr eine fundierte Analyse zugrunde liegt. Rainer Schlau plädiert deshalb dafür, den Business Case etwas detaillierter zu gestalten, als es vielleicht nötig gewesen wäre, wenn Kurt Grips ganz alleine entscheiden könnte. Die Interessen seiner Hausbank müssten sich schon widerspiegeln: etwas mehr Tiefe und ein explizites Aufzeigen des Status Quo seien bei dieser Entscheidungskonstellation unerlässlich für den Business Case. Dem kann sich Kurt Grips nach kurzem Überlegen anschließen.

Welcher Analysezeitraum?

Den Anfangszeitpunkt der Analyse bestimmen die beiden relativ rasch. Rainer Schlau ist zuversichtlich, dass er den Business Case in relativ kurzer Zeit abschließen kann. Auf dessen Basis will Kurt Grips eine schnelle Entscheidung fällen. Und danach werde er eine Mitarbeiterversammlung ansetzen, um alle von der Entscheidung und dem bevorstehenden Umzug zu informieren. Das werde er wenn möglich mit einem kurzen Besuch der gesamten Belegschaft in den neuen Räumlichkeiten verbinden, was wohl auch mit einem Arbeitsausfall der gesamten Belegschaft für mindestens einen halben Tag verbunden sein wird. Da hätte man doch eine erste konkrete Auswirkung der Entscheidung und damit den Beginn des Analysezeitraums.

Und der Endzeitpunkt? Nun kommt auch Rainer Schlau ins Grübeln. Der Umzug ist zunächst einmal nicht für eine bestimmte Zeitspanne geplant. Die neuen Räumlichkeiten könnten sehr lange die Heimat der Firma bilden – sowohl bei der Kauf- als auch bei der Mietlösung. Wo also das Ende setzen? Auch hier hat Kurt Grips schließlich eine pragmatische Lösung: Den Kauf der Immobilie im Gewerbegebiet könnte er sicher nur mit Hilfe seiner Hausbank finanzieren – d.h. ein weiterer Kredit wäre nötig. Damit wären auf jeden Fall direkte finanzielle Wirkungen der Entscheidung bis zur vollständigen Rückzahlung des Kredits gegeben. Natürlich müsste man die Details mit dem Berater der Hausbank besprechen, aber ein Zeitraum von 10 Jahren erscheint beiden durchaus realistisch.

Also sollte auch der Business Case von Rainer Schlau diese Zeitspanne von zehn Jahren umfassen. Darauf einigt man sich.

Welcher Detaillierungsgrad?

„Mich interessiert nur das Endergebnis!", meint Kurt Grips. Ob etwas ein paar Monate früher oder später passiere, sei bei einem Zeitraum von 10 Jahren doch nicht wichtig. Doch das lässt Rainer Schlau nicht ganz gelten: Er will ihm zeigen, dass der zeitliche Verlauf der Wirkungen sehr wohl eine Rolle spielt – zumindest in den ersten Perioden. Für Kurt Grips mache es doch sehr wohl einen Unterschied, ob sich die Fertigstellung der neuen Software Version um 2 oder um 5 Monate verschiebe! Eine Quartalsbetrachtung würde also zumindest für das erste Jahr Sinn machen. Dann könnte man auch genau zwischen einmaligen Kosten (z.B. für Umzug oder Renovierung) und laufenden Kosten unterscheiden. Die gesamten 10 Jahre nach Quartalen zu unterteilen, halten beide für Kaffeesatzleserei, aber für das erste Jahr beschließen sie eine genauere Betrachtung in Quartalen.

Inhaltlich sehen beide noch keinen Bedarf an einem sehr umfangreichen Modell. Rainer Schlau schlägt vor, die unmittelbar relevanten Einflussvariablen in einigen wenigen Teilmodellen zu verknüpfen. Kurt Grips hat sich aber in den letzten Tagen viele Gedanken über den Umzug gemacht und hofft sowohl auf einen Motivationsschub bei den eigenen Mitarbeitern als auch auf einen gewissen Imageeffekt bei den Kunden. Ob er dafür nicht ein recht umfangreiches Modell benötige, fragt er seinen Bekannten. Keine Sorge, antwortet Rainer Schlau, das werde er in anderer Form gemeinsam mit ihm abbilden.

Welche Darstellungsform?

Rainer Schlau wird den Business Case selbst wie gewohnt in einer Tabellenkalkulation erarbeiten. Soweit nötig dokumentiert er gleich darin getroffene Annahmen. Für seinen Bekannten Kurt Grips alleine würde das genügen. Auf einen schriftlichen Bericht verzichtet er diesmal. Er erklärt sich aber bereit, gemeinsam mit Kurt Grips ein Schreiben an dessen Hausbank aufzusetzen, das die Motivation für den Umzug zusammen mit einigen Kernergebnissen des Business Case als Begründung darstellen soll.

Kurt Grips und Rainer Schlau sind mit den Beschlüssen zufrieden und einigen sich, auf dieser Basis das Projekt „Umzug" zu analysieren. Rainer Schlau rechnet mit 2–3 Wochen Bearbeitungszeit, dann wollen sich beide zu einer zweiten Klausursitzung treffen und die Ergebnisse gemeinsam durchsprechen. Es kann losgehen!

5.6 Kontrollfragen zu Kapitel 5

Kontrollfrage 5-1:

Die Firma „Funkfrei Ltd." ist Hersteller von Telekommunikationsinfrastruktur und beteiligt sich an der Ausschreibung für die Errichtung eines neuen Mobilfunknetzes. Funkfrei und sein schärfster Konkurrent, die „Radio International" sind in der engeren Wahl, bieten aber zwei sehr unterschiedliche technische Lösungsansätze an. Der Kunde soll nun überzeugt werden, dass die von Funkfrei vorgeschlagene Lösung kommerziell sinnvoller ist und deshalb der Zuschlag an Funkfrei gehen soll. Stellen Sie die 5 Fragen und skizzieren Sie den richtigen Business Case.

Kontrollfrage 5-2:

Ein Anlagenbauer macht sich Hoffnungen, einen größeren Auftrag für die Errichtung eines neuen Kraftwerkes zu erhalten. Der Auftrag kann aber nur gewonnen werden, wenn die Firma zu einem teilweisen "vendor financing" bereit ist (d.h. einen Teil des Kaufpreises als ungesicherten Lieferantenkredit vorstreckt). Es ist zu klären, unter welchen Bedingungen man den Auftrag annehmen bzw. ablehnen soll. Stellen Sie die 5 Fragen und skizzieren Sie den richtigen Business Case.

Kontrollfrage 5-3:

Ein Anbieter will eine neue technische Lösung vermarkten, die es in dieser Form auf dem Markt noch nicht gibt. Potentielle Kunden müssen deshalb erst davon überzeugt werden, dass das Konzept kommerziell Sinn macht. Die Marketingabteilung des Anbieters erarbeitet deshalb einen Business Case als Teil des "Sales Kit" (Verkaufsmaterials) zur Argumentationshilfe für den Vertrieb. Stellen Sie die 5 Fragen und skizzieren Sie den richtigen Business Case.

6 Organisation, Ressourcenfragen

In diesem Kapitel erfährt der Leser:

- Warum es in den meisten Fällen sinnvoller ist, einen Business Case von einem Team und nicht von einer Einzelperson erstellen zu lassen.
- Welche Kernkompetenzen für die Erstellung eines Business Case nötig sind.
- Welche inhärenten Konflikte zwischen diesen Kernkompetenzen auftreten können und wie diese vermieden werden können.
- Warum die Beschaffung der notwendigen Inputdaten nicht nur eine inhaltliche, sondern mindestens ebenso eine organisatorische Aufgabe darstellt.

6.1 Kernkompetenzen eines Business Case Projektteams

Investitionsentscheidungen sind in ein komplexes Geflecht von Interessen, Zielen, Abhängigkeiten und Nebenbedingungen eingebunden. Die Erstellung eines Business Case unterliegt diesen Einflüssen ebenfalls.

Welche und wie viele personelle und sachliche Ressourcen zum Gelingen des Business Case notwendig sind, ist von der konkreten Fragestellung und dem Umfang der Aufgabe abhängig. Die allermeisten Entscheidungen werden in der unternehmerischen Praxis von Teams aus mehreren Personen vorbereitet und bearbeitet. Der Business Case ist dann typischerweise auch als Projekt organisiert.

Wie groß das Projektteam sein muss hängt vom Einzelfall ab, jedoch lassen sich vier wichtige Kompetenzen bzw. Eigenschaften benennen, welche im Team auf jeden Fall vorhanden sein müssen, damit das Projekt „Business Case" erfolgreich sein kann.

Neutralität: Das Projektteam „Business Case" sollte nicht auf Grund eigener Interessen ein bestimmtes Ergebnis der Berechnungen favorisieren und (offen oder verdeckt) fördern. Jeder Business Case ist auf Grund seiner Zukunftsgerichtetheit und seines Wesens als vereinfachendes Modell immer subjektiv. Es bestehen deshalb vielfältige Möglichkeiten, durch subjektive Wahl von Parameterwerten, Inputdaten oder logischen Verknüpfungen die Ergebnisse des Business Case in eine bestimmte Richtung zu steuern.

Hier sollte eine scharfe Trennung gemacht werden zwischen dem Projektteam einerseits, welches mit aller gebotenen Neutralität den Business Case erstellt, und den Adressaten der Ergebnisse andererseits (den Entscheidern), welche auf Basis dieser Ergebnisse die Entscheidung fällen müssen und natürlich auch bestimmte Ziele erreichen wollen. Idealtypisch bleibt die Erstellung des Business Case völlig neutral, während die Nutzung seiner Ergebnisse meist von einem Zusammenspiel unterschiedlicher Präferenzen, von potentiellen Konflikten und gegenseitiger Beeinflussung geprägt sein wird.

Die gebotene Neutralität bei der Erstellung wird am ehesten erreicht, wenn das Projektteam nicht direkt von der zu treffenden Entscheidung betroffen ist – was sich in vielen Fällen aber nicht völlig vermeiden lässt (siehe dazu gleich unten).

Methodische Kompetenz: Hierzu gehört zum einen die Fähigkeit, das Projekt „Business Case" im Rahmen der zeitlichen und organisatorischen Vorgaben zu einem erfolgreichen Ergebnis zu bringen – also Projektmanagementkompetenz. Es gilt sicherzustellen, dass der Business Case rechtzeitig für die Entscheidung fertig gestellt ist (time management), dass er den Adressaten in geeigneter Weise dargestellt wird (communication management), dass die notwendigen Teammitglieder zur Verfügung stehen (staff management), etc.

Darüber hinaus muss das Projektteam aber auch das Wissen und die Erfahrung mitbringen, den „richtigen Business Case" zu identifizieren („**Was** müssen wir tun?") und diesen dann „richtig zu rechnen" („**Wie** machen wir das?"). Methodenkompetenz bezieht sich auf die Erstellung eines geeigneten Modells, die Wahl der passenden Algorithmen, die Identifikation der notwendigen Datenquellen, etc.

In den meisten Fällen wird diese Methodenkompetenz entweder bei Spezialisten innerhalb der Organisation zu suchen sein (z.B. Controlling-Abteilungen) oder bei externen Dritten (z.B. einem Berater). Diese Methodenkompetenz wird zum großen Teil projektübergreifend erworben und ist in unterschiedlichen Business Cases immer wieder einsetzbar. Objekt des Wissens ist also die Erstellung und Handhabung von Business Cases selbst – unabhängig vom konkreten Anlassfall.

Inhaltliches Fachwissen: Inhaltliches Fachwissen bezieht sich dagegen auf das Thema der Entscheidung, welche durch den Business Case unterstützt werden soll. Die Einführung einer neuen IT-Infrastruktur im Unternehmen erfordert anderes Fachwissen als der Erwerb eines Konkurrenzunternehmens oder die Auswahl eines neuen Standortes bei der Filialgründung. Die Business Cases werden sich deutlich darin unterscheiden, welche Faktoren überhaupt in Betracht zu ziehen sind und wie diese Faktoren verknüpft werden müssen, um ein passendes Bild der Entscheidungssituation zu ergeben.

Inhaltliches Fachwissen ist also zum einen unersetzbar in der Modellierungsphase („Welche Faktoren müssen wir berücksichtigen und wie müssen wir sie miteinander verknüpfen?"), zum anderen ist die Sammlung und korrekte Verarbeitung von Inputdaten ohne inhaltliches Fachwissen nicht sinnvoll. Letztendlich muss dem inhaltlichen Experten auch die Abwägung überlassen werden, wo der Business Case lieber mit Annahmen rechnet und wo sich die (unter Umständen sehr aufwändige) Suche nach empirischen Daten lohnt.

Durchsetzungsvermögen: Der beste Business Case nützt nichts, wenn er nicht beachtet oder falsch dargestellt wird. Der Business Case muss von seinen Adressaten als sinnvolles und nützliches Hilfsmittel zur Entscheidungsfindung wahrgenommen und angenommen werden. Nichts ist frustrierender für das Projektteam, als „für die Mülltonne" zu arbeiten!

Deshalb zählt es auch zu den Aufgaben des Teams bzw. eines Vertreters, die Brücke zwischen Ersteller(n) und Adressat(en) zu schlagen. Die Ergebnisse des Business Case mögen für manche Adressaten unter Umständen unerwünscht sein oder negative Konsequenzen nach sich ziehen. Deshalb ist es nicht überraschend, wenn sich Widerstand gegen die Ergebnisse oder die daraus gezogenen Schlüsse regt. Hier ist dann das Durchsetzungsvermögen des Projektteams gefordert: Kritik wird aufgenommen, Anregungen werden verarbeitet – aber das Ergebnis wird nicht „auf Geheiß von oben verbogen“. Das Business Case Team steht zu seiner Arbeit und den daraus ableitbaren Schlüssen.

6.2 Zielkonflikte zwischen Kernkompetenzen

In der Praxis zeigt sich – zum Leidwesen aller Beteiligten – sehr oft, dass zwischen den aufgezeigten Kernkompetenzen häufig Zielkonflikte bestehen. Kaum jemand wird erwarten, dass ein Einzelner alle Kompetenzen in sich vereinigt und deshalb als „Einzelkämpfer“ einen umfangreichen, für die Organisation unter Umständen extrem wichtigen, Business Case erstellen könnte.

Nicht mehr ganz so einleuchtend ist es aber, dass selbst ein Team aus kompetenten Experten oft Schwierigkeiten haben wird, alle vier Kernkompetenzen in ein sauber zusammenarbeitendes Gefüge einzubinden. Dies liegt an den inhärenten Zielkonflikten dieser Kompetenzen (vgl. **Abbildung 6.1**).

Abbildung 6.1 Zielkonflikte zwischen Kernkompetenzen

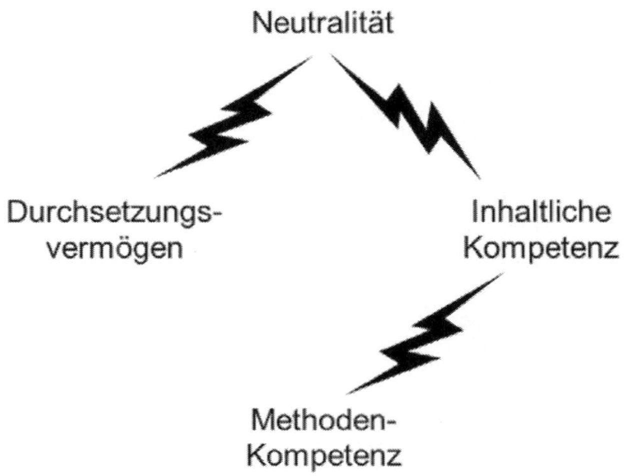

Konflikt 1: Neutralität ⇔ inhaltliche Kompetenz

Inhaltliche Kompetenz besitzen normalerweise die Personen, welche mit dem Thema vertraut und befasst sind – damit sind diese aber häufig Betroffene der anstehenden Entscheidung und damit in aller Regel nicht neutral. Beispiele:

- Die Abteilung, über deren Verlagerung entschieden werden soll, liefert selbst die notwendigen Inputdaten;
- Der Marketingleiter, dessen Idee zur Erschließung eines neuen Auslandsmarktes geprüft wird, stellt die notwendigen Marktdaten zur Verfügung;
- Die IT-Abteilung wird über mögliche Kosteneinsparungen im Falle einer Auslagerung der Funktion gefragt.

In solchen und ähnlichen Fällen entstehen Konflikte zwischen der Notwendigkeit, die Fachkenntnisse in den Business Case einfließen zu lassen, und dem Bestreben, den Case aber möglichst ergebnisoffen zu rechnen, d.h. ohne systematische Tendenz in eine bestimmte Richtung.

Dieser Konflikt lässt sich am besten durch eine entsprechende Besetzung des Projektteams vermeiden. Wenn eine Beteiligung der Betroffenen unvermeidbar ist (wie in vielen Fällen), so ist es vor allem Aufgabe des Projektleiters, durch entsprechende Dokumentation der Inputs (Annahmen), durch wechselseitige Querchecks mit anderen Stellen oder Quellen und durch eine transparente Gestaltung des Business Case eine bewusste oder unbewusste Verzerrung des Business Case (so weit als möglich) zu vermeiden.

Konflikt 2: Neutralität ⇔ Durchsetzungsvermögen

Neutralität darf nicht mit fehlendem Einsatz oder mangelndem Engagement verwechselt werden. Dem Ersteller eines Business Case darf es eben nicht egal sein, ob seine Ergebnisse verstanden und benutzt werden – im Gegenteil: Es ist integraler Bestandteil der Aufgabe, diesen Ergebnissen die nötige Beachtung bei den Adressaten zu verschaffen (Durchsetzungsvermögen).

Dies ist natürlich einfacher, wenn man „mit Herzblut" bei der Sache ist – solange „die Sache" der Business Case als solcher ist und nicht ein bestimmtes Ergebnis der Entscheidung! Von der Entscheidung Betroffene werden höheres Interesse zeigen als nicht Betroffene. Trotzdem – und gerade deshalb – wäre es falsch, diese Betroffenen zu Sprechern des Business Case Teams zu machen. Eher ist hier wiederum an eine als neutral eingestufte interne Funktion oder aber einen externen Dritten zu denken, welcher von der anstehenden Entscheidung nicht betroffen ist (und deshalb einfacher Neutralität wahren kann), aber vom erfolgreichen Abschluss des Business Case Projekts als solchem profitiert (z.B. weil sein Honorar davon abhängt) und deshalb mit dem nötigen Engagement für die Sache arbeiten wird.

Konflikt 3: Inhaltliche Kompetenz ⇔ Methodenkompetenz

Dieser Konflikt tritt häufig eher subtil auf und ist entsprechend schwierig auszuräumen. Sowohl inhaltliche als auch methodische Experten berufen sich – mit jeweils guten Argumenten – darauf, die richtige Vorgehensweise bei der Erstellung des Business Case zu kennen. Häufig wird ein inhaltlicher Experte (ein „subject matter expert") auf Grund seiner Detailkenntnis sehr umfangreiche und detaillierte Business Case Modelle bevorzugen, um alle von ihm gesehenen Zusammenhänge und Einflussfaktoren „einfangen" zu können. Der Methodenexperte wird auf Basis seiner Erfahrung aus vielen verschiedenen Fällen eher mit „allgemein gültigen Mustern" und „bewährten Modellen" argumentieren. Keine der beiden Seiten hat die Kompetenz, die Argumente der anderen Seite zu widerlegen, beide Seiten fühlen sich falsch verstanden oder in ihrer Meinung nicht für voll genommen.

Hier mag es unter Umständen sinnvoll sein – sofern Zeit und Ressourcen es erlauben –, zwei alternative Ansätze für den Business Case zu erproben. Im Idealfall liegen die Resultate nicht weiter auseinander als Varianten ein und desselben Ansatzes. Dies ist dann gleichzeitig ein Beleg für die Robustheit der Ergebnisse und verleiht dem Business Case insgesamt ein höheres Gewicht bei den Adressaten.

6.3 Beschaffung der Inputdaten als organisatorische Aufgabe

Neben der richtigen Besetzung des Teams stellt die Beschaffung der notwendigen Inputdaten die zweite wichtige organisatorische Aufgabe dar. Je nach Thema kommen die unterschiedlichsten Quellen in Frage. In aller Regel werden Zahlen des internen Rechnungswesens notwendig sein, aber ebenso Marktdaten, Vergleichszahlen von Konkurrenten (Benchmarks), Angaben von Lieferanten oder Kunden, statistische Zeitreihen von öffentlichen Stellen, Studien kommerzieller Anbieter, etc.

Diese Daten sind mit sehr unterschiedlichem zeitlichem und finanziellem Aufwand zu beschaffen. Meist ist die Wunschliste an notwendig erachteten Inputdaten länger als die Menge des tatsächlich Verfügbaren. Es gehört zu den Aufgaben des Projektmanagements, eine Rangreihung herbeizuführen, sodass unbedingt notwendige Daten zuerst besorgt werden, während andere Inputs zur Not auch durch Schätzungen ersetzt werden.

Falsch wäre die – häufig anzutreffende – Vorgehensweise, einfach zu beschaffende Inputdaten zuerst zu sammeln. Diese sind nicht zwangsläufig die wichtigsten (eher im Gegenteil). Wenn sie einfach zu beschaffen sind, sollte das Business Case Team seine Energie zunächst einmal auf die schwieriger zu beschaffenden Inputs konzentrieren. Es gilt also die Regel: „Wichtiges zuerst, Einfaches später!"

„Ein neuer Platz für die Soft&Schlank GmbH“ - Ein Fallbeispiel

Rainer Schlau startet wie gewohnt damit, seine notwendigen Ressourcen zu bestimmen. Er selbst hält sich – mit aller gebotenen Bescheidenheit – für methodisch ausreichend kompetent und trotz seiner freundschaftlichen Bande zu Kurt Grips auch nach wie vor für neutral, um eine sachliche Analyse des Falls bewerkstelligen zu können. Kurt Grips ist ihm seit vielen Jahren als „Machertyp“ bekannt. Rainer Schlau macht sich keine Sorgen, dass sein Bekannter die getroffene Entscheidung sowohl den Mitarbeitern als auch der Hausbank gut und angemessen vermitteln kann. Das Durchsetzungsvermögen und das menschliche Gespür dafür bringt er auf alle Fälle mit.

Ein wenig unwohl ist ihm allerdings beim Gedanken, wer die inhaltliche Kompetenz zur Beurteilung so grundverschiedener Immobilien besitzen könnte. Weder er selbst noch Kurt Grips sind mit diesen Themen näher vertraut. Um eine fundierte Abschätzung der mit den Alternativen verbundenen Kosten machen zu können, ist im wahrsten Sinn des Wortes guter Rat gefragt. Rainer Schlau entschließt sich – nach Rücksprache mit seinem Auftraggeber Kurt Grips – einen ihm persönlich bekannten Immobilienmakler als Informationsquelle einzuschalten. Dieser soll zwar nicht in die Erstellung des Business Case selbst eingebunden sein, aber mit Rainer Schlau gemeinsam einen Anforderungskatalog sowie eine Kostenschätzung für die beiden alternativen Immobilien erarbeiten. Kurt Grips erklärt sich bereit, etwaige Honorarkosten zu übernehmen.

Damit wären die personellen Ressourcen für Rainer Schlau schon fast geklärt. „Fast“ deshalb, weil er Kurt Grips noch um Nennung eines Ansprechpartners innerhalb seines Unternehmens bittet. Mit wem er denn Dinge klären könnte, wenn er – Kurt Grips – einmal nicht verfügbar wäre? Zunächst wollte Kurt Grips das Thema „Umzug“ vertraulich behandeln, aber er sieht bald ein, dass dies kontraproduktiv wäre. Ein offener Umgang mit dem Thema kann zum einen die Mitarbeiter motivieren, ehrlich Auskunft über ihre Bedürfnisse und Wünsche bezüglich eines neuen Standortes zu geben (und dies will Kurt Grips als Information in die Analyse einfließen lassen), zum anderen ließe sich ohnedies nicht lange verheimlichen, dass „da etwas läuft“. Also wird der langjährige Mitarbeiter Peter Ehrlich als Ansprechpartner erkoren. Peter Ehrlich erscheint beiden als gute Wahl: Er genießt sowohl das Vertrauen von Kurt Grips als auch das der Belegschaft und kann deshalb zum einen Informationen liefern und zum anderen bei der Motivation der Belegschaft mithelfen. Vor nichts hat Rainer Schlau (aus Erfahrung) mehr Angst als vor dem potentiellen Konflikt zwischen „Neutralität“ und „inhaltlicher Kompetenz“. Wenn überhaupt, dann träte dieser Konflikt in diesem Fall bei der Belegschaft von Soft&Schlank auf. Dies gilt es zu vermeiden und die Einbeziehung des integren Peter Ehrlich scheint beiden ein guter und ausreichender Schritt zu sein.

Rainer Schlau führt zwei Einzelgespräche mit dem Immobilienmakler und mit Peter Ehrlich; danach ist er sich sicher, dass er alle notwendigen personellen Ressourcen beisammen hat. Der Zeitrahmen war bereits vorher mit Kurt Grips abgesteckt worden (2–3 Wochen). Rainer Grips benutzt seine eigene, ihm vertraute EDV-Ausstattung und benötigt auch keinen eigenen Arbeitsplatz bei Soft&Schlank. Er hat alles, was er braucht, und kann nun inhaltlich loslegen.

6.4 Kontrollfragen zu Kapitel 6

Kontrollfrage 6-1:

Die „Frisch&Leicht" AG ist ein bundesweit tätiges Unternehmen des Lebensmitteleinzelhandels und betreibt Supermärkte unterschiedlicher Größe an mehr als 200 Standorten. Das Unternehmen erwägt den Bau eines neuen Mega-Supermarktes am Stadtrand von Hamburg. Ein konkreter Standort ist noch nicht ins Auge gefasst, zunächst soll geklärt werden, ob sich ein derartiger Markt überhaupt rechnen könnte.

Kuno Kopf ist als Chefcontroller des Unternehmens zum Projektleiter für die Erstellung des Business Case bestimmt worden. Als einer der ersten Schritte soll Kuno Kopf ein kleines, aber kompetentes Projektteam zusammenstellen, welches in beschränkter Zeit die Vorteilhaftigkeit klären muss. Welchen Rat würden Sie Kuno Kopf bezüglich der Teamzusammensetzung geben? Welche Personen oder Funktionen mit welchen Kompetenzen sollte er in sein Team aufnehmen? Warum?

Kontrollfrage 6-2:

Schon nach kurzer Zeit bemerkt Kuno Kopf, dass er die Projektleitung nicht zusätzlich und parallel zu seinen vielfältigen Aufgaben als Chefcontroller ausfüllen kann. Er delegiert das Projekt deshalb an eine seiner fähigsten Nachwuchskräfte, Frau Klara Klug, und bittet sie gleichzeitig, das Projektteam zu vervollständigen, da er bisher nur seinen Kollegen, den Marketingleiter Heinz Hönig, zur Mitarbeit gewonnen hat.

Das Ausscheiden von Kuno Kopf motiviert Heinz Hönig, seine Teilnahme ebenfalls an einen Mitarbeiter, Herrn Fritz Fertig, zu delegieren. Gemeinsam gewinnen Klara Klug und Fritz Fertig noch den Filialleiter der bestehenden Filiale Hamburg Mitte und einen Sachbearbeiter aus dem Einkauf als Projektteammitglieder. Beide sind Klara Klug aus internen Seminaren persönlich bekannt.

Wie beurteilen Sie das hiermit entstandene Projektteam in Hinblick auf:

1. Die vorhandenen Kernkompetenzen?
2. Eventuelle Zielkonflikte?

Kontrollfrage 6-3:

Wie immer ist die Zeit für die Erstellung des Business Case viel zu knapp. Klara Klug und ihr Projektteam versuchen, eine Prioritätenliste für die zu sammelnden Daten zu erstellen. Ein erstes Brainstorming hat die folgenden möglicherweise interessanten Datenquellen ergeben:

- Kaufkraftpanels für Hamburg pro Stadtteil

- Branchenatlas mit Standorten und Größen aller vorhandenen Lebensmittelsupermärkte in Hamburg
- IHK Studie zur Lage des Lebensmitteleinzelhandels in Hamburg
- Interviews mit verschiedenen Filialleitern anderer Frisch&Leicht Standorte
- Gespräch mit ausgewählten Immobilienmaklern über mögliche Standorte
- Unterlagen aus der internen Unternehmensrechnung zu den Entwicklungs- und Baukosten der letzten beiden Mega-Supermärkte von Frisch&Leicht in Nürnberg und Dresden.

Zu welcher Vorgehensweise würden Sie Klara Klug raten? Welche Priorität würden Sie den angeführten Datenquellen für den konkreten Business Case geben? Warum?

7 Business Case Design, Modellerstellung

In diesem Kapitel erfährt der Leser:

- Warum jeder Business Case ein vereinfachendes Modell der Wirklichkeit ist.
- Was man bei der Erstellung von Modellen beachten muss.
- Wie die Antworten auf die 5 Fragen die Modellbildung beeinflussen.
- Warum es kein allgemein gültiges Business Case Modell geben kann.
- Welche typischen Teilmodelle in vielen Business Cases auftauchen und was deren Inhalte sind.

7.1 Der Modellcharakter eines Business Case

Der Neuling ist häufig versucht, den Business Case möglichst zu 100% an die (wahrgenommene) Realität heranzuführen. Jede Vereinfachung oder Abstraktion wird vermieden, da ja nunmehr der Business Case nicht mehr vollständig der realen Entscheidungssituation entspricht. Wie kann da noch eine richtige Entscheidung getroffen werden?

Ein erfahrener Rechner tröstet sich dagegen mit der Erkenntnis, dass keine einzige von Menschen getroffene Entscheidung alle Einflussfaktoren, alle Abhängigkeiten und alle möglichen Nebenwirkungen berücksichtigt – egal, ob dieser Entscheidung ein „Business Case“ zugrunde liegt oder nicht.

Ein Business Case muss also nicht die reale Entscheidungssituation zu 100% abbilden – das könnte er auch gar nicht! Denn: Jeder Business Case ist ein Modell. Ein Modell versucht, einen realen Sachverhalt auf die wesentlichen Aspekte und Zusammenhänge zu reduzieren und diese formal darzustellen. Ein Modell ist immer eine Vereinfachung der Realität – die Kunst besteht darin, die für die jeweilige Aufgabenstellung *wesentlichen* Teile der Realität im Modell „einzufangen“ und Unwesentliches wegzulassen.

Für ein Business Case Modell sind potentiell all jene Teile der Realität wesentlich, welche die mit einer (unternehmerischen) Entscheidung verbundenen Geldströme beeinflussen. Je nachdem wie eng oder weit man diesen Einfluss fasst, entstehen einfachere oder komplexere Business Case Modelle. In jedem Modell werden Inputs verarbeitet, um definierte Outputs zu erzeugen (vgl. **Abbildung 7.1**).

Abbildung 7.1 Modellcharakter von Business Cases

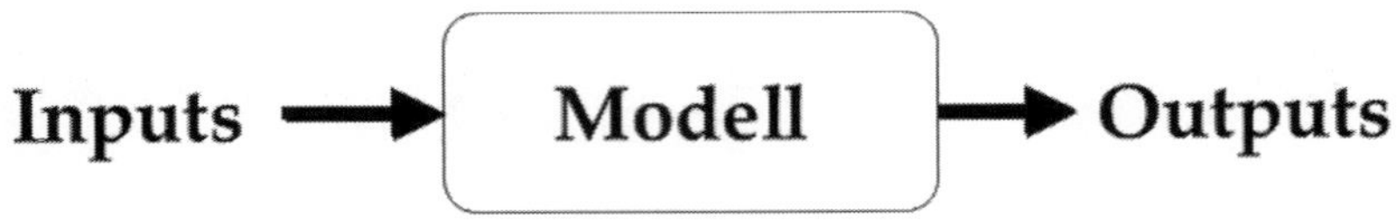

Im Modell sind die Regeln (mathematische und/oder logische Operationen) abgebildet, wie aus den Inputs die jeweiligen Outputs erzeugt werden und welche Inputs dafür benötigt werden (Inhalt, Format). Welche Inputs und Outputs dies jeweils konkret sind, ist wiederum von Modell zu Modell verschieden.

Eine wesentliche Frage bei der Erstellung des Business Case Modells ist immer, woher die Werte für die Inputs stammen (d.h. mit welchen Daten man arbeitet). Prinzipiell gibt es drei Möglichkeiten (vgl. **Abbildung 7.2**):

1. Inputs können in Form von subjektiven Annahmen oder Schätzungen in ein Modell eingehen. Solche Modellinputs sind naturgemäß immer unsicher.
2. Manchmal (aber zum Leidwesen des Erstellers viel zu selten) gelingt es auch, „harte Fakten" als Input zu nutzen, welche als sicher angesehen werden können. Am häufigsten wird dies bei Vergangenheitsdaten der Fall sein (z.B. der Vorjahresumsatz mit einem bestimmten Kunden, der durchschnittliche Wechselkurs der letzten 4 Wochen, das bis Monatsende bindende Angebot des Lieferanten, etc.).
3. In vielen Modellen sind Inputs selbst wiederum Output eines anderen, vorgelagerten (Teil-)Modells im Business Case. Dies führt zu mehrstufigen Modellen.

Abbildung 7.2 Inputalternativen eines Business Case

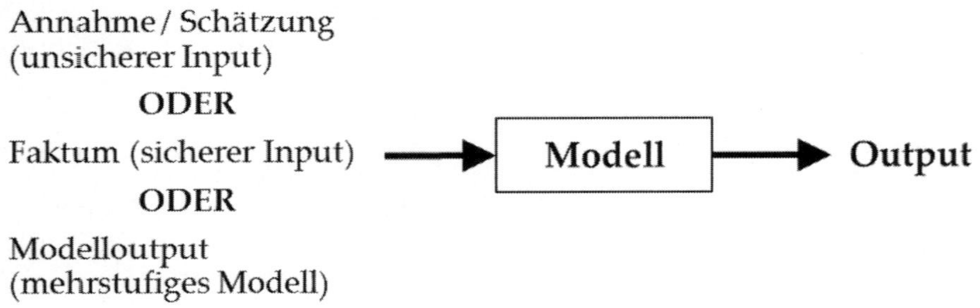

Die Unterscheidung zwischen sicheren und unsicheren Inputs ist zentral für jeden Business Case und aus mehreren Gründen wichtig (vgl. **Abbildung 7.3**):

- Unsichere Inputs sind potentielle Analyseobjekte für nachfolgende Verfahren zur Berücksichtigung von Unsicherheit (vgl. Kapitel 11). Sichere Inputs müssen naturgemäß einer solchen Analyse nicht unterzogen werden.
- Unsichere Inputs „kaskadieren" durch den gesamten Business Case: Jeder Output ist unsicher, wenn auch nur *ein einziger* seiner unmittelbaren und mittelbaren Inputs unsicher ist! Die Unsicherheit eines Inputfaktors kann auch durch noch so viele andere sichere Faktoren *nicht* kompensiert werden.
- Die Unsicherheit von Inputs beeinflusst die Modellbildung – siehe dazu gleich weiter unten.

Abbildung 7.3 Kaskadierte Unsicherheit im Business Case Modell

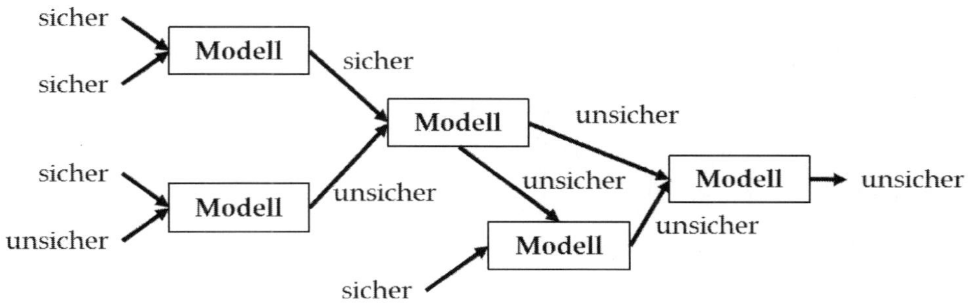

7.2 Modellbildung

Ein und dieselbe Inputvariable kann also als Annahme, als Faktum oder als Output eines anderen, vorgelagerten, Modells eingebaut werden. In vielen Fällen ist diese Entscheidung nicht vorgegeben und muss vom Ersteller des Business Case getroffen werden – nicht zuletzt auf Basis der Antworten auf die am Anfang gestellten „5 Fragen": Ist eine detaillierte Behandlung zum Verständnis nötig oder vom Adressaten explizit gewünscht? Lassen sich die notwendigen Inputdaten in der festgelegten Detailtiefe und für den festgelegten Zeitraum überhaupt beschaffen? Welche und wie viele Teilmodelle sind angebracht / nötig, um den vom Adressaten gewünschten / benötigten Komplexitätsgrad abzubilden? Etc.

Diese Antworten auf die eingangs gestellten „5 Fragen" bilden ein konzeptionelles Rahmengerüst für die Erstellung des Business Case Modells. Ein Business Case Modell wird dabei prinzipiell immer „von hinten nach vorne" erstellt. Man beginnt beim gewünschten Output und dem (Teil-)Modell, welches diesen Output erzeugen kann.

Für dieses (und jedes weitere) Teilmodell ist danach zu entscheiden, ob die Inputs durch Fakten bzw. Annahmen gefüllt werden sollen ODER ob die Inputs durch weitere Teilmodelle generiert werden (Verkettung von Teilmodellen, vgl. **Abbildung 7.4**):

Abbildung 7.4 Modellverkettung

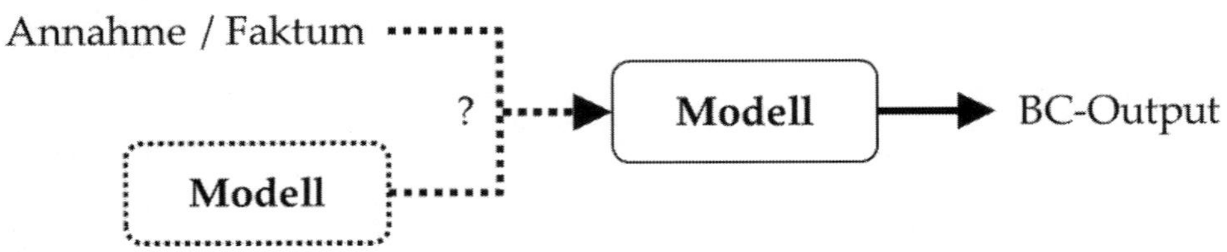

Was in dem einen Business Case mit einem Modell „eingefangen" wird, kann im nächsten eine Annahme (oder ein Faktum) sein! Es gibt keine allgemeingültigen, für jede Fragestellung passenden Business Case Modelle. Die Entscheidung, wie ein Input am besten zu behandeln ist, hängt davon ab, ob (vgl. **Abbildung 7.5**)

1. die Werte sicher oder unsicher sind.
2. die Variable als statisch (unveränderlich) oder dynamisch (veränderlich) behandelt werden soll.

Ein **Faktum** ist immer statisch und sicher, d.h. der Wert ist festgelegt und über seine Höhe besteht kein Zweifel. Mit Fakten kann im Business Case nicht „herumgespielt" werden. Die Inflationsraten der vergangenen 5 Jahre oder der von der Regulierungsbehörde vorgegebene Abgabepreis können solche Fakten sein. Der Wert ist fixiert und – zumindest für die Zwecke des Business Case – nicht veränderbar.

Sehr häufig werden **Annahmen** als Inputs verwendet werden. Hier sind die Werte nicht eindeutig, im Business Case kann also mit verschiedenen Werten gerechnet werden (z.B. als „What – if" Analyse). Die meisten Inputs fallen in die Kategorie „Annahme".

Die Entscheidung, einen Input selbst wiederum in einem eigenen **(Teil-)Modell** abzubilden, macht den Business Case dynamisch, d.h. Wirkzusammenhänge zwischen einzelnen Variablen werden direkt im Business Case Modell eingefangen. Bei einer Annahme läuft die Bestimmung des konkreten Inputwertes entweder in den Köpfen oder in externen Seitenrechnungen ab. Ein Teilmodell formalisiert dies und dokumentiert es innerhalb des Business Case. Anstatt einfach eine Annahme über den zukünftig erzielbaren Marktpreis als Einzelwert im Business Case festzulegen, wird ein Marktmodell aufgestellt, in welchem der Marktpreis als Funktion verschiedener anderer Einflussfaktoren abgeschätzt wird.

Abbildung 7.5 Modellentscheidung im Business Case

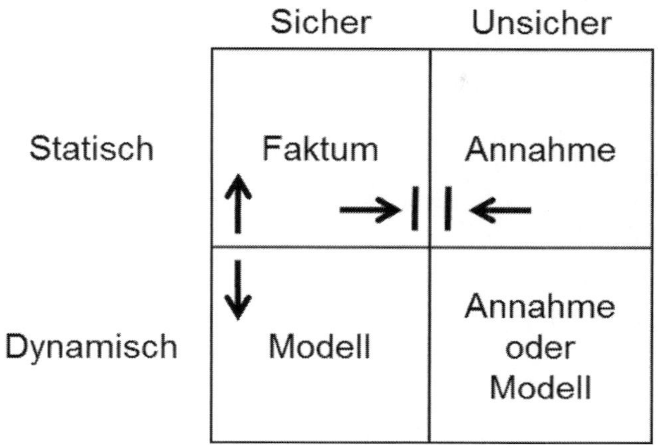

Während die Grenze zwischen „sicher“ und „unsicher“ nur schwer veränderbar ist, lässt sich die Grenze zwischen „statisch“ und „dynamisch“ in der Regel relativ frei festlegen und richtet sich nach den Erfordernissen des Business Case. Prinzipiell gibt es zwei Hauptgründe dafür, eine Modellgröße nicht als einzelne Inputvariable, sondern als umfangreicheres Teilmodell im Business Case abzubilden:

1. Bessere Nachvollziehbarkeit und damit auch höhere Akzeptanz (z.B. durch Dritte) – z.B.: "Anschaffungskosten der Infrastruktur": globaler Wert oder technisches Modell?
2. Reduzierte Unsicherheit (Inputs des Teilmodells lassen sich leichter ermitteln oder abschätzen als eine einzelne, globale Inputvariable) – z.B.: "Zahl der Nutzer": globaler Wert oder Marktmodell?

Das Erstellen des Business Case Modells ist eine zentrale (und oft auch schwierige) Aufgabe und legt wesentlich fest, ob der Business Case danach seinen Zweck erfüllen kann. Gleichzeitig sind dabei aber viele Freiheitsgrade gegeben, welche der Ersteller des Business Case nach eigenem Ermessen und Wissen nutzen kann.

Ein und dieselbe Aufgabe wird von unterschiedlichen Personen in unterschiedlichen Business Cases „eingefangen“ werden. Auch für eine klar definierte Aufgabe existiert kein einzelner, „allein richtiger“ Business Case.

7.3 Typische Teilmodelle eines Business Case

Nach dem bisher Gesagten ist klar, dass es kein allgemeines Business Case Modell geben kann. Trotzdem lassen sich einige generische Bausteine und Teilmodelle darstellen, welche in vielen Business Cases aufscheinen. Ihre genaue Ausgestaltung (d.h. welche Inputs konkret auf welche Art zu welchen Outputs verarbeitet werden) ist aber von Fall zu Fall unterschiedlich.

In aller Regel sind Business Cases mehrstufige Modelle, sie verknüpfen den Output eines Teilmodells als Input für ein oder mehrere andere Modelle und bilden damit „Modellketten". Eine allgemeine Struktur mit typischen Teilmodellen ist nachfolgend dargestellt (vgl. **Abbildung 7.6**). Die Benennung der einzelnen Teilmodelle ist dabei bewusst allgemein gehalten und soll ihren jeweiligen inhaltlichen Schwerpunkt widerspiegeln. In realen Business Cases können diese Teilmodelle bei Bedarf weiter untergliedert und natürlich auch anders benannt werden.

Abbildung 7.6 Beispielsstruktur eines mehrstufigen Business Case Modells

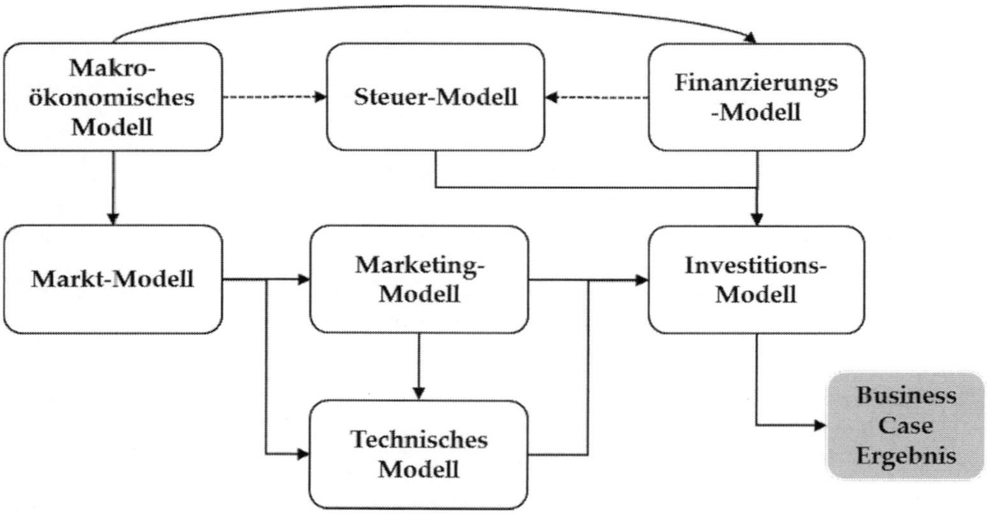

Investitionsmodell:

Jeder Business Case benötigt zumindest ein „Investitionsmodell". In ihm werden die Zahlungsein- und -ausgänge jeder Periode mit geeigneten Methoden der Wirtschaftlichkeitsrechnung verknüpft, um die Ergebnisse des Business Case zu erzeugen.

Typische Inputs:	Kalkulationszinssatz, Zahlungseingänge und Zahlungsausgänge pro Periode
Typische Outputs:	Nettobarwert ("Net Present Value"), Interner Zinsfuß ("Internal Rate of Return"), Amortisationsdauer

Finanzierungsmodell:

In aller Regel enthält der Business Case auch ein „Finanzierungsmodell", in dem die Herkunft der für die Investition genutzten Mittel dargestellt wird und die damit verbundenen Zahlungsströme berechnet werden (Zinsen, Kapitalkosten, Tilgungen, etc.).

Typische Inputs: Kapitalmarktzinsen, Finanzierungsstruktur des Projekts

Typische Outputs: Kalkulationszinssatz (weighted average cost of capital – "WACC"), Kapitalkosten (Zinszahlungen pro Periode)

Marketingmodell:

Zahlungszuflüsse werden typischerweise in einem „Marketingmodell" erfasst. Es betrachtet Marktgrößen wie Preise, Anzahl der Nutzer / Kunden, etc. und schätzt daraus die von der gewählten Alternative in Zukunft generierten Zahlungszuflüsse.

Typische Inputs: Marktgröße, -entwicklung, Marktpreise

Typische Outputs: Zahlungseingänge, Umsatz, Marktanteil

Technisches Modell:

Ein „technisches Modell" wird oft erstellt, um die anfänglichen Investitionskosten („capital expenditures" – CAPEX) und die laufenden Betriebskosten („operating expenditures" – OPEX) genauer darzustellen.

Typische Inputs: Größe / Kapazität der Investition, Leistungsmerkmale der Investition

Typische Outputs: "Capital Expenditures" (CAPEX) + "Operating expenditures" (OPEX) pro Periode

Je nach Fragestellung können noch weitere Teilmodelle den Business Case erweitern, so zum Beispiel:

Steuermodell:

In ihm werden die steuerlichen Effekte der Investition – soweit sie zu Zahlungsströmen führen – ermittelt

Typische Inputs: Steuersatz, Abschreibungen

Typische Outputs: Steuerbelastung pro Periode (Auszahlungen)

Marktmodell:

Es dient als Vorstufe zum Marketingmodell.

Typische Inputs: Gesamtwirtschaftliche Größen, allgemeine Trends

Typische Outputs: Marktgröße und Marktentwicklung, Marktpreise

Makroökonomisches Modell:

In ihm werden Globalvariablen wie die gesamtwirtschaftliche Entwicklung eingefangen.

Typische Inputs: Demografische Entwicklung, Globalvariablen

Typische Outputs: Wirtschaftswachstum, Inflation, verfügbares Einkommen

Rechentechnisch bewährt es sich, einen Business Case mit all seinen Teilmodellen in ein und derselben Tabellenkalkulationsdatei abzubilden, die einzelnen Teilmodelle allerdings klar voneinander zu trennen und z.B. in verschiedenen Arbeitsblättern innerhalb derselben Datei zu belassen. Die Input-Output-Beziehungen werden dann durch Verknüpfungen zwischen den Blättern modelliert. Eine schematische Übersicht (ähnlich einem Flussdiagramm) zur logischen Struktur des Modells hilft, die Tabellenkalkulation nachzuvollziehen. Zu diesem Thema wird in Kapitel 13 mehr gesagt.

„Ein neuer Platz für die Soft&Schlank GmbH" - Ein Fallbeispiel

Rainer Schlau hat als erste wesentliche Aufgabe das Business Case Modell zu erstellen: Was ist für die von Kurt Grips zu treffende Entscheidung relevant? Welche Faktoren haben Einfluss auf die zu erwartenden Zahlungsströme und wie hängen diese zusammen? Welche Faktoren gilt es in beiden Alternativen (Kauf und Miete) zu berücksichtigen, welche sind nur bei einer der beiden Alternativen relevant?

Rainer Schlau geht bei der Modellerstellung meist in zwei Schritten vor. Zunächst sammelt er Brainstorming-artig alle Faktoren, die ihm relevant erscheinen und listet sie in Form einer Tabelle. Bei jedem Faktor vermerkt er mit einem Kreuz, für welche Alternative er jeweils relevant ist. Relevant ist ein Faktor dann, wenn er eine Wirkung auf die mit dieser Alternative verbundenen Ein- und Auszahlungen hat. Weil er selbst nun keineswegs der inhaltliche Experte für Immobilien und Umzüge ist, greift er bei diesem ersten Schritt natürlich auch auf das Wissen seiner Teammitglieder zurück: Kurt Grips selbst, den ihm bekannten und vorinformierten Immobilienmakler sowie Peter Ehrlich. Sie alle haben mit ihren anderen Aufgaben genug zu tun, sodass er dies nicht in einem gemeinsamen Workshop tut, sondern alle einzeln nach ihren Ideen und Meinungen befragt. Das Ergebnis fasst Rainer Schlau in einer Übersicht zusammen, welche er mit Kurt Grips abspricht.

Ganz bewusst hat Rainer Schlau auch „weiche" Faktoren aufgenommen, welche Kurt

Grips und Peter Ehrlich als relevant genannt haben: Mitarbeitermotivation oder Produktivität zum Beispiel. Rainer Schlau ist sich noch nicht sicher, wie er diese Faktoren genau behandeln wird, aber sie werden offensichtlich von seinem Kunden als wichtig angesehen und dürfen deshalb nicht von vornherein aus der Betrachtung ausgeklammert werden.

Einflussfaktor (alphabetisch)	Alternative "Kaufen im Gewerbegebiet"	Alternative "Mieten in der Stadt"
einmalige Gebühren und Provisionen (z.B. Maklergebühr)	x	x
einmalige Renovierungskosten	x	
einmalige Steuern und Abgaben (z.B. Grunderwerbssteuer	x	x
einmalige Umzugskosten	x	x
Höhe des Kredits von der Hausbank	x	
Imageeffekt für Kunden	x	x
Kaufpreis	x	
Kosten der Personalsuche	x	x
Laufende Betriebskosten	x	x
Laufende Mietzahlungen		x
Motivation der Mitarbeiter	x	x
Personalfluktuation	x	x
Produktivität der Mitarbeiter	x	x
Termintreue der neuen Produktversionen	x	x
Tilgungszahlungen	x	
Umsatzsteigerungen (höhere Einzahlungen)	x	x
Zinszahlungen	x	
zukünftige Entwicklung der Kreditzinsen	x	
zukünftige Entwicklung des Mietpreises		x
zukünftige Nachfrage nach Gewerbeimmobilien	x	x
zukünftiger Verkaufspreis der Immobilie	x	
zukünftiges Angebot an Gewerbeimmobilien	x	x

Die Liste ist aber noch weit davon entfernt, ein Modell zu sein: In ihr ist nicht ersichtlich, welche Abhängigkeiten zwischen den Faktoren bestehen und wie diese modelliert werden können. Es geht Rainer Schlau zunächst nur darum, nichts zu vergessen und alle als relevant angesehenen Faktoren einmal „auf dem Radarschirm zu haben". Darauf aufbauend will er das eigentliche Modell entwerfen. Gemeinsam mit Kurt Grips geht er die Liste durch und beide halten die Auflistung für geeignet, um nun diesen zweiten Schritt zu tun. Hier muss Rainer Schlau festlegen, wie die Faktoren einander beeinflussen, welche Zusammenhänge und Abhängigkeiten er modelliert und welche Daten er benötigt, um das Modell umsetzen zu können.

Auch diesen zweiten Schritt bereitet er strukturiert vor. In seiner langjährigen Tätigkeit hat es sich bewährt, das Modell zunächst grafisch zu entwerfen: Ähnlich einem Flussdiagramm ordnet Rainer Schlau die Variablen und verbindet sie mit Pfeilen, welche die Richtung der Beeinflussung angeben. Teilmodelle kann er zusätzlich auch farblich abgrenzen. Das Ergebnis sieht folgendermaßen aus:

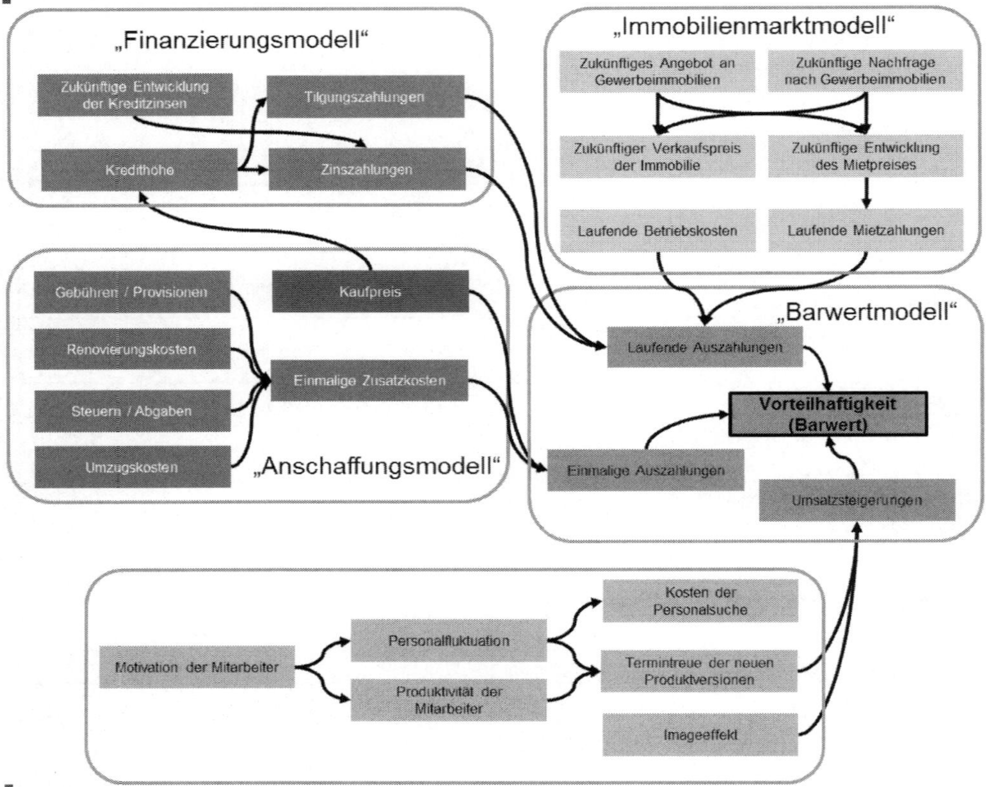

Nach einer ungeordneten Liste als erstem Schritt hat Rainer Schlau nun bereits ein genaueres Bild, welche Faktoren er auf welche Weise berücksichtigen will. Die Variablenliste hat schnell klargemacht, dass die Suche nach einem neuen Standort nicht auf eine reine Kostenbetrachtung hinausläuft. Kurt Grips erhofft sich von diesem Schritt ja gerade auch Wirkungen auf die Zufriedenheit und Motivation seiner Mitarbeiter, was sich in deren Produktivität und damit auch in schnellerer Produktentwicklung und / oder größeren Marktchancen widerspiegeln soll. Die umsatzsteigernden Wirkungen des Umzugs sind allerdings viel schwieriger zu fassen als die Kostenvariablen, für welche Rainer Schlau bereits konkrete Vorstellungen hat. In seiner grafischen Darstellung des Modells fasst er diese Variablen zu einem „Produktivitätsmodell" zusammen. Er plant, diesen

Aspekt nicht im quantitativen Business Case Modell, sondern in einer zusätzlichen Analyse (nämlich einer qualitativ orientierten Nutzwert-Analyse) genauer zu behandeln.

Zu seinem formalen Modell holt sich Rainer Schlau wieder kurzes Feedback von den anderen Teammitgliedern, insbesondere natürlich von Kurt Grips. Nachdem die beiden bei der Beantwortung der „5 Fragen“ einig waren, kein allzu umfangreiches Modell zu erstellen, findet der Vorschlag die Zustimmung von Kurt Grips. Insbesondere auf Rainer Schlaus Idee zur Berücksichtigung der „weichen Faktoren“ ist er schon gespannt. Die grafische Darstellung zeigt aber noch nicht, welche konkreten mathematischen Verknüpfungen gewählt werden. Dies wird Rainer Schlau bei der Implementierung in einer Tabellenkalkulation einzeln festlegen.

7.4 Kontrollfragen zu Kapitel 7

Kontrollfrage 7-1:

Sie erstellen einen Business Case für die Anschaffung einer neuen Maschine und stehen vor der Wahl, den nach Ablauf der Nutzungsdauer erzielbaren Restwert der Maschine im Modell entweder als einfache Annahme (subjektiv gewählter Einzelwert) oder als Teilmodell (Verknüpfung mehrerer anderer Inputvariablen) abzubilden. Welche Argumente sprechen für die Darstellung als Annahme, welche für die Abbildung als Teilmodell?

Kontrollfrage 7-2:

Beurteilen Sie, ob die folgenden Aussagen Ihrer Meinung nach eine richtige oder eine falsche Vorgehensweise ausdrücken:

1. „Der Abnehmer meines Business Case versteht nichts von Technik, deshalb lasse ich die technischen Einflussfaktoren im Modell weg.“
2. „Mein Abnehmer hat sich einen möglichst einfachen Business Case gewünscht. Deshalb verknüpft mein Modell nur Fakten. Annahmen musste ich keine treffen.“
3. „Mein Abnehmer hat die erste Version des Business Case nicht akzeptiert, weil er den Ergebnissen nicht getraut hat. Also habe ich in der zweiten Version das Modell jetzt aufgebohrt und die meisten ursprünglichen Annahmen in Teilmodelle aufgespalten.“
4. „Mir ist es gelungen, die Unsicherheit im Business Case zu reduzieren, indem ich einige Annahmen rausgeschmissen habe.“

Kontrollfrage 7-3:

Ihr Kollege argumentiert, dass der Business Case kein Finanzierungsmodell beinhalten darf, weil dies die Entscheidung nicht unterstütze. Die Investition solle sich doch schließlich immer, also unabhängig von der konkreten Art der Finanzierung rechnen. Was antworten Sie ihm?

Kontrollfrage 7-4:

Wird die Art der Entscheidung, welche ein Business Case unterstützen soll (Einzelentscheidung, Wahlentscheidung) einen systematischen Einfluss auf die Komplexität des zu erstellenden Modells haben? Begründen Sie Ihre Antwort.

8 Methodeneinschub

In diesem Kapitel erfährt der Leser:

- Warum das Kriterium der Vermögensmaximierung der relevante Maßstab für einen Business Case ist.
- Welche Rechnungsgrößen das betriebliche Rechnungswesen kennt und warum nicht alle für einen Business Case sinnvoll sind.
- Was der Unterschied zwischen einer „Cash Flow Betrachtung“ und einer „G+V Betrachtung“ im Business Case ist und weshalb die Cash Flow Betrachtung vorzuziehen ist.

8.1 Vermögensmaximierung als Entscheidungsprämisse eines Business Case

Nachdem der idealtypische Prozess der Business Case Erstellung die Stufe der Modellbildung abgeschlossen hat, wird es Zeit für einige theoretische Überlegungen, welche aber die Grundlage für das eigentliche Rechnen des Business Case legen (Kapitel 10) und damit auch bestimmen, welcher Art die Daten sein müssen, die für die Rechnung vorbereitet werden müssen (Kapitel 9).

Der Business Case soll die zu treffende Entscheidung unterstützen. Die Entscheidung selbst wird von den Verantwortlichen (zumindest wenn man rationales Verhalten unterstellt) so getroffen werden, dass sie bestmöglich mithilft, die verfolgten Ziele zu erreichen. Aber welche Ziele verfolgen die Entscheider typischerweise? Nach welchen Präferenzen werden die Entscheider also ihre Wahl treffen?

Wir gehen hier von der – zwar vereinfachenden, aber die Realität in den meisten Fällen recht gut widerspiegelnden – Annahme aus, dass die Entscheider grundsätzlich versuchen, das **Vermögen** zu maximieren. Unter „Vermögen“ verstehen wir die in Geldeinheiten bewertete Gesamtheit aller materiellen und immateriellen Güter, welche im Eigentum einer Person oder einer Organisation (hier: eines Unternehmens) stehen. Betriebswirtschaftliches Handeln und Entscheiden ist in dieser Sicht also vornehmlich dadurch geprägt, dass das Ziel der kurz- und langfristigen Vermögensmaximierung verfolgt wird. Oder konkret für den Business Case formuliert:

Die Adressaten des Business Case (die Entscheider) werden in aller Regel die Entscheidung so zu treffen versuchen, dass ihre Präferenz zur Maximierung des Unternehmensvermögens bestmöglich erreicht wird. Die Entscheider versuchen also diejenige Alternative zu identifizieren, welche den größtmöglichen Vermögenszuwachs für das Unternehmen bringt. Der Business Case soll helfen, diese Alternative zu identifizieren.

Dies muss in einigen Punkten noch etwas konkretisiert werden:

- Zum einen postuliert dieses Prinzip, dass das gesamte Vermögen in Geldeinheiten („in Heller und Pfennig“) ausgedrückt werden kann. Dies versucht man in der Bilanz eines Unternehmens darzustellen, indem z.B. auch immaterielle Vermögensgegenstände (wie etwa Patente, Markenrechte, Lizenzen, etc.) in Geldeinheiten bewertet werden. Darüber hinaus lehrt uns die tägliche Erfahrung aber auch, dass es viele Faktoren gibt, welche zumindest langfristig das Vermögen beeinflussen, sich selbst aber nicht oder nur sehr schwer in Geldeinheiten ausdrücken lassen: zufriedene Kunden und motivierte Mitarbeiter werden langfristig günstiger für die Vermögensentwicklung eines Unternehmens sein als unzufriedene Kunden oder demotivierte Mitarbeiter. Wenn sie das Vermögen des Unternehmens beeinflussen, aber nicht in Geld ausgedrückt werden können – gehören solche Faktoren dann in den Business Case oder nicht? Die Antwort lautet: Ja, aber zunächst werden im Business Case die monetär bewertbaren Faktoren betrachtet und diese Analyse dann um die – notwendige und sinnvolle! – Betrachtung nicht-monetärer Faktoren erweitert (siehe dazu Kapitel 12.4).

- Das Vermögen eines Unternehmens ist eine zeitpunktbezogene Größe und unterliegt laufenden Schwankungen. Welcher Zeitpunkt soll dann gewählt werden, um den Vergleich der Alternativen bezüglich ihrer „Vermögensvorteilhaftigkeit“ durchzuführen? Die Antwort lautet hier idealtypisch: Als relevantes Vermögen ist dasjenige zu betrachten, über welches das Unternehmen zum Zeitpunkt der vollständigen Abwicklung / Umsetzung der Entscheidung (d.h. unmittelbar nach Eintreten der letzten monetären Auswirkung) verfügt. Dies wird als das Endvermögen bezeichnet. Der Vergleich der Endvermögenswerte, welche sich bei Realisierung der einzelnen Alternativen ergäben (Konjunktiv!), ist damit der im Business Case darzustellende Beurteilungsmaßstab. Funktional äquivalent dazu und deshalb gleichwertig im Nutzen sind die auf die jeweiligen Gegenwartswerte transformierten (abgezinsten) Werte, welche als „Barwerte“ bezeichnet werden. Wie schon früher ausgeführt, ist es in der Praxis aber häufig sehr schwierig, den theoretisch idealen Endzeitpunkt zu identifizieren. Deshalb ist hier oft eine subjektive Festsetzung erforderlich.

- Das zukünftige Endvermögen wird sicher nicht nur durch die konkret im Business Case betrachtete Entscheidung beeinflusst, sondern noch von einer Vielzahl anderer Faktoren, welche laufend auf das Unternehmen und seinen Erfolg im Markt einwirken. Wie soll da ein fairer Vergleich zwischen den Alternativen möglich sein? Der Ansatz im Business Case muss hier lauten: Berücksichtigt werden nur solche Konsequenzen, welche in den einzelnen Alternativen in unterschiedlicher Höhe und/oder zu unterschiedlichen Zeitpunkten auftreten. Nur die Unterschiede zwischen den Alternativen sind relevant! Dies ist die bereits dargestellte inkrementelle Betrachtung der Alternativen. Vermögensänderungen, die bei allen Alternativen gleich sind (z.B. weil sie nicht von der betrachteten Entscheidung, sondern von anderen Faktoren abhängen), werden im Business Case nicht betrachtet und sind für den Vergleich der Alternativen irrelevant!

8.2 Rechnungsgrößen eines Business Case

Aus diesen Überlegungen zum Endvermögen als grundlegendem Bewertungsmaßstab eines Business Case ergeben sich weitere wichtige Konsequenzen:

Die Wirkungen eines Ereignisses bzw. eines Geschäftsvorfalls auf das Vermögen des Unternehmens sind nämlich in ihrer Höhe und in ihrem zeitlichen Anfall davon abhängig, welche Rechnungsgrößen man betrachtet. Grundsätzlich unterscheidet man die folgenden Ketten von Rechnungsgrößen (vgl. **Abbildung 8.1**):

Abbildung 8.1 Rechnungsgrößen

Während wir in der Alltagssprache nicht genau zwischen diesen Begriffen trennen, ist ihre Unterscheidung im betrieblichen Rechnungswesen und für die Zwecke eines Business Cases durchaus relevant. Dies sei anhand der nachfolgenden Grafik erläutert (vgl. **Abbildung 8.2**).

Einzahlungen und Auszahlungen verändern den Zahlungsmittelbestand des Unternehmens, also den Bestand an Bar- und Buchgeld. Rechnet man zum Zahlungsmittelbestand noch Forderungen hinzu und zieht Verbindlichkeiten ab, so erhält man das „Geldvermögen" des Unternehmens. Eine Veränderung des Geldvermögens wird als „Einnahme" (Erhöhung) bzw. als „Ausgabe" (Abnahme) bezeichnet.

Nehme ich von meiner Bank einen Kredit über 10.000 Euro auf, so erhöht sich mein Bestand an Zahlungsmitteln (Gutschrift auf dem Konto), aber gleichzeitig entsteht eine Verbindlichkeit gegenüber der Bank (Kreditschuld). Mein Geldvermögen bleibt also unverändert. Die Kreditaufnahme stellt deshalb zwar eine Einzahlung, aber keine Einnahme dar.

Abbildung 8.2 Abgrenzung der Rechnungsgrößen

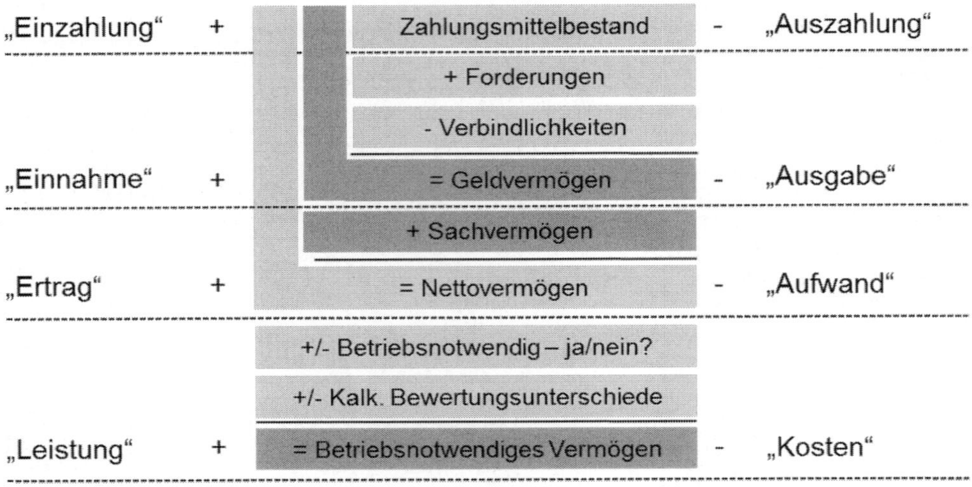

Ein anderer typischer Geschäftsvorgang: Wenn ein Unternehmen eine Anschaffung auf Ziel tätigt, so bleibt der Bestand an Zahlungsmitteln zunächst unverändert (keine Auszahlung), allerdings entsteht eine Verbindlichkeit gegenüber dem Lieferanten. Das Geldvermögen reduziert sich also, womit das Unternehmen eine Ausgabe getätigt hat. Dafür erhält das Unternehmen aber Güter (z.B. Rohstoffe oder Anlagegüter), welche in sein Vermögen übergehen. Sie erhöhen das Sachvermögen des Unternehmens, womit das Nettovermögen zunächst unverändert bleibt. Der Kauf von Rohstoffen (und deren Einlagerung) stellt für das Unternehmen also zunächst keinen Aufwand dar. Dieser entsteht erst durch den Verbrauch (z.B. bei Entnahme für die Produktion oder durch Abnutzung von Anlagegütern – ausgedrückt durch Abschreibung).

Mit welchen Rechnungsgrößen sollen nun Geschäftsvorfälle beschrieben werden, um im Business Case die Wirkungen auf das Endvermögen darzustellen? Welche Ebene von Rechnungsgrößen die passende ist, hängt immer von der Aufgabenstellung ab: Das externe Rechnungswesen (Bilanzbuchhaltung) hat zum Ziel, den zu versteuernden Periodenerfolg (Bilanzgewinn) zu ermitteln. Es operiert auf der Ebene „Aufwand – Ertrag“. Ein Finanzmanager, der die Liquidität (Zahlungsfähigkeit) seines Unternehmens sicherstellen muss, wird sich konsequenterweise um die Steuerung des Geldvermögens des Unternehmens kümmern und deshalb alle Geschäftsvorfälle vornehmlich mit der Unterscheidung „Ausgabe – Einnahme“ bzw. „Auszahlung – Einzahlung“ untersuchen.

Und ein Business Case? Theoretisch könnte der Business Case mit jedem der oben genannten Begriffspaare arbeiten. Allerdings drückt das Begriffspaar „Auszahlung – Einzahlung“ die monetären Konsequenzen einer Entscheidung am unmittelbarsten aus und auch nur dieses Begriffspaar ordnet die monetären Konsequenzen den Zeitpunkten ihres tatsächlichen Eintretens zu.

Ein Business Case sollte deshalb immer auf Zahlungsströmen („Cash Flows") als Rechnungsgrößen aufgebaut sein. In der Praxis zeigt sich allerdings oft der Wunsch der Auftraggeber, die Auswirkungen der Entscheidung auch in Form einer „Projekt G+V" darzustellen: Die Analyse soll dann aufzeigen, wie sich der Unternehmenserfolg (gemessen am Gewinn vor oder nach Steuern) durch die Entscheidung verändert. Dies ist im Grunde eine andere Fragestellung als diejenige nach der vermögensmaximierenden Entscheidung!

Seinem ursprünglichen Wesen nach zielt der Business Case auf die Zahlungswirksamkeit aller Vorfälle ab – dies ist die „Cash Flow Betrachtung" der anstehenden Entscheidung. In einer „G+V Betrachtung" wird auf die Erfolgswirksamkeit der Vorfälle abgezielt. Zahlungs- und Erfolgswirksamkeit eines Vorfalls können in Höhe und/oder Zeitpunkt auseinanderfallen (man denke an das Beispiel Anschaffung einer Maschine mit nachfolgender Aktivierung und mehrperiodiger Abschreibung). Diese Unterscheidung ist für den Business Case also vor allem dann relevant, wenn erfolgswirksame Faktoren (Aufwand) die Steuerlast beeinflussen und damit spätere Steuerzahlungen in ihrer Höhe (zahlungswirksam) verändern.

Typische Beispiele dafür sind:

- Investitionen ins Anlagevermögen (typisch für einen Business Case), wodurch die Zahlungswirksamkeit von den vereinbarten Zahlungsbedingungen, die Erfolgswirksamkeit aber von den gewählten Abschreibungsmodalitäten bestimmt werden.
- Verkäufe auf Ziel, bei denen die Erfolgswirksamkeit mit Buchung des Umsatzes, die Zahlungswirksamkeit aber erst bei Bezahlung durch den Kunden erfolgt.
- Käufe von Rohstoffen auf Ziel bei sofortigem Verbrauch in der gleichen Periode (keine Aktivierung), womit die Erfolgswirksamkeit in der Periode des Kaufs, die Zahlungswirksamkeit aber erst später (bei Begleichung der Verbindlichkeit) entsteht.
- Verkauf eines Anlagegutes zum Buchwert (Restwert) nach Ablauf der Nutzungsdauer, welcher zwar zahlungswirksam, aber nicht erfolgswirksam ist.
- Etc.

Im Business Case kann hier in aller Regel ein pragmatischer Ansatz gewählt werden. Nachdem die Höhe und der exakte Zeitpunkt der einzelnen relevanten Geschäftsvorfälle naturgemäß unsicher sind (Zukunftsaussagen!), kann in den meisten Fällen unterstellt werden, dass Zahlungs- und Erfolgswirksamkeit zusammenfallen. Insofern ergibt sich dann auch kein Unterschied zwischen einer „Cash Flow Betrachtung" und einer „G+V Betrachtung". Wo die Unterschiede aber bereits für die Zukunft abgeschätzt werden können (dies wird z.B. sicher bei Abschreibungen so sein), ist es empfehlenswert, zunächst die Cash Flow Betrachtung des Business Case konsequent zu verfolgen und daraus – wenn und soweit vom Adressaten gewünscht – eine G+V Betrachtung abzuleiten: Für die identifizierten Geschäftsvorfälle (und nur für diese!) werden die zahlungswirksamen Größen der Cash

Flow Betrachtung ersetzt durch erfolgswirksame Größen (Höhe und zeitliche Verteilung werden sich also ändern). Alle anderen Größen werden aus der Cash Flow Betrachtung unverändert in die G+V Betrachtung übernommen.

Der Ersteller des Business Case sollte sich immer vor Augen halten, dass die der Analyse inhärente Unsicherheit eine vollständig exakte Überleitung gar nicht erlaubt. Vor allem die Abschätzung der Steuerwirksamkeit (das Hauptargument für die Forderung einer G+V Betrachtung) ist von vielen anderen Faktoren abhängig (z.B. Höhe des insgesamt erzielten Gewinns, durchschnittlicher Steuersatz, Möglichkeit zur Inanspruchnahme anderer steuersenkender Faktoren in späteren Perioden, etc.) und damit zwangsläufig (sehr) ungenau. Der Nutzen einer zusätzlichen G+V Betrachtung sollte deshalb nicht überschätzt und der Aufwand zu deren Erstellung beschränkt werden.

„Ein neuer Platz für die Soft&Schlank GmbH" - Ein Fallbeispiel

Rainer Schlau spricht das bisher aufgestellte Modell und die darin enthaltenen Variablen mit Kurt Grips durch. Bevor es an die Datensammlung und die eigentlichen Berechnungen geht, soll sein Abnehmer eine genaue Vorstellung von den modellierten Zusammenhängen haben.

Kurt Grips ist es als Unternehmer gewohnt, in den Kategorien „Aufwand und Ertrag" bzw. daraus abgeleitet „Gewinn" zu denken. „Wenn ich mehr Ertrag erziele als ich Aufwand habe, dann (und nur dann) macht meine Firma Gewinn. Das behalte ich bei allen meinen Entscheidungen im Auge – auch beim anstehenden Umzug!" erklärt Kurt Grips. Deshalb ist es für ihn etwas überraschend, als Rainer Schlau erklärt, einen „Gewinn" überhaupt nicht berechnen zu wollen. Er lese in der Modellübersicht nun immer von „Zahlungen", fragt Kurt Grips – ob man denn die Vorteilhaftigkeit der Alternativen anders vergleichen könne als über ihre Auswirkungen auf den zukünftigen Gewinn der Soft&Schlank?

Der Fokus auf „Zahlungen" sei schon richtig, erklärt ihm Rainer Schlau. Zum einen würden bei vielen Geschäftsvorfällen die zahlungsrelevanten Vorgänge ohnedies mit den erfolgswirksamen Vorgängen zusammenfallen, sodass beide Sichten das gleiche Ergebnis lieferten. In den anderen Fällen seien aber Zahlungen die geeigneteren Größen, um Entscheidungsalternativen fair vergleichen zu können. Zahlungen kennzeichnen nämlich viel unmittelbarer die unternehmerische Dispositionsfreiheit, mit den Mitteln wirtschaften und das Unternehmensvermögen beeinflussen zu können. Das könne er ihm an ein paar Beispielen verdeutlichen:

Wenn Kurt Grips nach einem Zielverkauf auf die Zahlung eines Kunden wartet, kann er mit diesen Mitteln eben erst dann neue Computer kaufen, Gehälter bezahlen oder die Ausbildungsprogramme seiner Mitarbeiter finanzieren, wenn die Zahlung eintrifft. Solange er die Zahlung des Kunden nicht erhalten hat, kann er dies alles nicht tun. Kurt Grips bucht zwar die Umsatzerlöse (damit tritt die Wirkung auf den Gewinn ein), er kann aber das Ergebnis des Geschäfts (nämlich den als Zahlung zufließenden Kaufpreis) noch nicht einsetzen, um weitere das Vermögen der Soft&Schlank GmbH steigernde Maßnahmen zu treffen.

Und was geschieht danach beim Kauf der neuen Computer? Die Mittel fließen aus dem Unternehmen ab und er, Kurt Grips, könne sie dann nicht mehr für andere Zwecke einsetzen. Ob er die neuen Computer über 3 oder 4 Jahre abschreibe (was seinen Aufwand und damit seinen Gewinn pro Jahr beeinflusst), ist dafür überhaupt nicht wesentlich. Die Mittel stehen ihm nach der Zahlung nicht mehr für andere unternehmerische Entscheidungen zur Verfügung. Zum Beispiel kann er sie nicht mehr in andere attraktive Anlageformen investieren und damit auch nicht deren Vorteile (z.B. Zinsen) abschöpfen. Diese Konsequenz entsteht eben mit Zahlung des Kaufpreises, und nicht mit Buchung einer periodischen Abschreibung!

Zahlungsströme, also Veränderungen in den liquiden Mitteln der Soft&Schlank GmbH, sind die unmittelbarsten Indikatoren für die Wirkungen der zur Auswahl stehenden Alternativen, und deshalb ist das Business Case Modell an Zahlungen orientiert, erläutert Rainer Schlau. Das kann Kurt Grips nachvollziehen und akzeptiert die Vorgehensweise.

8.3 Kontrollfragen zu Kapitel 8

Kontrollfrage 8-1:

Sie arbeiten in einer nicht auf Gewinnerzielung ausgerichteten, karitativen Organisation. Macht die Erstellung eines Business Case bei der Modernisierung ihres Fuhrparks dann überhaupt Sinn?

Kontrollfrage 8-2:

Nachstehende Geschäftsvorfälle treten in der Periode t auf. Wie (d.h. mit welchen Werten) wird ein Business Case diese in Periode t abbilden?

1. Zahlungseingang von 25.000 €. Sie stammen vom Großabnehmer G, der für diesen Betrag in der Periode t-1 Güter bezogen hatte.
2. Verkauf einer gebrauchten Anlage für 6.800 € auf Ziel. Der Verkaufspreis liegt 1.800 € über dem Buchwert.
3. Es werden in Periode t Produktionsanlagen in Höhe von 11.000€ abgeschrieben.
4. Versand inkl. Rechnung von in Periode t erstellten Erzeugnissen im Wert von 48.500 € an Kunden K, der diese in Periode t-1 bereits mit 40.000 € angezahlt hatte. Der Restbetrag wird in Periode t per Überweisung beglichen.

Kontrollfrage 8-3:

Ihr Arbeitskollege erzählt Ihnen, dass „in den USA diese pedantische Unterscheidung in Einzahlungen, Einnahmen, Erträge und so weiter“ nicht getroffen werde und man deshalb in einem Business Case für angloamerikanische Abnehmer diesen Unterschied nicht berücksichtigen brauche. Hat er Recht?

9 Datensammlung

In diesem Kapitel erfährt der Leser:

- Wie die Modellbildung die im Business Case erforderlichen Inputdaten festlegt.
- Ob unpassende Modelle durch bessere Inputdaten kompensiert werden können und umgekehrt.
- Warum es manchmal sinnvoller ist, mit Annahmen zu arbeiten, als Daten zu suchen.

9.1 Bestimmungsfaktoren des Informationsbedarfs

Der Informationsbedarf des Business Case, d.h. welche und wie viele Inputdaten in ihn einfließen, wird durch zwei Faktoren bestimmt:

Faktor 1: Modelltiefe und Detaillierungsgrad

Zum einen hängt der Informationsbedarf natürlich vom entworfenen Modell ab. Umfangreiche Modelle erfordern mehr Inputdaten als einfache. Im Idealfall hat sich der Ersteller bzw. das Erstellerteam bereits beim Aufstellen des Business Case Modells Gedanken darüber gemacht, mit welchen Inputdaten das Modell „gefüttert" werden kann und soll. Das Modell bestimmt zunächst einmal aber nur die Menge und den Detaillierungsgrad der notwendigen Inputs: wie viele verschiedene Variablen müssen mit Werten belegt werden, wie viele Einzelwerte sind für jede Variable nötig, etc. Ob diese Inputs in Form von empirischen Daten oder durch subjektive Annahmen/Schätzungen gefüllt werden, ist damit nicht festgelegt. Das Modell sagt also nichts über die Qualität der verwendeten Inputdaten aus.

Faktor 2: Datenqualität

Die Datenqualität ist der zweite wesentliche Faktor bei der Bestimmung des Informationsbedarfs. Sie wird in der empirischen Forschung allgemein an (mindestens) drei Kriterien festgemacht:

Validität: Damit wird ausgedrückt, dass die Daten tatsächlich das messen (darstellen), was sie zu messen vorgeben. Sie sind also ein passender Indikator für den zu messenden Sachverhalt. „Unternehmensgröße" kann mit vielen verschiedenen Indikatoren gemessen werden. „Umsatz" oder „Mitarbeiterzahl" werden dabei validere Indikatoren sein als z.B. „Zahl der Messebesuche".

Reliabilität: Damit wird die Zuverlässigkeit von Daten bezeichnet, also die Tatsache, dass auch ein mehrmaliges Messen das Ergebnis nicht ändert und der ermittelte Wert konstant bleibt. So ist die Intelligenz einer Person sehr schwierig reliabel zu messen, weil das Abschneiden beim Test davon abhängen kann, ob die Person gerade gesund, ausgeschlafen, motiviert oder am Ergebnis interessiert ist. Das Testergebnis ist dann nicht wirklich reliabel: misst man mehrmals mit dem gleichen Test, erhält man unterschiedliche Ergebnisse (obwohl die Intelligenz der Person sich wohl kaum kurzfristig stark ändert).

Objektivität: Dies drückt die Unabhängigkeit des Werts von der ermittelnden Person aus. Daten sind also objektiv, wenn unterschiedliche Personen zum gleichen Ergebnis gelangen, d.h. den gleichen Wert ermitteln. Dies wird ein Problem bei Daten, welche z.B. über persönliche Befragungen gewonnen werden. Das Ergebnis hängt dann (zumindest zum Teil) davon ab, wer befragt (und wie dies geschieht).

Eine hohe Datenqualität wird in aller Regel den Nutzen des Business Case für seinen Adressaten erhöhen, weil die daraus abgeleiteten Ergebnisse eher zur richtigen Entscheidung führen. Daten geringerer Qualität erhöhen die Wahrscheinlichkeit, mit dem Business Case irreführende Ergebnisse zu produzieren. Deshalb wird man versuchen, Inputdaten von möglichst hoher Qualität für den Business Case zu verwenden. Allerdings sind diesem Ziel auch immer Grenzen gesetzt durch die zur Verfügung stehende Zeit (wie lange dauert es, die Daten zu finden und aufzubereiten), die verfügbaren finanziellen Mittel (Daten hoher Qualität sind oft nur zu erheblich höheren Kosten zu beschaffen) und vor allem die generelle Verfügbarkeit (sind die Quellen bekannt und greifbar).

Auch hier kommt der Ersteller des Business Case also nicht um einen Kompromiss herum, wenn er den Erfolg des Business Case nicht durch eine zeitlich und finanziell ausufernde Datensammlung gefährden möchte. Hinzu kommt, dass auch noch so gute Inputdaten die generelle Unsicherheit eines in die Zukunft blickenden Business Case nicht beseitigen können. Der Nettonutzen immer höherer Datenqualität für den Zweck des Business Case (Entscheidungsunterstützung) nimmt am oberen Ende der Dimension „Datenqualität" eher wieder ab. Der zusätzliche Aufwand für die Beschaffung qualitativ noch besserer Daten wird durch den damit erzielbaren zusätzlichen Erkenntnisgewinn nicht mehr aufgewogen. Es ist schlicht ineffizient, weiter Zeit und Ressourcen dafür einzusetzen.

Wie in nachstehender Grafik (vgl. **Abbildung 9.1**) veranschaulicht, kann der Bedarf an Inputdaten für den Business Case also im Prinzip jeden beliebigen Punkt im zweidimensionalen Raum einnehmen, wobei aber eine Region oberhalb der Mitte typischerweise den größten Nettonutzen aufweisen wird. Ein Modell von hinreichender Komplexität bietet genügend Spielraum für Erkenntnisgewinn, ohne den Adressaten zu überfordern oder Scheingenauigkeit zu generieren. Daten von guter Qualität (ohne Perfektionsanspruch) erlauben eine adäquate Nutzung dieses Modells, ohne den Aufwand für die Datensammlung in den ineffizienten Bereich wandern zu lassen.

Abbildung 9.1 Optimumzone der Datensammlung

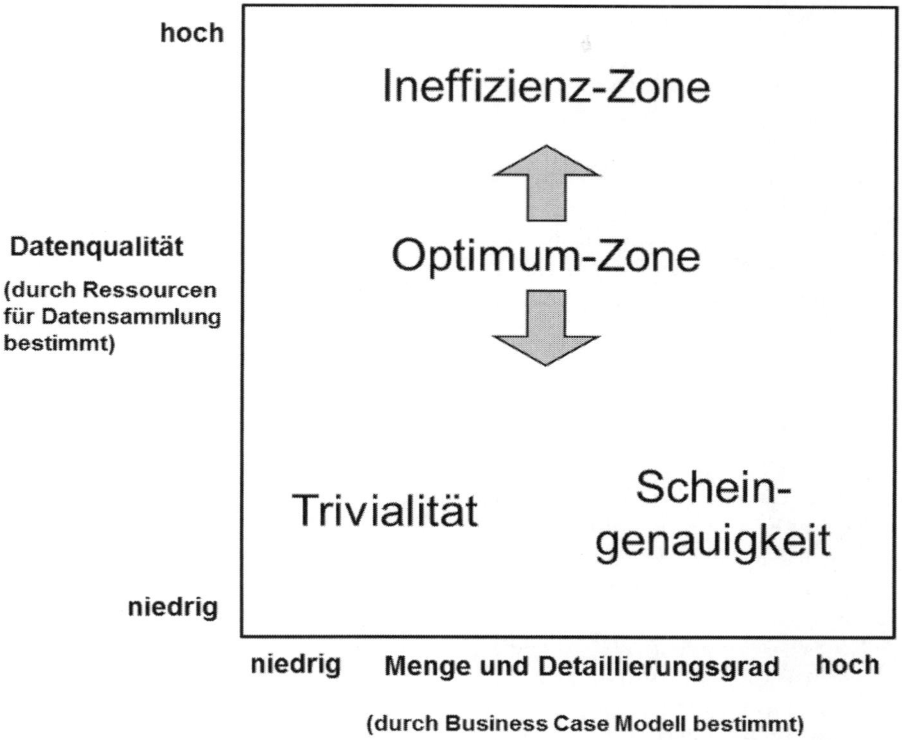

Dies lässt noch die Frage offen, ob zumindest innerhalb der beschriebenen Optimum-Zone (hinreichende Modellkomplexität, adäquate Datenqualität) ein Ausgleich zwischen den beiden Gestaltungsfaktoren möglich ist: Kann höhere Datenqualität Mängel im Modell ausgleichen oder kann umgekehrt ein besonders ausgefeiltes Modell auch mit geringerer Datenqualität nützliche Aussagen liefern?

Die Antwort lautet im ersten Fall: definitiv nein! Eine mangelhafte (wichtige Einflussfaktoren fehlen im Modell) oder sogar falsche Modellbildung (reale Zusammenhänge sind im Business Case anders abgebildet und entsprechen damit nicht den wahren Kausalbeziehungen) kann durch gute Datenqualität nicht ausgeglichen werden. Wenn die Verarbeitung der Inputs nicht adäquat ist, kann der Business Case keine sinnvollen Ergebnisse liefern – egal ob die verarbeiteten Daten von hoher oder niedriger Qualität sind.

Im zweiten Fall ist die Antwort nicht ganz so streng: Im Zweifelsfall wird es mehr Sinn machen, ein passendes Modell mit einer Annahme zu füttern, als alternativ den Einflussfaktor überhaupt aus dem Business Case Modell zu entfernen (und damit bewusst eine

Modelllücke zu generieren). Hier gilt also ein deutlich eingeschränktes Nein. Die Robustheit der Ergebnisse wird unter der verringerten Qualität der Inputdaten leiden, aber dies kann im Zweifelsfall noch immer die bessere Alternative sein, als den Einflussfaktor gänzlich zu ignorieren. Völlig unempfindlich für die Datenqualität ist aber natürlich auch das beste Modell nicht.

Für den Ersteller des Business Case gilt deshalb: Fehler und Versäumnisse in der Phase der Modellbildung lassen sich durch Daten nicht korrigieren. Fehlende empirische Daten können zur Not auch durch Annahmen oder Schätzungen ersetzt werden, um den Business Case insgesamt nicht in Frage zu stellen. Tatsächlich wird es die Regel sein, Teile der Inputdaten nur in Form von subjektiven Schätzungen und Erfahrungswerten vorliegen zu haben (z.B. Schätzungen über zukünftige Kostenentwicklungen). Nicht zuletzt stellen ja auch käuflich erworbene Daten oft nur (hoffentlich solide) Schätzungen dar.

9.2 Merkregeln für die Datensammlung

Die Natur der Entscheidungen, welche mit einem Business Case unterstützt werden können, ebenso wie die dafür zu entwickelnden Modelle sind so unterschiedlich, dass es keine allgemeingültigen Vorgaben für „gute" oder „nützliche" Inputdaten geben kann. Der konkrete Datenbedarf muss jeweils im Einzelfall ermittelt werden. Business Case Teilmodelle mit typischen Inputvariablen wurden in Kapitel 7.3 bereits genannt.

In jedem Fall sollte der Ersteller des Business Case bei der Datensammlung aber einige Merkregeln im Auge behalten:

Einheitlichkeit der Daten

Gleiches muss gleich benannt sein und auch gleiche Inhalte darstellen. Je geringer die Zahl der genutzten Quellen, desto geringer ist das Risiko, dass die verwendeten Daten unterschiedlich ermittelt wurden und deshalb auch unterschiedliche Sachverhalte ausdrücken. Werden aber Daten aus unterschiedlichen Quellen für die gleiche Inputvariable verwendet, wächst die Gefahr, „Äpfel mit Birnen" zu vermischen: Angaben über die Marktgröße müssen sich nicht auf identische Marktabgrenzungen beziehen (auch wenn die Märkte gleich benannt worden sind), Daten zu Transport- oder Versicherungskosten müssen nicht auf den gleichen Konditionen beruhen, etc. Wird hier bei der Sammlung nicht auf Einheitlichkeit geachtet, ist dieser Fehler an den Ergebnissen definitiv nicht mehr erkennbar (aber dennoch vorhanden).

Zeitnähe und Aktualität

Veraltete Daten nützen nichts – und seien sie noch so detailliert oder zum Zeitpunkt ihrer Erhebung genau und valide gewesen. Vor allem in dynamischen Umgebungen oder Entscheidungssituationen mit hohem Aktualitätsbezug ist die Verwendung von veralteten Daten im besten Fall unnötige Arbeit und im schlechtesten Fall eine Verzerrung der Aussagen (da sie die eigentlich interessierende zukünftige Entwicklung nicht mehr adäquat darstellen). Hier gilt also die vielleicht unerwartete Maxime: lieber eine subjektive Schätzung, welche aktuelle Informationen einzubeziehen versucht, als veraltete empirische Daten.

Verlässlichkeit

Im Zweifelsfall ist die Verwendung einer bekannten und als verlässlich eingestuften Datenquelle einer unbekannten, aber vielleicht einfacher anzuzapfenden Quelle vorzuziehen. Dies ist oft der beste oder sogar einzige Indikator für die Validität und Zuverlässigkeit der Inputdaten. Dieser Grundsatz gilt nicht nur bei der Suche nach kommerziellen Datenquellen, sondern analog auch für interne Datenquellen: Die Aussage des schwer zu erreichenden Experten ist wohl als verlässlicher einzustufen als die Meinung des netten Kollegen um die Ecke.

Nachvollziehbarkeit

Diese Regel besagt, dass die Informationsquelle, der Informationsursprung und der Informationsinhalt erkennbar und nachvollziehbar sein müssen. Nur so kann beurteilt werden, ob die Daten den Anforderungen des Modells überhaupt genügen und zum Füllen einer bestimmten Variable in einem Teilmodell geeignet sind. Daten, deren Ursprung (woher stammen sie?) und genauer Inhalt (was genau stellen sie dar?) nicht bekannt sind, sollten nicht verwendet werden. Die Gefahr einer unwissentlichen Fehlnutzung des Modells wäre zu groß. Achtung: Dies schließt den Einsatz von Schätzwerten nicht aus – solange man weiß, wer genau was geschätzt hat! Noch ein zweiter Grund spricht für die strenge Auslegung dieser Regel: Nur nachvollziehbare Daten werden bei Nachfragen vor den Adressaten des Business Case Bestand haben. Kaum etwas ist peinlicher, als auf Nachfrage der Business Case Kunden eingestehen zu müssen, dass man sich über die Herkunft der verwendeten Inputs nicht im Klaren ist!

„Ein neuer Platz für die Soft&Schlank GmbH" - Ein Fallbeispiel

Nunmehr geht es für Rainer Schlau in eine neue Runde: Das Modell will mit Daten gefüttert werden, damit es Ergebnisse liefern kann. Er arbeitet die einzelnen Teilmodelle durch und bestimmt, welche Daten er für sie als Input benötigt.

Das Finanzierungsmodell benötigt als zentralen Input die Höhe des von der Hausbank aufzunehmenden Kredits. Dieser ist wiederum vom Kaufpreis der Immobilie abhängig. Der Kaufpreis steht als Verhandlungsbasis bereits fest, Rainer Schlau wird diese Variable also mit einem fixen Inputwert belegen können. Er kontaktiert die Hausbank und vereinbart ein vertrauliches Gespräch, in dem er zum einen die Idee des Umzugs generell vorstellt und zum anderen eine erste Vorstellung von den Kreditkonditionen erhalten möchte. Der Bankberater bleibt naturgemäß vorsichtig und möchte sich zu keinen verbindlichen Aussagen hinreißen lassen. Er kann aber – da die Soft&Schlank GmbH eine enge Bindung als Kunde hat – ein paar informelle Hinweise geben, welche Konditionen die Hausbank anbieten könnte. Rainer Schlau entscheidet, dass dies fürs erste ausreicht. Er erwartet, dass sich die Vorteilhaftigkeit der Alternativen nicht über die Finanzierungskonditionen im Falle eines Kaufs entscheidet, und will deshalb nicht zu viel Aufwand in die Ermittlung dieser Daten stecken. Die vom Bankberater genannte Bandbreite für Kreditzinsen und Tilgungskonditionen erscheint ihm valide und zuverlässig genug.

Schwieriger wird die Inputermittlung für das Anschaffungsmodell. Außer dem mehr oder weniger feststehenden Kaufpreis für die Alternative „Gewerbepark" sind alle Variablen noch sehr unbestimmt. Hier muss der bereits eingeweihte Immobilienmakler helfen. Rainer Schlau organisiert also für beide Immobilien eine Begehung mit dem Makler, damit dieser die Räumlichkeiten prüfen kann. Dann fragt Rainer Schlau nach dessen Meinung zu wahrscheinlich anfallenden Renovierungskosten und den typischerweise anfallenden Provisionen. Der Makler kann aus seiner Erfahrung heraus Schätzwerte abgeben, ist sich aber bei den Renovierungskosten sehr unsicher – da fehle ihm die konkrete Erfahrung. Besser wäre es, konkrete Angebote von Handwerkern einzuholen. Dazu fehlt Rainer Schlau aber die Zeit. Er vermerkt sich, dass er hier mit weniger zuverlässigen Daten arbeiten und die Inputs wahrscheinlich mehrmals variieren muss, um die Wirkung auf die Vorteilhaftigkeit abzuschätzen. Bei Umzugskosten muss der Makler ganz passen – das hänge von der Firma ab. Rainer Schlau stellt fest, dass er im Anschaffungsmodell wiederum mit Annahmen rechnen muss, diese aber – im Unterschied zum Finanzierungsmodell – deutlich unsicherer sind. Allein der Kaufpreis scheint eine hohe Validität und Reliabilität aufzuweisen. Trotzdem: Da das Modell insgesamt nicht sehr detailliert ist und die Zeit drängt (er hatte ja eine Erstellung des Business Case innerhalb von 2 bis 3 Wochen versprochen), belässt es Rainer Schlau bei diesen Schätzungen und verzichtet auf weitergehende Analysen.

Beim Immobilienmarktmodell fühlt sich der befreundete Makler schon deutlich wohler. Er kennt den Markt für Gewerbeimmobilien in der Stadt seit vielen Jahren und traut sich ein recht gutes Urteil über die Entwicklung in den nächsten Jahren zu. Anstehende Neubau- und Renovierungsprojekte sind ihm bekannt, die Nachfrage der letzten Jahre hat er genau verfolgt. Er zeigt Rainer Schlau auch Tabellen aus den Mietspiegeln und Analysen zur Entwicklung der Immobilienpreise. Das sieht recht ordentlich aus. Rainer Schlau ist zuversichtlich, dass diese Inputs die Modellanforderungen erfüllen.

Das Produktivitätsmodell ist ein Sonderfall: Schon bei der Erstellung des Modells hat sich Rainer Schlau festgelegt, diese Faktoren nicht in die eigentliche quantitative Analyse zu integrieren, sondern dieses Teilmodell als Ergänzung des Business Case in einer (Kurt Grips noch näher zu erläuternden) Nutzwertanalyse einzubeziehen. Deshalb kann er hier auch qualitative Aussagen in der Art „mehr – weniger" oder „stark – schwach" nutzen. Er setzt sich mit Peter Ehrlich zu einem langen Gespräch zusammen und lässt diesen seine Sicht darstellen. Rainer Schlau macht sich Notizen, plant aber, das Produktivitätsmodell nicht alleine „am grünen Tisch", sondern in einer zweiten, gemeinsamen Runde mit Kurt Grips und Peter Ehrlich zu bearbeiten.

Nach 4 Tagen voller Termine und Gespräche ist Rainer Schlau ziemlich geschlaucht, aber er hat ein gutes Stück Arbeit hinter sich gebracht. Er rekapituliert: Er hat quantitative (d.h. in Zahlen ausgedrückte) Inputs für alle Modellvariablen außer dem Produktivitätsmodell – aber das ist so geplant. Diese Inputs sind zum allergrößten Teil Schätzungen und deshalb mehr oder weniger unsicher. Vor allem beim Anschaffungsmodell befürchtet er eine eingeschränkte Validität und Reliabilität seiner Inputs.

Im Großen und Ganzen hat er aber das Gefühl, die generellen Merkregeln für die Datensammlung weitgehend beachtet zu haben: Seine Daten sind einheitlich, weil sie aus wenigen Quellen stammen und nicht aus vielen Quellen „zusammengestoppelt" werden mussten. Sie sind so aktuell wie nur möglich und seiner Meinung nach auch verlässlich. Zumindest hat er für alle Variablen den jeweils besten inhaltlichen Kenner befragen können: den Bankberater, den Immobilienmakler und den langjährigen Unternehmensmitarbeiter. Er hat alle Inputs dokumentiert und wird sie vor dem Füttern des Business Case noch einmal kurz mit Kurt Grips besprechen.

Es wird Zeit, den Business Case zu rechnen…

9.3 Kontrollfragen zu Kapitel 9

Kontrollfrage 9-1:

Der Adressat des Business Case hat Sie nach Ihrem ersten Zwischenbericht aufgefordert, „die Sache zu beschleunigen und nicht zu viel Arbeit hineinzustecken". Lieber seien ihm nun rasche Resultate als ein umfangreicher Business Case. Werden Sie eher an der Modellkomplexität oder an der Datenqualität Kürzungen vornehmen?

Kontrollfrage 9-2:

Sie haben die Modellbildung abgeschlossen und als Ergebnis ein sehr komplexes Modell mit vielen Variablen erstellt. Nunmehr stellen Sie fest, dass es sehr schwierig ist, adäquate Inputs für alle Variablen zu finden. Haben Sie nun ein Datenproblem (keine passenden Daten) oder ein Modellproblem (kein passendes Modell), um das Sie sich kümmern müssen?

Kontrollfrage 9-3:

Beurteilen Sie in den nachfolgenden Situationen, ob die Merkregeln für die Datensammlung eingehalten worden sind:

- Für einen Business Case über die Modernisierung der unternehmenseigenen IT-Infrastruktur lassen Sie sich von allen Standorten für das aktuelle Geschäftsjahr detaillierte Monatsaufstellungen der aufgelaufenen Kosten für Wartung, Fehlerbehebung und Betriebskosten der aktuellen Infrastruktur liefern.

- Nachdem zu den erwarteten Betriebskosten der Konkurrenzlösung keinerlei sichere Zahlen aufzutreiben sind, bauen Sie in Ihren Business Case als Untermauerung des eigenen Angebots einfach Schätzwerte ein, welche sie dem Kunden bei Nachfrage als solche darstellen wollen.
- Der Vorstand erwartet einen Business Case über die Vorteilhaftigkeit eines Markteintritts in Zentraleuropa. Sie haben aus verschiedenen kommerziellen Studien (welche teilweise relativ teuer waren) Zahlen zur zukünftigen Marktentwicklung verschiedener Marktsegmente zusammengetragen und daraus die prognostizierte Marktgröße als Input für den Business Case abgeleitet.

10 Rechnen des Business Case

In diesem Kapitel erfährt der Leser:

- Welche Methoden der Wirtschaftlichkeitsrechnung es gibt.
- Was dynamische von statischen Methoden unterscheidet.
- Welche der Methoden in einem Business Case angewendet werden können.
- Welche Aussagen die Methoden generieren und wie sie interpretiert werden müssen.
- Welche typischen Kennziffern und Metriken ein Business Case liefern kann und soll.

10.1 Zahlungsströme und ihre Vergleichbarkeit

Wie in Kapitel 8.2 näher ausgeführt, sollte ein Business Case immer die mit einer Alternative verbundenen Zahlungsströme (Einzahlungen und Auszahlungen) als relevante Analysegrößen verwenden. Dies wurde als die „Cash Flow Betrachtung" bezeichnet. Eine „G+V Betrachtung" mag in manchen Fällen sinnvoll und vom Auftraggeber gefordert sein, sie sollte aber nur eine Ergänzung für die Cash Flow Betrachtung darstellen und diese nicht vollständig ersetzen.

Jede im Business Case analysierte Alternative wird also durch die Gesamtheit der mit ihr verbundenen Zahlungsströme charakterisiert: Wie immer man sich entscheidet – die Folge wird in jedem Fall eine Reihe von Zahlungen sein, welche in unterschiedlicher Höhe und zu unterschiedlichen Zeitpunkten anfallen und außerdem einmal Auszahlungen und einmal Einzahlungen darstellen. Die Gesamtheit dieser Zahlungen (innerhalb des betrachteten Analysezeitraums) wird als repräsentativ für die Alternative gesehen. Diese Zahlungen sind es, welche der Business Case in seiner Grundform analysiert. (Auf die Erweiterung der Analyse um solche Faktoren, welche sich nicht als Zahlungen darstellen lassen, wird in Kapitel 12.4 eingegangen.)

Für eine Alternative mag der Zahlungsstrom über die ersten 5 Perioden wie folgt aussehen (vgl. **Abbildung 10.1**): Die betrachtete „Alternative A" zeigt den idealtypischen Verlauf einer Investition mit einer hohen Anfangsauszahlung (dargestellt mit Minuszeichen) zu Beginn (die Anschaffungsauszahlung). Danach folgen weitere, allerdings niedrigere, Auszahlungen in den Folgeperioden (der leichte Anstieg von Periode zu Periode mag z.B. steigende Wartungs- und Betriebskosten einer allmählich veraltenden Maschine darstellen). Erste Einzahlungen folgen in Periode 1 (wenn z.B. die ersten mit der Maschine produzierten Produkte am Markt verkauft werden). Die Einzahlungen bleiben in diesem Beispiel konstant, was natürlich keineswegs immer so sein muss. (Hinweis zur praktischen Umsetzung: Der Startzeitpunkt des Analysezeitraums wird zweckmäßigerweise immer als Periode „0" bezeichnet – warum, wird im nächsten Unterkapitel noch deutlich.)

Abbildung 10.1 Zahlungsstrom einer Investitionsalternative

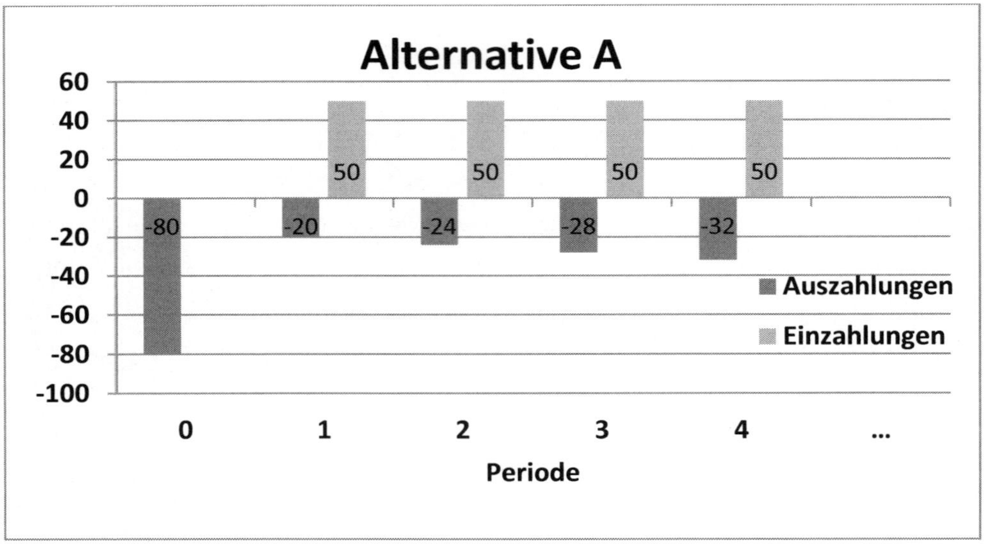

Handelt es sich um eine Einzelentscheidung (siehe die Antwort auf die erste der „5 Fragen"), dann wird der Zahlungsstrom möglicherweise bereits die inkrementellen Werte darstellen – also die Differenz zwischen den Zahlungsströmen der Alternative „laufen lassen" und der hier betrachteten Alternative A. Handelt es sich um eine Wahlentscheidung, dann wird der Zahlungsstrom eher absolute Werte darstellen – analog dazu gibt es dann einen Zahlungsstrom für mindestens eine weitere Alternative B. Auf jeden Fall wird Alternative A durch diesen Strom von Ein- und Auszahlungen im Business Case abgebildet. Der Business Case als Entscheidungsunterstützungsinstrument hat die Aufgabe, deren Vorteilhaftigkeit zu analysieren: Welche Konsequenzen treten ein, wenn sich der Adressat (also der Entscheider) für oder gegen Alternative A entscheidet? Was wird voraussichtlich vorteilhafter sein?

Um diese Frage (Welche der eigentliche Auslöser für die Erstellung des Business Case ist) beantworten bzw. zumindest Hinweise zu ihrer Beantwortung geben zu können, muss der Business Case bestimmte Vergleichsmaßstäbe definieren. Diese Vergleichsmaßstäbe sind die Kriterien, mit deren Hilfe jede Alternative auf ihre Attraktivität bzw. Vorteilhaftigkeit hin beurteilt wird. Die in der einschlägigen Literatur beschriebenen und in der Praxis angewendeten Rechenmethoden unterscheiden sich in ihrem Wesen jeweils dadurch, was genau sie als Vergleichsmaßstab benutzen. Deshalb sollen im nächsten Unterkapitel die bekanntesten Methoden und insbesondere die von ihnen benutzten Vergleichsmaßstäbe kurz dargestellt werden.

10.2 Ein kurzer Streifzug durch die Wirtschaftlichkeitsrechnung

Der Streifzug durch die verschiedenen Methoden der Wirtschaftlichkeitsrechnung beginnt mit einer Gruppe von Verfahren, welche in der Literatur als „statische Methoden" bezeichnet werden. Statische Methoden beziehen – im Unterschied zu den danach beschriebenen dynamischen Methoden – das Zeitelement nicht explizit in die Betrachtung ein. Eine statische Methode unterscheidet nicht die verschiedenen Zeitpunkte des Anfalls von Einzahlungen und Auszahlungen, sondern rechnet entweder mit den Größen der ersten Periode oder mit Größen einer fiktiven Durchschnittsperiode – welche als solche zu keiner Zeit real eintritt.

Die statischen Verfahren haben also zumindest zwei wesentliche Schwächen: Sie bestimmen den von ihnen genutzten Vergleichsmaßstab, ohne den zeitlich unterschiedlichen Anfall einzelner Zahlungen zu berücksichtigen, und sie stützen ihr Ergebnis auf eine als repräsentativ für alle Perioden angesehene Vergleichsperiode (erste Periode oder „Durchschnittsperiode"). Beides führt dazu, dass nicht die gesamte Information, welche durch den Zahlungsstrom eigentlich dargestellt wird, auch Berücksichtigung findet. Die Ergebnisse der statischen Methoden beruhen also auf einer verkürzten bzw. sogar irreführenden Interpretation der vorhandenen Information.

Trotz ihrer theoretischen Mängel sind sie in der Praxis nach wie vor anzutreffen – meist jedoch durch dynamische Methoden ergänzt und von diesen inzwischen in den Hintergrund gedrängt. Dennoch sind sie nicht vollkommen irrelevant, weil sie in der Praxis zumindest in zweierlei Varianten vorkommen:

1. Als erste grobe Näherung („Schnellschuss"), welche einer detaillierten (und zeitaufwändigeren) Betrachtung mittels dynamischer Verfahren vorausgeht.
2. Als ergänzende Information zu den Ergebnissen der dynamischen Verfahren, um zu zeigen, dass sich die Ergebnisse auch bei statischer Betrachtung (welche einem Manager intuitiv oft näher liegt) nicht ändern.

10.2.1 Kostenvergleichsrechnung

Unter den an sich bereits einfachen statischen Verfahren stellt die Kostenvergleichsrechnung ihrerseits wiederum das einfachste dar. Sie berücksichtigt die Ertrags- bzw. Einzahlungsseite einer Entscheidung überhaupt nicht und stellt nur auf die Kosten- bzw. Auszahlungsseite ab. Der Vergleichsmaßstab zur Beurteilung der Vorteilhaftigkeit lautet „durchschnittliche Kosten pro Periode" oder – bei Berücksichtigung von unterschiedlichen Kapazitäten – „durchschnittliche Kosten pro Leistungseinheit".

Es ist unmittelbar einsichtig, dass eine solche Verkürzung auf jeden Fall nur Sinn macht, wenn die Ertrags- bzw. Einzahlungsseite von der Entscheidung nicht berührt ist – also alle

Alternativen die gleichen Einzahlungen nach sich ziehen. Dies schränkt die Einsetzbarkeit bereits deutlich ein. Ein Vergleich der Kosten pro Periode ist außerdem nur dann sinnvoll, wenn alle betrachteten Alternativen die gleichen Kapazitätsauswirkungen haben. Dies ist insbesondere bei der Beurteilung von einander ausschließenden Anlagen oder Produktionsverfahren von Bedeutung, weil die betrachteten Alternativen neben unterschiedlichen Kostenstrukturen in der Regel auch unterschiedliche Kapazitäten aufweisen. Hier muss dann also zumindest auf den Vergleichsmaßstab „Kosten pro Leistungseinheit" zurückgegriffen werden.

Neben der Beispielsalternative A kann eine weitere Alternative B eingeführt werden (siehe **Abbildung 10.2**).

Abbildung 10.2 Kostenvergleichsrechnung

Periode	0	1	2	3	4	...	Summe
Auszahlungen - Alternative A	-80	-20	-24	-28	-32		-184
Auszahlungen - Alternative B	-90	-22	-22	-22	-22		-178

	durchschnittliche Kosten / Periode	Kapazität (Stück)	durchschnittliche Kosten / Stück
Alternative A	-36,8	80	-0,46
Alternative B	-35,6	70	-0,51

Alternative A weist die etwas höheren absoluten Kosten auf und damit auch die höheren durchschnittlichen Kosten pro Periode. Bei Berücksichtigung der unterschiedlichen Kapazitäten wird allerdings Alternative B etwas unvorteilhafter.

Der Vergleich unterstellt, dass beide Alternativen die gleichen Einzahlungen erwirtschaften (also z.B. völlig identische Produkte hergestellt werden), und ignoriert die zeitliche Verteilung über die 5 Perioden (die fiktiven Kosten der Durchschnittsperiode treten als solche in keiner Periode direkt auf).

Der Vergleichsmaßstab „durchschnittliche Kosten" ist zwar sehr einfach und verständlich, aber nur in wenigen realen Entscheidungssituationen wirklich angemessen.

10.2.2 Gewinnvergleichsrechnung

Die Gewinnvergleichsrechnung bezieht neben der Kostenseite auch die Erlös- bzw. Einzahlungsseite in die Analyse mit ein und beseitigt damit zumindest eine der Schwächen der Kostenvergleichsrechnung. Der Vergleichsmaßstab lautet also nicht mehr „durchschnittliche Kosten" sondern nunmehr „durchschnittlicher Periodengewinn" bzw. „durchschnittlicher Gewinn pro Leistungseinheit". Die Logik (Durchschnittsbildung, Ignorieren der zeitlichen Verteilung) bleibt die gleiche wie bei der Kostenvergleichsrechnung. Allerdings werden nun auch die Einzahlungsströme berücksichtigt und für jede Periode der Gewinn als Differenz zwischen Ein- und Auszahlungen (bzw. Erlösen und Kosten) ermittelt.

Ergänzen wir Alternative B um eine Einzahlungsreihe, so stellt sich die Gewinnvergleichsrechnung wie in **Abbildung 10.3** aufgelistet dar.

Abbildung 10.3 Gewinnvergleichsrechnung

Periode	0	1	2	3	4	...
Auszahlungen - Alternative A	-80	-20	-24	-28	-32	
Einzahlungen - Alternative A		50	50	50	50	
Gewinn - Alternative A	-80	30	26	22	18	

Periode	0	1	2	3	4	...
Auszahlungen - Alternative B	-90	-22	-22	-22	-22	
Einzahlungen - Alternative B		48	48	48	48	
Gewinn - Alternative B	-90	26	26	26	26	

	durchschnittlicher Gewinn / Periode	Kapazität (Stück)	durchschnittlicher Gewinn / Stück
Alternative A	3,2	80	0,04
Alternative B	2,8	70	0,04

Alternative A weist einen etwas höheren Durchschnittsgewinn pro Periode aus. Bezieht man allerdings die unterschiedlichen Kapazitäten mit ein, so erwirtschaften beide Alternativen den gleichen Durchschnittsgewinn. Dass diese Gewinne zeitlich unterschiedlich anfallen – ja dass in der Anfangsperiode eine sehr hohe negative Nettoauszahlung in beiden Alternativen zu tragen ist –, das überdeckt der Vergleichsmaßstab „Durchschnittsgewinn".

Positiv ist also zu vermerken, dass nun sowohl Ab- als auch Zuflüsse von Mitteln berücksichtigt werden. Die generellen Schwächen der statischen Verfahren bleiben aber bestehen.

Wie bei allen statischen Verfahren ist auch bei der Gewinnvergleichsrechnung die terminologische Abgrenzung zwischen Einzahlungen und Auszahlungen einerseits und Kosten bzw. Leistungen andererseits nicht streng. Statische Verfahren rechnen häufiger mit „Kosten" und „Erlösen", also mit erfolgswirksamen Größen, als mit zahlungswirksamen. Dies führt zum wesentlichen Einsatzgebiet der Gewinnvergleichsrechnung: Wird der Business

Case unter einer „G+V Betrachtung“ erstellt (siehe Kapitel 8.2), so liegt es nahe, eine „Proforma-G+V-Rechnung“ für die betrachtete Alternative zu erstellen. Diese beruht dann natürlich auf erfolgswirksamen und nicht auf zahlungswirksamen Größen (kein Problem für die Gewinnvergleichsrechnung) und fußt auf nominalen (d.h. auf nicht auf- oder abgezinsten) Beträgen (in allen statischen Verfahren, so auch bei der Gewinnvergleichsrechnung. gegeben). In diesem Fall kann die Vorgehensweise einer Gewinnvergleichsrechnung also durchaus gewünscht sein – dann aber wohl eher mit dem über alle Perioden kumulierten (und nicht dem durchschnittlichen) Gewinn als Vergleichsmaßstab. Dieser drückt aus, welchen nominalen Gewinn eine Alternative über den gesamten Analysezeitraum erwirtschaften kann. In dieser Ausprägung ist das Ergebnis einer Gewinnvergleichsrechnung – trotz aller methodischen oder wissenschaftlichen Bedenken – auch heute noch in der Praxis durchaus anzutreffen.

10.2.3 Statische Rentabilitätsrechnung

Nachdem in der Gewinnvergleichsrechnung die Erlöse zusätzlich zu den Aufwänden berücksichtigt worden sind, besteht der nächste Schritt folgerichtig darin, den so ermittelten absoluten Gewinn (Erlös – Kosten) in Beziehung zu setzen zum eingesetzten Kapital. Dahinter steckt die völlig richtige Überlegung, dass der gleiche absolute Gewinn (ausgedrückt in Euro) relativ zum eingesetzten Kapital eine unterschiedliche Rentabilität ergibt (ausgedrückt in % des eingesetzten Kapitals).

Die statische Rentabilitätsrechnung verwendet als Vergleichsmaßstab also die durchschnittliche Kapitalrentabilität: den durchschnittlichen Jahresgewinn im Verhältnis zum durchschnittlich gebundenen Kapital. Erbringen zwei Alternativen den gleichen absoluten Gewinn, so ist diejenige Alternative zu bevorzugen, welche den niedrigeren Kapitaleinsatz erfordert – sie liefert eine höhere Rentabilität (durchschnittliche Verzinsung des eingesetzten Kapitals).

Die Berücksichtigung des eingesetzten Kapitals ist ein logischer Schritt. Trotzdem müssen auch hier aus theoretischer Sicht erhebliche Bedenken angemeldet werden. Zum einen krankt auch die Rentabilitätsrechnung an den Mängeln jeder statischen Methode. Zum anderen ist aber bereits die Bestimmung des durchschnittlichen Gewinns bzw. des durchschnittlich gebundenen Kapitals nicht eindeutig und lässt erheblichen Spielraum für unterschiedliche Interpretationen. Dies kann an unserem Beispiel „Alternative A“ wieder verdeutlicht werden. Dazu nehmen wir zur Vereinfachung an, dass die Anfangsauszahlung (80.000 Euro) den Kapitaleinsatz darstellt (Anfangsinvestition zur Anschaffung einer Maschine, welche in den Folgeperioden linear abgeschrieben wird). Dann ergibt sich im einfachsten Fall der folgende Verlauf (vgl. **Abbildung 10.4**) des gebundenen Kapitals pro Periode.

Abbildung 10.4 Ermittlung des gebundenen Kapitals

Periode	0	1	2	3	4	...
Auszahlungen - Alternative A	-80	-20	-24	-28	-32	
Einzahlungen - Alternative A		50	50	50	50	
Gewinn - Alternative A	-80	30	26	22	18	
Gebundenes Kapital (Periodenende)	80	60	40	20	0	

Das durchschnittlich gebundene Kapital beträgt erst am Ende der Periode 4 „0". In Periode 0 sind also 80.000 Euro gebunden, in Periode 1 nur mehr 60.000 Euro (Reduzierung durch Abschreibung am Ende von Periode 0), etc. Damit ist insgesamt 5 Perioden lang Kapital (in abnehmender Höhe) gebunden. Das durchschnittlich gebundene Kapital beträgt dann:

$$K \times \frac{n+1}{2 \times n}$$

oder hier

$$80.000 \times \frac{5}{8} = 50.000$$

Der durchschnittliche Gewinn pro Periode wurde mit 3.200 Euro ermittelt (siehe Gewinnvergleichsrechnung oben). Daraus ergibt sich eine durchschnittliche Rentabilität von:

$$\frac{3200}{50.000} \times 100 = 6{,}4\%$$

Dies ist aber keineswegs die einzige Möglichkeit, die Rentabilität von Alternative A zu berechnen. In der Praxis wird das durchschnittlich gebundene Kapital häufig mit „Anschaffungsauszahlung / 2" (hier also: 40.000 Euro) angenommen. In diesem Fall ergäbe sich eine Rentabilität von 8%. Denkbar wäre auch, die Rentabilität für jede Periode getrennt zu berechnen und daraus einen Durchschnitt zu bilden.

Bei der Ermittlung des Gewinns gibt es ebenfalls Interpretationsspielraum. So ist es wahrscheinlich zweckmäßiger, gezahlte Fremdkapitalzinsen nicht anzusetzen (obwohl sie eine Auszahlung darstellen!), weil sie das hier (implizit) verwendete Kriterium „Gesamtkapitalrentabilität" ungerechtfertigt schmälern würden.

Das Vergleichskriterium „Rentabilität“ ist also nicht eindeutig definiert – und aus theoretischer Sicht ohnedies mangelhaft (da statisch). Trotzdem sind Rentabilitätskennziffern in der Praxis sehr beliebt und werden deshalb auch häufig in Business Cases erwartet. *Wenn* sie ermittelt werden, sind sie also auf jeden Fall erklärungsbedürftig!

10.2.4 Statische Amortisationsrechnung

Als letzte statische Methode soll auf die Amortisationsrechnung eingegangen werden. Ihr liegt die Überlegung zu Grunde, dass Entscheidungsalternativen mit umso höherem Risiko verbunden sind, je länger es dauert, bis das eingesetzte Kapital zurückverdient worden ist. Bei einem raschen Rückfluss der eingesetzten Mittel kann der Entscheider auch rascher seine Liquiditätsposition wieder herstellen und hat damit unter Umständen geringere Finanzierungskosten und ein geringeres Kapitalrisiko. Damit ist die Überlegung der Amortisationsrechnung prinzipiell richtig.

Das Vergleichskriterium lautet hier also: Dauer (Anzahl der Perioden), bis das eingesetzte Kapital aus den Nettorückflüssen wiedergewonnen wurde. Dazu werden die Nettozahlungen periodenweise kumuliert. Der Amortisationszeitpunkt ist in derjenigen Periode erreicht, in der die kumulierten Nettozahlungen den Wert 0 erreichen.

Abbildung 10.5 Statische Amortisationsrechnung

Periode	0	1	2	3	4	...
Auszahlungen	-80	-20	-24	-28	-32	
Einzahlungen		50	50	50	50	
Nettozahlungen	**-80**	**30**	**26**	**22**	**18**	
kumuliert	**-80**	**-50**	**-24**	**-2**	**16**	

Amortisationsdauer = 3 -(-2) / (16 -(-2)) = 3 + 2/18 = **3,11 Perioden**

Im Beispiel ist dies zwischen Periode 3 und 4 der Fall. Einen genauen Wert erhält man nur durch Interpolation. Dazu verwendet man die folgende Formel:

$$t' = n - G_{kum,n} \times \frac{1}{G_{kum,n+1} - G_{kum,n}}$$

Bei Interpolation erhält man im obigen Beispiel den genaueren Wert von 3,11 Perioden. Eine Durchschnittsbildung (wie z.B. bei der Rentabilitätsrechnung) würde hier zu stark verzerrten Ergebnissen führen. Auch die statische Amortisationsrechnung muss mit der generellen Schwäche eines vernachlässigten Zeitbezugs der Zahlungen leben. Darüber hinaus kann man ihr noch vorwerfen, dass die Zeitdauer bis zur Amortisation nichts über die generelle Rentabilität einer Alternative aussagt. Der Entscheider will ja in aller Regel nicht einfach nur das eingesetzte Kapital zurückverdienen (Rentabilität = 0), sondern darüber hinaus noch einen möglichst hohen Überschuss erwirtschaften. Zu dieser Anforderung kann die Amortisationsrechnung nichts liefern. Sie ist deshalb nur zusammen mit anderen Methoden sinnvoll einsetzbar. In der Praxis ist die Kombination „Amortisationsdauer + Rentabilität" sehr häufig anzutreffen und für Business Cases eine durchaus gängige Anforderung.

10.2.5 Einschub: Zeitwert des Geldes

Sowohl die statischen als auch die nachfolgend beschriebenen dynamischen Methoden stellen Investitionsalternativen als eine Abfolge von Zahlungsgrößen im Zeitablauf dar. Statische Methoden sind allerdings oft unscharf und unterscheiden nicht deutlich zwischen „Auszahlungen" und „Kosten" bzw. zwischen „Einzahlungen" und „Leistungen". Sie rechnen also mit **erfolgs**wirksamen Größen, wo **zahlungs**wirksame Größen adäquater wären. Dieser Mangel ließe sich noch relativ leicht beheben. Viel schwerer wiegt aber der oben bereits angeführte Einwand, dass die statischen Methoden den Zeitpunkt des Anfalls einer Zahlung nicht berücksichtigen: Eine Zahlung zum Zeitpunkt 0 wird genauso behandelt wie eine nominal gleiche hohe Zahlung zum Zeitpunkt 5.

Dies widerspricht schon intuitiv dem Gefühl: Hat man die Wahlmöglichkeit, einen bestimmten Betrag jetzt oder zu einem späteren Zeitpunkt zu erhalten, wird man die sofortige Zahlung vorziehen. 100 Euro sind eben nicht immer 100 Euro – es kommt darauf an, **wann** man sie erhält. Dass ein rational handelndes Wirtschaftssubjekt einer heutigen Zahlung den Vorzug vor einer zukünftigen Zahlung gibt, hat mindestens 3 Gründe:

1. Eine spätere Zahlung bedeutet aktuell einen Konsumverzicht – das Geld kann erst später zur Befriedigung von Bedürfnissen eingesetzt werden.
2. Eine spätere Zahlung wird wegen der Inflation eine geringere Kaufkraft aufweisen, also nicht im gleichen Ausmaß zur Befriedigung von Bedürfnissen beitragen wie eine gegenwärtige Zahlung gleicher Höhe.
3. Eine spätere Zahlung birgt ein (mehr oder weniger hohes) Risiko, dass sich die Zahlung verschieben oder auch ganz ausfallen könnte – der Betrag also gar nicht verfügbar sein wird.

Um zwei Zahlungen tatsächlich fair vergleichen zu können, müssen sie sich auf den gleichen Zeitpunkt beziehen. In der Business Case Praxis wird als Referenzzeitpunkt in den allermeisten Fällen t = 0 gewählt, d.h. der Beginn der Analyseperiode (wobei auch jeder andere Zeitpunkt möglich wäre). Alle im Business Case berücksichtigten nominalen Zahlungen müssen für eine faire Analyse auf diesen Referenzzeitpunkt t = 0 bezogen werden. Dies geschieht, indem alle später auftretenden Zahlungen abgezinst (diskontiert) werden. Die Formel dazu lautet:

$$K_0 = K_t \times \frac{1}{(1+i)^t}$$

K_0 wird als Barwert der Zahlung K_t bezeichnet. Aus einer Zahlung in der Höhe K zum Zeitpunkt t wird also ein entsprechend niedrigerer Betrag (K_0) in Abhängigkeit von der Anzahl der Perioden t und dem zur Abzinsung verwendeten Zinssatz i: Je größer t (d.h. je später die Zahlung) und/oder je höher i, desto geringer ist der Barwert. Rechnet man z.B. mit einem Zinssatz i von 5% und tritt die Zahlung von 100 Euro erst in 3 Jahren ein, so beträgt der Barwert dieser Zahlung (der „heutige Wert" dieser 100 Euro) nur 86,38 Euro (vgl. **Abbildung 10.6**). Bei einem Zinssatz von 5% haben 86,38 Euro heute also den gleichen Wert wie 100 Euro in 3 Jahren. Warum? Weil man die 86,38 Euro zum Zinssatz von 5% anlegen könnte und dann nach 3 Jahren genau 100 Euro erhielte. Der Barwert der 100 Euro beträgt also 86,38 Euro. Der Endwert (als Resultat der Aufzinsung) der 86,38 Euro beträgt in 3 Jahren genau 100 Euro. Beide Zahlungen sind gleichwertig.

Abbildung 10.6 Zeitwert des Geldes

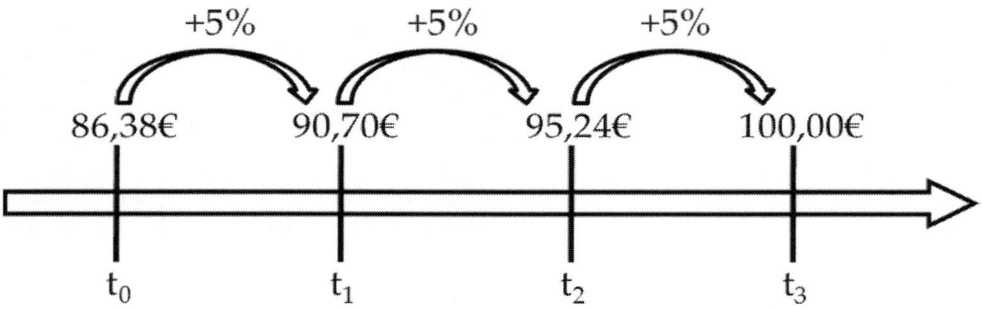

Die verdienten Zinsen von 5% jährlich sind die Abgeltung für den temporären Konsumverzicht, den Kaufkraftverlust auf Grund der Inflation und das Risiko eines Zahlungsausfalls.

Abgesehen von der manchmal durchaus schwierigen Ermittlung des exakten zukünftigen Zeitpunkts einer Zahlung wird die Bestimmung des Zinssatzes i zu einem entscheidenden Kriterium. Unterschiedliche Zinssätze führen zu völlig unterschiedlichen Ergebnissen. **In den allermeisten Business Cases erweist sich der Zinssatz i als eine hoch kritische Variable.** Von einer „kritischen Variable" spricht man immer dann, wenn eine Änderung des Inputwertes dieser Variable eine starke Änderung des Outputs (Business Case Ergebnis) auslöst – wie dies beim Zins meist der Fall ist. Damit wird die Frage relevant: Welcher Zinssatz ist im Business Case der richtige?

Der Zinssatz i drückt das subjektiv geforderte Entgelt für die drei oben beschriebenen Faktoren aus: Konsumverzicht, Kaufkraftverlust und wahrgenommenes Risiko. Die beiden Faktoren Konsumverzicht und wahrgenommenes Risiko sind subjektiv, der erwartete Kaufkraftverlust meist in geringerem Maße. Welchen Zinssatz ein Subjekt als angemessen ansieht, hängt also von seiner subjektiven Einschätzung des Risikos ab (höheres Risiko bedeutet höheren Zins) und von den persönlichen „Konsumalternativen", auf die es (temporär) verzichten muss. Je attraktiver diese Alternativen sind, desto höher wird der Zins anzusetzen sein.

Diese Überlegungen gelten für alle Wirtschaftsakteure – auch für Unternehmen. Das Unternehmen muss ebenfalls auf eine Alternative verzichten, wenn es ein bestimmtes Projekt durchführt: eine alternative (gewinnbringende) Anlagemöglichkeit der vom Projekt benötigten Finanzmittel nämlich. Würden wir nicht die Maschine kaufen, könnten wir das Geld in Anleihen anlegen und damit einen Ertrag erwirtschaften. Weil wir aber die Maschine kaufen, steht uns diese Möglichkeit nicht mehr zur Verfügung, wir verzichten auf diese Alternative und den von ihr erwirtschafteten Ertrag. Dieser wird als „Opportunitätskosten" bezeichnet und drückt den entgangenen Nutzen der nicht gewählten Alternative aus.

Der Zinssatz i kann also nach dem Opportunitätskostenprinzip unter Berücksichtigung des Risikos gewählt werden. Die im Business Case betrachteten Alternativen müssen auf jeden Fall mindestens den gleichen Nutzen erzielen, den die beste nicht gewählte Möglichkeit erreichen würde. Allerdings sollte die Vergleichsanlage auch ein ähnliches Risiko aufweisen, um nicht „Äpfel mit Birnen" zu vergleichen.

In der Praxis stellt es sich oft als sehr schwierig oder zumindest als sehr aufwändig heraus, die „beste nicht gewählte Alternative" mit vergleichbarem Risiko und deren erwarteten Ertrag konkret zu bestimmen. Außerdem müsste dann streng genommen jedes neue Projekt mit (wenn auch nur leicht) unterschiedlichen Zinssätzen gerechnet werden, was eine Vergleichbarkeit verschiedener Projekte des Unternehmens sehr erschwert. Gerade darauf legen die meisten Unternehmen aber Wert. In vielen Fällen wird der Zinssatz i einmal für eine oder sogar mehrere Perioden festgesetzt und dann für alle betrachteten Investitionsalternativen verwendet.

Aus diesen Gründen ist in der Praxis der Ansatz üblich, für den Zinssatz i die Kapitalkosten anzusetzen. Hier wird üblicherweise ein Mischzinssatz gewählt, welcher davon ausgeht, dass jedes Projekt sowohl mit Eigen- als auch mit Fremdkapital finanziert wird – und zwar im gleichen Verhältnis wie das Unternehmen insgesamt. Die Annahme lautet also, dass jedes Investitionsvorhaben des Unternehmens die gleiche Finanzstruktur aufweist wie das Unternehmen insgesamt. In vielen Fällen ist dies eine durchaus tragbare Annahme. **Damit können die Gesamtkapitalkosten des Unternehmens (in %) als Basis für den Zinssatz herangezogen werden.** Dies wird auch mit dem englischen Begriff „weighted average cost of capital (WACC)" bezeichnet:

$$i_m = \frac{EK \times i_e + FK \times i_f}{EK + FK}$$

Dabei steht EK (FK) für die Summe des eingesetzten Eigenkapitals (Fremdkapitals) und i_e (i_f) für den Eigenkapitalzins (Fremdkapitalzins). Der Ansatz widerspricht in der Praxis übrigens nicht den oben angeführten Überlegungen zu Opportunitätskosten und Risiko: Tätigt das Unternehmen nicht die im Business Case analysierte Alternative, so könnte es mit den dann zur Verfügung stehenden Mitteln entweder Fremdkapital tilgen (und damit die dem Fremdkapitalgeber zu zahlenden Sollzinsen sparen = Ertrag) oder alternative Anlagen für das Eigenkapital wählen, welche dann (im Schnitt) einen Ertrag in Höhe der Eigenkapitalrendite erwirtschaften. In den Kapitalkosten sind also die „alternativen Möglichkeiten" abgebildet. Die Kapitalkosten werden außerdem abhängig vom Risikograd schwanken, welcher mit der Tätigkeit des Unternehmens verbunden ist. Der Kapitalmarkt verlangt von als riskant eingestuften Unternehmen höhere Zinsen (Renditen) als von Unternehmen, welche als weniger risikobehaftet gesehen werden. Der Risikograd kann zum einen von der Branche bestimmt sein, zum anderen von der konkreten Situation des Unternehmens (Konkurrenzposition, Ertragskraft, Bonität). Je riskanter die Branche und je unvorteilhafter die konkrete Situation des Unternehmens, desto höher wird der Marktzins sein, welchen das Unternehmen für Fremdkapital (Kredite, Anleihen, etc.) zahlen muss.

Die Kapitalkosten des Unternehmens drücken also durchaus die oben beschriebenen Faktoren des Zeitwerts des Geldes aus und sind damit kein schlechter Maßstab für die Bestimmung des Zinssatzes i in einem Business Case. Der Ersteller sollte den Zinssatz i also immer in Abstimmung mit dem Unternehmen des Adressaten festsetzen und den von diesem genannten Zinssatz für die Analyse verwenden. Die exakte Höhe ist naturgemäß von Unternehmen zu Unternehmen unterschiedlich und ändert sich im Lauf der Zeit auch mit dem allgemeinen Zinsniveau (Kosten der Refinanzierung über die Kapitalmärkte).

Halten wir fest: Man kann davon ausgehen, dass ein Business Case immer Zahlungsströme zu unterschiedlichen Zeitpunkten darstellen wird (einperiodige Business Cases sind praktisch ausgeschlossen). Es wäre deshalb fatal, einen an sich guten Business Case dadurch zu entwerten, dass man den Zeitwert dieser Zahlungsströme nicht berücksichtigt. Business Cases kommen nicht umhin, die oben genannten Überlegungen zu berücksichtigen und deshalb dynamische Methoden für die Analyse zu verwenden (und durch statische Methoden zu ergänzen, soweit der Adressat dies wünscht). Diese Methoden werden im Folgenden kurz vorgestellt.

10.2.6 Barwertmethode

Wendet man die eben diskutierten Überlegungen konkret an, so findet man sich bei der Kapitalwertmethode wieder. Der Begriff umfasst zwei verschiedene Möglichkeiten der zeitlichen Harmonisierung unterschiedlicher Zahlungen:

- Zinst man alle Zahlungen auf einen gemeinsamen Zeitpunkt t in der Zukunft (Ende des Analysezeitraums) auf, so erhält man den „Endwert" der Zahlungen. Entsprechend kann diese Variante als „Endwertmethode" bezeichnet werden.
- Zinst man dagegen alle Zahlungen auf den Beginn des Analysezeitraum ab (t = 0), dann spricht man vom „Barwert" (oder Gegenwartswert) der Zahlungen und nennt die Methode entsprechend Barwertmethode.

Das Vergleichskriterium der Barwertmethode besteht also im Gegenwarts- oder Barwert aller Nettozahlungen, welche im Analysezeitraum anfallen. Für eine einzelne Nettozahlung zum Zeitpunkt t wurde die Abzinsungsformel bereits dargestellt als:

$$K_0 = K_t \times \frac{1}{(1+i)^t}$$

Die Nettozahlung K in Periode t stellt die Differenz aus kumulierten Einzahlungen e_t und kumulierten Auszahlungen a_t dar:

$$K_t = (e_t - a_t)$$

Der Barwert der Nettozahlung aus Periode t lässt sich also darstellen als:

$$K_0 = \frac{(e_t - a_t)}{(1+i)^t}$$

Nunmehr fallen aber Zahlungen in unterschiedlichen Perioden t an, womit die Nettozahlungen jeder Periode jeweils einzeln diskontiert werden müssen. Die Formel erweitert sich dann zu:

$$K_0 = (e_0 - a_0) + \frac{(e_1 - a_1)}{(1+i)} + \frac{(e_2 - a_2)}{(1+i)^2} + \ldots + \frac{(e_t - a_t)}{(1+i)^t}$$

Die Nettozahlung der Anfangsperiode 0 muss nicht diskontiert werden, da sie bereits zum Referenzzeitpunkt t_0 anfällt. Alle anderen Nettozahlungsströme werden mit der entsprechenden Anzahl von Perioden t diskontiert. Diese Einzelbarwerte können nun aufsummiert werden, woraus sich der gesamte Barwert K_0 der betrachteten Alternative ergibt.

Betrachten wir unser Beispiel und nehmen wir zunächst einen Zinssatz von 10% an. Dann ergibt sich das folgende Bild (vgl. **Abbildung 10.7**).

Abbildung 10.7 Barwertmethode

Zinssatz i = 10%

Periode	0	1	2	3	4	...	Summe
Auszahlungen	-80	-20	-24	-28	-32		
Einzahlungen		50	50	50	50		
Nettozahlungen	**-80**	**30**	**26**	**22**	**18**		
Barwert	**-80,00**	**27,27**	**21,49**	**16,53**	**12,29**		**-2,42**
Barwert / Nominal:	100,0%	90,9%	82,6%	75,1%	68,3%		

Der Barwert der gesamten Alternative A über die ersten 5 Perioden ist mit –2,42 leicht negativ. Wie muss dieses Ergebnis interpretiert werden? Zunächst einmal hatten wir schon festgestellt, dass Alternative A in allen Perioden (mit Ausnahme der Anfangsperiode) Einzahlungsüberschüsse erwirtschaftet, welche in Summe sogar die Anfangsauszahlung übersteigen. Nominal erwirtschaftet Alternative A also mehr liquide Mittel als sie selbst benötigt. Allerdings fallen diese Überschüsse erst in den späteren Perioden an, womit sie bei Berücksichtigung ihres Zeitwertes „weniger wert" sind. Dies sieht man unmittelbar an der letzten Zeile der Tabelle, in der die Verhältnisse von Barwert zu Nominalwert der Nettozahlungen pro Periode dargestellt sind. Der Zahlungsüberschuss in Periode 4 geht nur mehr mit 68% seines Nominalwertes in die Gesamtbetrachtung ein, weil er über 4 Perioden mit jeweils 10% abgezinst wird. Dies führt in Summe dazu, dass die Barwerte der Einzahlungsüberschüsse nicht ausreichen, um die hohe Anfangsauszahlung in Periode 0 vollständig zu kompensieren.

Bedeutet dies also, dass wir mit Alternative A einen Verlust machen? Nein – zumindest nicht nominal. Dies wurde ja als Ergebnis der Gewinnvergleichsrechnung bereits festgestellt. Die Aussage des Barwerts ist eine andere: **Der Barwert drückt aus, welchen Überschuss der Investor über das eingesetzte Kapital und die von ihm geforderte Mindestverzinsung (Zinssatz i) hinaus erzielt.** Ein Barwert von 0 zeigt dementsprechend an, dass genau das eingesetzte Kapital inklusive der durch den Zinssatz i repräsentierten Mindestverzinsung erwirtschaftet worden ist.

Betrachten wir dazu noch einmal das im vorigen Abschnitt genannte Beispiel: 86,38 Euro ergeben bei einem Zinssatz von 5% in 3 Jahren genau 100 Euro. Wenn ich also heute zu einer Auszahlung von 86,38 Euro bereit bin, kann ich in 3 Jahren mit einer Einzahlung von 100 Euro rechnen. Die Barwerte dieser beiden Zahlungen sind gleich hoch – nämlich 86,38 Euro (allerdings mit unterschiedlichem Vorzeichen: einmal negativ, einmal positiv). Der gesamte Barwert dieser Investition (–86,38 Euro heute, +100 Euro in 3 Jahren) ist damit Null. Der Wert „0" bedeutet also nicht, dass ich keinen Gewinn mache, sondern dass ich einen Gewinn genau in Höhe der von mir geforderten Verzinsung (hier: 5%) mache.

Erhalte ich nach 3 Jahren eine Einzahlung von 105 Euro anstelle von 100 Euro, so beträgt der Barwert dieser Einzahlung 90,70 Euro. Ich erziele damit einen positiven Barwert von –86,38 + 90,70 = 4,32 Euro. Dieser positive Barwert drückt die Tatsache aus, dass ich nicht nur mein eingesetztes Kapital (86,38 Euro) sowie eine Verzinsung von 5% auf dieses Kapital erziele, sondern darüber hinaus noch einen weiteren barwertigen Überschuss in Höhe von 4,32 Euro. Meine tatsächlich erzielte Rendite liegt also über den von mir geforderten 5% (tatsächlich liegt sie bei ungefähr 6,7%).

Der negative Barwert von –2,42 von Alternative A bedeutet also, dass es mit dieser Investition nicht gelingt, das eingesetzte Kapital **und** eine Verzinsung in Höhe von i = 10% zu erwirtschaften. Wenn ich 10% als die Mindestverzinsung ansehe (z.B. weil ich mit einer Alternativinvestition genau diese 10% erwirtschaften könnte), dann muss ich folgerichtig Alternative A ablehnen. Sie erreicht nicht die geforderte Mindestverzinsung und ist deshalb nicht attraktiv (obwohl sie nominal einen Gewinn erwirtschaftet).

Die Frage liegt nahe, ob die Entscheidung bei einem anderen Zinssatz als 10% unter Umständen anders ausfallen würde. Und tatsächlich:

Abbildung 10.8 Barwert bei unterschiedlichen Zinssätzen - Tabelle

	12%	11%	10%	9%	8%	7%
Barwert Alternative A	-5,39	-3,93	-2,42	-0,85	0,76	2,44

Einfaches Ausprobieren zeigt, dass der Barwert von Alternative A bei einem Zinssatz von 8% bereits positiv ausfällt. Würde ein Entscheider nur eine Mindestverzinsung von 8% erwarten, dann wäre Alternative A durchaus eine lohnenswerte Investition! Ein und dasselbe Projekt kann also für unterschiedliche Entscheider unterschiedlich attraktiv sein. Dies gilt es in jedem Business Case zu berücksichtigen. Obiges Beispiel zeigt noch einmal eindrücklich die schon angesprochene Tatsache, dass der Zinssatz i oft eine kritische Variable im Business Case darstellt.

10.2.7 Interne Zinsfuß-Methode

Nach dem Studium der Tabelle in **Abbildung 10.8** drängt sich die Frage auf, bei welchem Zinssatz der Barwert von Alternative A genau „0" beträgt. Dies ist die Fragestellung, welche die Interne Zinsfuß-Methode beantwortet.

Das Vergleichskriterium der Internen Zinsfuß-Methode ist die interne Rendite einer Zahlungsreihe – ausgedrückt als der Kalkulationszinssatz, bei dem der Barwert der Zahlungsreihe genau Null wird. Ein Entscheider wird eine Alternative als lohnenswert oder attraktiv einstufen, wenn die interne Rendite höher ist als die von ihm geforderte Mindestverzinsung.

Die Interne Zinsfuß-Methode ist in der Praxis sehr beliebt, weil sie eine Prozentzahl als Ergebnis liefert, welche von Entscheidern unmittelbar interpretierbar ist („Rendite"). Insofern ist sie einfacher verständlich als das Konzept „Barwert", welches allzu leicht als „Gewinn" missverstanden wird.

Nachdem der Barwert von Alternative A bei 9% noch leicht negativ ist, bei 8% aber bereits leicht positiv, muss der interne Zinsfuß irgendwo zwischen 8% und 9% liegen. Wie können wir ihn genau ermitteln? Die Interne Zinsfuß Methode hat leider (neben methodischen Schwächen, auf die noch kurz eingegangen wird) den Nachteil, dass sie sich nicht in Form einer geschlossenen Gleichung lösen lässt (mit Ausnahme von einigen theoretischen Sonderfällen, welche aber in der Praxis kaum auftreten). Vielmehr erfordert die Berechnung ein lineares Interpolieren. Betrachten wir dazu die Tabelle mit den Barwerten bei verschiedenen Zinssätzen in Form einer Grafik (vgl. **Abbildung 10.9**).

Abbildung 10.9 Barwert bei unterschiedlichen Zinssätzen - Diagramm

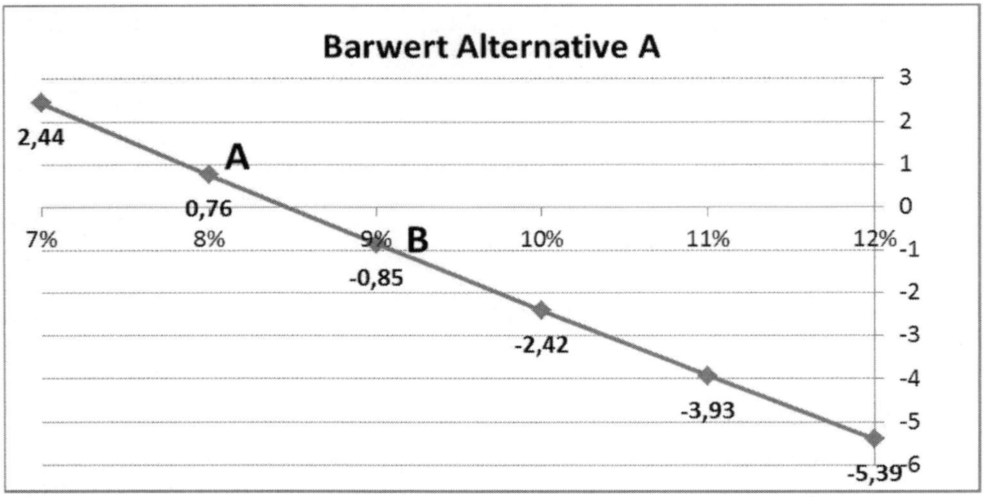

Die Kapitalwertkurve verläuft leicht konvex, d.h. mit abnehmendem Gefälle (dies ist typisch für Kapitalwertkurven im relevanten Zinssatzbereich): Jede Erhöhung des Zinssatzes um 1% verschlechtert den Kapitalwert – allerdings um immer kleinere absolute Beträge. Gesucht ist der Schnittpunkt der Barwertkurve mit der Abszisse (x-Achse), von dem wir bereits wissen, dass er zwischen den beiden Punkten (8%, 0,76) und (9%, –0,85) liegt. Diese beiden bekannten Punkte wollen wir mit A und B bezeichnen, ihre Koordinaten entsprechend mit i_A und K_A bzw. i_B und K_B. Die erste Näherung des gesuchten Schnittpunkts lässt sich dann mit folgender Formel bestimmen:

$$\tilde{i} = \frac{i_B \times K_A - i_A \times K_B}{K_A - K_B}$$

hier also:

$$\tilde{i} = \frac{0{,}09 \times 0{,}76 - 0{,}08 \times (-0{,}85)}{0{,}76 - (-0{,}85)} = 8{,}472\%$$

Dieser Wert ist zwar nur eine Näherung für den eigentlich gesuchten internen Zinsfuß, in vielen Fällen aber bereits nach der ersten Interpolation eine sehr gute (und ausreichende) Näherung. Im Zweifelsfall kann der ermittelte Wert für eine zweite Interpolation eingesetzt werden. Setzt man in die Barwertfunktion von Alternative A für i den Wert 8,472% ein, so ergibt sich ein Barwert von –0,0068. Der Näherungswert ist also noch etwas zu hoch, der „echte" interne Zinsfuß muss niedriger sein. Wir ersetzen also den Punkt B der ersten Näherung mit dem neuen Punkt C (8,472%, –0,0068) und führen eine zweite Iteration durch:

$$\tilde{i} = \frac{0{,}08472 \times 0{,}76 - 0{,}08 \times (-0{,}0068)}{0{,}76 - (-0{,}0068)} = 8{,}468\%$$

Die Barwertfunktion ergibt bei diesem Zins einen Barwert von –0,0003. Angesichts der Tatsache, dass die Funktion mit geschätzten zukünftigen Ein- und Auszahlungen rechnet, die in ihrer Höhe zwangsläufig unsicher sind, ist bereits diese zweite Iteration eine reine Scheingenauigkeit, welche für den Entscheider praktisch keine zusätzliche Information mehr generiert. In der praktischen Erstellung von Business Cases mittels Tabellenkalkulationsprogrammen entfällt die schrittweise Iteration ohnedies völlig, weil der Ersteller auf vordefinierte Funktionen zurückgreifen kann (in MS Excel findet man diese Funktion z.B. unter der Bezeichnung „IKV“ für „interne Kapitalverzinsung“).

Wie schon erwähnt, liegt der Charme der Internen Zinsfuß-Methode im Wiedererkennungswert ihres Ergebnisses: einer Renditekennzahl nämlich, welche jeder Manager zu verstehen glaubt. Dies erklärt ihre Beliebtheit in der Praxis. Deshalb sollte jeder Ersteller eines Business Case mit der Methode vertraut sein und sie bei Bedarf einsetzen können.

Trotzdem sei vor einer vorschnellen Interpretation des Ergebnisses und einer unhinterfragten Anwendung der Methode explizit gewarnt. Aus theoretischer Sicht ist sie der zuvor vorgestellten Barwert-Methode unterlegen – und zwar aus folgenden Gründen:

- Die Interne Zinsfuß-Methode unterstellt implizit, dass alle während der Projektlaufzeit erzielten Einzahlungsüberschüsse zum internen Zinssatz re-investiert werden können (also selbst wieder eine Rendite in gleicher Höhe erwirtschaften) – dies ist in der Praxis (vor allem bei sehr hohen Renditen) eine äußerst zweifelhafte Annahme.
- Die Interne Zinsfuß-Methode führt mathematisch nicht immer zu eindeutigen Ergebnissen. So können bei Nettozahlungsreihen mit mehreren Vorzeichenwechseln (z.B. Nettoauszahlung am Anfang, Nettoeinzahlungen in den Folgeperioden und abermals eine Nettoauszahlung in der letzten Periode) mehrere interne Zinsfüße errechnet werden (d.h. die Kapitalwertkurve schneidet die x-Achse bei mehr als 1 Zinssatz).
- Interne Zinsfüße sind kein geeignetes Entscheidungskriterium für den Vergleich von Alternativen, weil Renditen nichts über die absolute Höhe des Kapitalbedarfs und die absolute Höhe des erzielbaren Gewinns aussagen. Die Interne Zinsfuß-Methode berücksichtigt also nicht den unterschiedlichen Kapitalbedarf von Alternativen.

Die angeführten Schwächen können zwar mit mehr oder weniger viel Aufwand in Form von Erweiterungen der Methode behoben werden, machen aber die Durchführung schwieriger und das Ergebnis erklärungsbedürftiger – zwei Punkte, welche in der Praxis genau gegen die Anwendung sprechen.

Auf jeden Fall sollte der Ersteller eines Business Case – wenn er denn aufgefordert wird, die interne Rendite zu ermitteln – dies nur in Ergänzung zu anderen Methoden tun und den internen Zinsfuß nicht als das zentrale Ergebnis des Business Case darstellen.

10.2.8 Modifizierter interner Zinsfuß

Der Modifizierte interne Zinsfuß stellt eine Erweiterung der Internen Zinsfuß-Methode dar. Ihr Grundprinzip bleibt unverändert, allerdings wird eine wesentliche (und oben kritisierte) Annahme nun aufgegeben: Die Interne Zinsfuß-Methode unterstellt, dass Zahlungsüberschüsse einer Periode re-investiert werden können (so weit nicht zu kritisieren) und dabei eine Rendite erwirtschaften, welche genau dem errechneten internen Zinsfuß entspricht.

Diese Annahme ist nicht realitätsnah, wie man sich mit einem kleinen Gedankenspiel vor Augen führen kann: Stellen wir uns vor, man erwirtschaftet mit einer Investition in einer Periode (z.B. dem Geschäftsjahr) einen Zahlungsüberschuss von 1.000 €. Dieser Überschuss wird re-investiert (z.B. bei der Bank angelegt). Welche Rendite der investierte Überschuss erzielt, hängt in der Internen Zinsfuß-Methode davon ab, wie rentabel die Investition selbst ist! Stammen die 1.000 € aus einer verhältnismäßig unvorteilhaften Investition, welche nur einen niedrigen internen Zinsfuß („Rendite") erwirtschaften kann, so wird auch der Überschuss nur zu einer niedrigen Rendite angelegt werden können. Stammen die 1.000 € hingegen aus einer sehr attraktiven Investition mit einer sehr hohen Rendite, so wird der wiederveranlagte Überschuss der betrachteten Periode ebenfalls eine sehr hohe Rendite erzielen. Warum aber sollte die bei Wiederveranlagung erzielbare Rendite von der Attraktivität der ursprünglichen Investition abhängig sein? Fragt die Bank nach, bevor sie ein Angebot zur Veranlagung gibt ...?

Um diese „Falle" zu vermeiden, kann man natürlich diese Annahme durch eine andere, realitätsnähere, Annahme ersetzen. Der modifizierte interne Zinsfuß geht nun von folgender Überlegung aus: Zahlungsüberschüsse, welche vor dem Ende des Analysezeitraums anfallen, können re-investiert werden – und zwar zu einem festen, vorher bekannten Zinssatz. Dies entspricht der Logik der Barwertmethode, welche ja auch annimmt, dass Überschüsse zu einem festen Zinssatz re-investiert werden (nämlich dem Diskontzins).

Unter dieser Annahme werden nun zunächst die Netto-Zahlungsüberschüsse mit dem festen Zinssatz auf ihren Endwert *auf*gezinst. Danach wird derjenige Zinssatz gesucht, mit dem man den Endwert aller Zahlungsüberschüsse *ab*zinsen (diskontieren) muss, um die Anfangsauszahlung zu erhalten. Dieser Diskontzins ist der modifizierte interne Zinsfuß.

Betrachten wir dazu wieder unsere Beispielszahlungsreihe (vgl. **Abbildung 10.10**) und nehmen wir an, dass Zahlungsüberschüsse jeweils zu einem Zins von 5% angelegt werden können. Der Nettoüberschuss von 30 Geldeinheiten aus Periode 1 kann also 3 Perioden zu 5% angelegt werden. Der Endwert dieses Nominalbetrages beträgt 34,73. Der Überschuss aus Periode 2 kann nur mehr für 2 Perioden zinsbringend angelegt werden, der Überschuss aus Periode 3 noch für 1 Periode. Der Überschuss der letzten betrachteten Periode erwirtschaftet keinerlei zusätzliche Rendite. Sein Endwert entspricht seinem Nominalwert. Der Endwert aller Überschüsse beträgt (bei einem Anlagezins von 5%) 104,49.

Abbildung 10.10 Modifizierter interner Zinsfuß

Zinssatz i = 5% **(für Re-Investitionen)**

Periode	0	1	2	3	4	...	Summe
Auszahlungen	-80	-20	-24	-28	-32		
Einzahlungen		50	50	50	50		
Nettozahlungen	**-80**	**30**	**26**	**22**	**18**		
Endwert		**34,73**	**28,67**	**23,10**	**18,00**		**104,49**
Auszahlung	**-80**						

modifizierter Interner Zinsfuß = 6,906%

Wie hoch ist nun der gesuchte modifizierte interne Zinsfuß? Er entspricht genau demjenigen Zinssatz, mit dem die ermittelte Endwertsumme abgezinst werden muss, um die Anschaffungsauszahlung zu erhalten – in unserem Beispiel ist dies ein Zins von 6,906%.

Unter den getroffenen Annahmen ist der modifizierte interne Zinsfuß deutlich niedriger als der ursprünglich errechnete interne Zinsfuß (dieser lag bei ungefähr 8,5%). Dies ist intuitiv einleuchtend, da ja nun angenommen worden ist, dass Überschüsse nur mehr zu 5% angelegt werden können (und nicht zum internen Zinsfuß = 8,5%). Das Investitionsobjekt wird also etwas unvorteilhafter. Der modifizierte interne Zinsfuß wird häufig niedriger als der ursprüngliche interne Zinsfuß sein. Dies ist immer dann der Fall, wenn die vorab angenommene, feste Verzinsung für die Wiederveranlagung von Überschüssen niedriger ist als der interne Zinsfuß. Liegt die Verzinsung von Überschüssen über dem ursprünglichen internen Zinsfuß, dann wird auch der modifizierte interne Zinsfuß höher sein. Gehen wir in unserem Zahlenbeispiel etwa von einer Wiederveranlagungsrendite von 10% aus (>8,5%!), dann liegt der modifizierte interne Zinsfuß bei 9,16%. Die Wiederveranlagung von erwirtschafteten Überschüssen zu derart attraktiven Konditionen macht das Investitionsobjekt insgesamt also attraktiver.

Nun kann man über die Höhe der angenommenen Verzinsung von Überschüssen natürlich trefflich streiten. Der Vorteil der Methode liegt aber unbestreitbar darin, dass genau diese Annahme nun explizit gemacht ist und damit einer Diskussion oder Überprüfung zugänglich wird. Der modifizierte interne Zinsfuß ist allerdings methodisch etwas anspruchsvoller und damit beim Einsatz in einem Business Case auf jeden Fall erklärungsbedürftig.

10.2.9 Dynamische Amortisationsrechnung

Die statische Amortisationsrechnung wurde bereits als eine relativ häufig eingesetzte Methode der Investitionsrechnung vorgestellt (vgl. Kapitel 10.2.4). Ihre Attraktivität liegt zum einen in der Einfachheit begründet, zum anderen in der für jeden Praktiker unmittelbar einleuchtenden Fragestellung: „Wie lange dauert es, bis ich das eingesetzte Geld wieder zurückverdient habe?“ Als wesentlicher Nachteil der Amortisationsrechnung wurde aber bereits aufgezeigt, dass man die Attraktivität einer Investition nicht nur an der Dauer des

Kapitalrückflusses festmachen kann. Was *nach* diesem Zeitpunkt passiert, ist ganz wesentlich für die Vorteilhaftigkeit einer Investition – wird von der Amortisationsrechnung aber nicht berücksichtigt. Daneben „krankt" die statische Amortisationsrechnung an der Schwäche aller statischen Verfahren: Der Zeitpunkt des Anfalls einzelner Zahlungen wird ignoriert.

Zumindest diese Schwäche lässt sich aber mit dynamischen Methoden beheben. So existiert denn auch eine dynamische Variante der Amortisationsrechnung. Diese berücksichtigt bei der Ermittlung nicht nur die nominalen Zu- und Abflüsse pro Periode, sondern zusätzlich auch noch die Zinsen jeder Periode. Die Fragestellung lautet nun demnach: „Wie lange dauert es, bis das Investitionsobjekt das eingesetzte Kapital und die darauf fälligen Zinsen zurückverdient hat?" Dies ist ein kleiner, aber wesentlicher Unterschied! In der Realität führt dies in aller Regel dazu, dass die dynamische Amortisationsdauer länger ist als ihre statische „Schwester". Betrachten wir dazu wieder unsere bekannte Zahlungsreihe (vgl. **Abbildung 10.11**).

Abbildung 10.11 Dynamische Amortisationsrechnung

Periode	0	1	2	3	4	...	Summe
Auszahlungen	-80	-20	-24	-28	-32		-184
Einzahlungen		50	50	50	50		200
Nettozahlungen	**-80**	**30**	**26**	**22**	**18**		**16**
diskontierte Nettozahlungen (i = 10%)	**-80,0**	**27,3**	**21,5**	**16,5**	**12,3**		**-2,4**
kumuliert	**-80,0**	**-52,7**	**-31,2**	**-14,7**	**-2,4**		

Im Vergleich zur statischen Amortisationsrechnung ist nur eine Zeile ergänzt worden: Die Nettozahlungen jeder Periode werden mit dem Kalkulationszins (hier: 10%) diskontiert, bevor sie kumuliert werden. Die Diskontierung zukünftiger Überschüsse führt dazu, dass die Investition länger braucht, um sich „zu amortisieren". In unserem Beispiel tritt dieser Zeitpunkt nunmehr erst (kurz) nach Ablauf von 4 Perioden ein. Im Vergleich zum Ergebnis der statischen Rechnung eine deutliche Verlängerung!

Wenngleich man gegen die dynamische Variante einwenden mag, dass sie für Laien etwas schwieriger zu verstehen ist, so ist sie vom theoretisch-methodischen Standpunkt der statischen Betrachtung auf jeden Fall vorzuziehen. Aufrecht bleibt aber natürlich der Kritikpunkt, dass auch die dynamische Variante der Amortisationsrechnung das Zahlungsmuster nach Eintritt der Amortisation nicht berücksichtigt. Insofern kann auch sie keine absolute Vorteilhaftigkeit einer Investition ermitteln, sondern hauptsächlich eine Aussage über das mit einer Investition verbundene Risiko treffen.

10.3 Vollständige Finanzpläne

Wer *investieren* will, muss die Investition auch *finanzieren*. Jeder investierte Euro ist zugleich auch ein finanzierter Euro – Investition und Finanzierung sind zwei Seiten derselben Medaille. Diese Aussage ist so trivial, wie sie bedeutend ist: Investitionsentscheidungen lassen sich nicht von Finanzierungsentscheidungen trennen.

Doch wenn dies so ist, warum haben die bisher vorgestellten Methoden dies nicht berücksichtigt? Antwort: Doch, haben sie! In der Tat berücksichtigen auch alle bisher dargestellten Rechenverfahren zur Ermittlung der Wirtschaftlichkeit eines Investitionsvorhabens die Finanzierungsseite. Sie tun dies allerdings in Form von mehr oder weniger pauschalen und impliziten, d.h. nicht offen dargestellten, Annahmen. Das Grundprinzip lautet dabei jeweils: Trenne die Vorteilhaftigkeit der Investitionsentscheidung (= Mittelverwendung) von allen Fragen der Finanzierung (=Mittelherkunft). Eine Investitionsalternative soll „aus sich heraus", d.h. ohne Berücksichtigung irgendwelcher Konsequenzen damit verbundener Finanzierungsentscheidungen, vorteilhaft sein. Völlig trennen lassen sich allerdings die beiden Seiten nicht. Der unmittelbarste „Botschafter der Finanzierungsseite" ist auf jeden Fall der Zins. Er spielt in allen dynamischen Verfahren eine zentrale Rolle. Dort ist er gleichzeitig aber auch die *einzige* Größe, welche die Finanzierungsseite in den Business Case integriert. Ganz offensichtlich kann durch Einbeziehung einer einzigen Größe die Vielfalt an möglichen Finanzierungsstrukturen und -maßnahmen nur sehr pauschal abgebildet werden. So wird im Grundmodell der Barwertmethode unterstellt, dass der Zins im Zeitablauf konstant bleibt (keine wechselnden Zinssätze in unterschiedlichen Perioden), dass dieser Zins sowohl für Mittelverwendung (Haben) als auch für Mittelaufnahme (Soll) gilt (d.h. einheitlicher Zinssatz, keine Zinsspanne), dass dieser Zins für jeden beliebigen Finanzierungs- und Investitionsbetrag gilt (keine Konditionenvielfalt), etc.

Der Charme einer solchen pauschalen Berücksichtigung der Finanzierungsseite ist die Einfachheit der damit entstehenden Modelle. Sowohl Ersteller als auch Abnehmer des Business Case können sich ganz auf die eigentlich interessierende Investitionsseite konzentrieren. Die Finanzierung eben dieser Investition ist einfach nur „Mittel zum Zweck".

Diese Einfachheit der vorgestellten Verfahren bringt aber zugleich einige wesentliche Nachteile mit sich:

1. **Realitätsferne**: Dies ist wohl der gravierendste Vorwurf. Wie realistisch ist die Annahme, dass Soll- und Habenzins gleich hoch sind, ein und derselbe Zins für jeden beliebigen Geldbetrag gilt und sich eben dieser einheitliche Zins auch über lange Betrachtungszeiträume nicht ändert?

2. **Inflexibilität**: Die pauschale Berücksichtigung lässt keinen Raum für die in der Realität anzutreffende Vielfalt an Konditionen und Finanzierungsformen. „Nuancen" können nicht berücksichtigt werden und verändern deshalb nicht die Entscheidung.

3. **Intransparenz**: Gerade für Laien ist es keineswegs klar, welche Annahmen zur Finanzierung sich hinter einer bestimmten Methode verstecken.

Die bisher genannten Methoden lassen sich durchaus erweitern, um die Finanzierungsseite besser (d.h. weniger pauschal) abzubilden. So ist der modifizierte interne Zinsfuß ein Beispiel für den Versuch, zumindest eine – auf einer pauschalen Berücksichtigung der Finanzierungsseite fußende – Schwäche der Internen Zinsfuß-Methode zu beseitigen. Und dass sich Barwerte auch mit in jeder Periode wechselnden Zinssätzen errechnen lassen, wird später noch kurz aufgezeigt (vgl. Kapitel 12.3). Doch führen solche Erweiterungen automatisch zu einer steigenden Modellkomplexität und damit häufig auch zu einem gestiegenen Erklärungsbedarf und/oder einer schlechteren Nachvollziehbarkeit des Business Case.

Zu fragen ist also, ob es eine Möglichkeit gibt, die mit der Investitionsentscheidung unmittelbar verknüpfte Finanzierungsentscheidung „gleichberechtigt" im Business Case abzubilden, ohne das Modell gleichzeitig zu komplex werden zu lassen. Ein vollständiger Finanzplan ist der Versuch, eben dies zu erreichen.

Vollständige Finanzpläne (häufig auch nur kurz als VOFI bezeichnet) sind im Grunde einfache tabellarische Zusammenstellungen *aller* mit einer Investitionsentscheidung verbundenen Zahlungen. VOFIs sind immer zahlungsorientiert, sie setzen also die Cash Flow Betrachtung um. Eine G+V Betrachtung ist VOFIs fremd (siehe dazu Kapitel 8.2). Da in Zeiten von Tabellenkalkulationsprogrammen auch alle anderen bisher vorgestellten (statischen und dynamischen) Methoden normalerweise in Tabellenform vorliegen, stellt sich die Frage, was VOFIs von diesen Methoden unterscheidet. Hier sind vor allem die folgenden Punkte zu nennen (vgl. **Tabelle 10.1**):

1. VOFIs bilden Zahlungsgrößen ab, keine Erfolgsgrößen. Dies unterscheidet sie von statischen Verfahren.
2. VOFIs beinhalten ausschließlich nominale, nicht diskontierte Zahlungsgrößen. Es findet also keine finanzmathematische Behandlung einzelner Zahlungsgrößen statt. Dies ist ein wesentlicher Unterschied zu dynamischen Verfahren.
3. VOFIs nehmen auch Zahlungen, welche durch Finanzierungsentscheidungen ausgelöst werden, explizit in die Betrachtung auf. Dies unterscheidet sie sowohl von statischen als auch von dynamischen Verfahren.

Tabelle 10.1 Gegenüberstellung VOFI und andere Verfahren der Investitionsrechnung

	VOFI	Statische Verfahren	Dynamische Verfahren
Rechnungsgrößen	Zahlungen	Erfolgsgrößen	Zahlungen
Finanzmathematische Behandlung	Nein	Nein	Ja
Einbeziehung der Finanzierungsseite	Explizit	Implizit	implizit

Aus dieser Gegenüberstellung lässt sich bereits der typische Charakter eines VOFI ableiten: VOFIs gliedern die Finanzierungsseite nicht mittels mehr oder weniger pauschaler Annahmen über den Zins in die Betrachtung ein, sondern schlüsseln jede einzelne Zahlung, welche auf der Finanzierungsseite (z.B. bezahlte oder erhaltene Zinsen!) ausgelöst wird, explizit auf. Damit entfällt umgekehrt die Notwendigkeit zur Diskontierung, da Zinseffekte ja offen als Zahlungen ausgewiesen werden und damit nicht durch Diskontierung der durch die Investition ausgelösten Zahlungsreihe berücksichtigt werden müssen (dies würde nun sogar zu einer Doppelzählung führen). Klar ist damit aber auch, dass VOFIs nach wie vor Annahmen zur Höhe und zur zukünftigen Entwicklung des Zinssatzes treffen müssen. Ohne Annahmen zur Variable „Zinsen" geht es nicht!

Durch das explizite Ausweisen einzelner Zahlungen können VOFIs auch komplexere Finanzierungsstrukturen darstellen, ohne ihren Grundaufbau ändern zu müssen. Dieser Grundaufbau folgt dabei einer intuitiv einfach nachvollziehbaren Einteilung (vgl. **Abbildung 10.12**).

Die von der Investition direkt ausgelösten Zahlungen (z.B. Anschaffungsauszahlung, Einzahlungen aus Umsatzerlösen) werden von den Zahlungen getrennt, welche durch die damit zusammenhängende Finanzierungsentscheidung begründet sind (z.B. Zufluss eines Kreditbetrags, Bareinlage eines Gesellschafters, regelmäßige Zinszahlungen, Tilgung eines Kredits, etc.). Ebenso können Effekte von Differenzinvestitionen (d.h. Zu- und Abflüsse, die durch die Disposition von nicht für das eigentliche Investitionsobjekt benötigten Finanzmitteln entstehen) einfach aufgenommen werden. Falls der Business Case auch steuerliche Effekte erfassen soll, werden diese in der Regel ebenfalls in einem eigenen Tabellenabschnitt erfasst werden (vgl. dazu auch noch Kapitel 12.2). Da ein VOFI quasi „in Zeitscheiben denkt", werden auch die jeweils relevanten Bestandsgrößen für jede Periode erfasst (Kreditbeträge, Bestand an Eigenkapital, Endvermögen, etc.). Wesentliches Merkmal des VOFI ist dabei, dass sich für jede Periode ein ausgeglichener Saldo ergeben muss, d.h. die Summe aller Einzahlungen muss der Summe aller Auszahlungen entsprechen. Im VOFI kann (bzw. muss) dargestellt werden, mit Hilfe welcher Finanzierungs- und Investitionsentscheidungen dieses Gleichgewicht in jeder Periode hergestellt wird.

Die Anordnung der logischen Bausteine ist im Prinzip beliebig. So könnte man etwa alle Einzahlungen und alle Auszahlungen gruppieren. Meist ordnet man die einzelnen Zahlungsreihen aber nach ihrer inhaltlichen Nähe (also z.B. alle durch eine Kreditaufnahme ausgelösten Zahlungen in einer Gruppe, alle durch Anlage der Überschüsse ausgelösten Zahlungen in einer getrennten Gruppe, etc.).

Dieser Aufbau bringt allerdings eine wesentliche Annahme mit sich: Der eigentlich interessierenden Investitionsentscheidung müssen korrespondierende Finanzierungs- und bei Bedarf auch Reinvestitionsentscheidungen zugeordnet werden. Mit anderen Worten: Es ist eindeutig bestimmt, woher die investierten Euros stammen und was mit den dabei erwirtschafteten Überschüssen geschieht!

Abbildung 10.12 Grundstruktur eines vollständigen Finanzplans (VOFI)

		Periode					
		1	2	3	4	...	n
Zahlungsreihe der Investition							
Einzahlungen	+						
Auszahlungen	-						
Eigenkapital							
Kapitalzuführungen	+						
Kapitalentnahmen ("Konsum")	-						
Fremdkapital							
Kapitalaufnahme	+						
Tilgung / Rückzahlung	-						
Sollzinsen	-						
Reinvestitionen / Disposition von Überschüssen							
Anlage	-						
Rückzahlung	+						
Habenzinsen, Dividenden, Überschüsse	+						
Steuereffekte							
Auszahlungen (gezahlte Steuer)	-						
Einzahlungen (Steuererstattungen)	+						
Saldo		**0€**	**0€**	**0€**	**0€**	...	**0€**
Bestandsgrößen:							
Kreditbestand							
Guthabenbestand							

Dies mag zunächst als eine einfach zu erfüllende Bedingung erscheinen, erweist sich allerdings als durchaus problembehaftet. Häufig wird eine Investition nämlich aus einem allgemeinen, unternehmensweiten „Investitionsbudget" finanziert, hinter welchem sich im Grunde die Finanzierungsstruktur des Gesamtunternehmens verbirgt. Diese ist wiederum eine Mischung aus unterschiedlichsten Finanzierungsformen. Nicht umsonst ist der WACC ja bereits eine mischkalkulierte Zinsgröße! Häufig wird man also nicht feststellen können, „wo die investierten Euros genau herkommen". Dann ist es aber relativ willkürlich, welche Zahlungen aus der Finanzierungsentscheidung man im VOFI abbildet. Das gleiche gilt für erwirtschaftete Überschüsse: Sie „verschwinden" im finanzwirtschaftlichen Pool des Unternehmens. Damit können hier immer nur (mischkalkulierte) fiktive Zahlungen abgebildet werden – eine wesentliche Schwäche im methodischen Ansatz des VOFI.

Selbstverständlich tritt dieses Problem nicht auf, wenn der Investitionsentscheidung eindeutige Finanzierungsentscheidungen zugeordnet sind. Dies wird im Falle von Projektfinanzierungen häufig gegeben sein.

Die Vorteilhaftigkeit einer Investition lässt sich in einem vollständigen Finanzplan nicht unmittelbar ablesen. Vielmehr gilt es, einen Vergleich anzustellen zwischen dem im VOFI ausgewiesenen Guthaben am Ende des Analysezeitraums (d.h. dem durch die Investition erwirtschafteten Endvermögen) einerseits und dem durch die beste alternative Anlageform des ursprünglich eingesetzten Eigenkapitals erzielbaren Endvermögens andererseits (Opportunitätskostenprinzip).

Im VOFI wird also gefragt: „Auf welchen Vermögenszuwachs verzichte ich, wenn ich diese Investition realisiere?" Zeigt der VOFI ein Endvermögen, welches größer ist als dieser Vergleichswert, so ist die Investition vorteilhaft. Analog lassen sich auch mehrere Investitionsalternativen vergleichen: Die Alternative mit dem höchsten ausgewiesenen Endvermögen im VOFI ist die attraktivste.

Aus dem bisher Gesagten lassen sich einige zentrale Stärken und Schwächen von Vollständigen Finanzplänen (VOFIs) ableiten (vgl. **Tabelle 10.2**).

Tabelle 10.2 Stärken und Schwächen von Vollständigen Finanzplänen

Stärken	Schwächen
Transparenz, Sichtbarmachung von Zahlungen aus Finanzierungsentscheidungen	Intransparenz und Unübersichtlichkeit, Gefahr der „Überfrachtung" des Business Case
Flexibilität, einfache Integration unterschiedlicher Finanzierungskonditionen	Zurechenbarkeit, Notwendigkeit der Verknüpfung von spezifischen Finanzierungsentscheidungen mit der Investitionsentscheidung
	Unsicherheit der Inputdaten bleibt weiterhin gegeben (z.B. Höhe des Kalkulationszinses)

VOFIs sind also keineswegs „die Lösung aller methodischen Probleme" eines Business Case. Auch sie sind durch eine spezifische Mischung aus Vor- und Nachteilen geprägt. Da diese aber weitgehend komplementär zu den bisher beschriebenen Methoden liegen, können VOFIs durchaus eine interessante Ergänzung in einem Business Case sein.

10.4 Typische Business Case Metriken

Ein Business Case – insbesondere ein umfangreicher, in den viel Zeit und Arbeit investiert worden ist – wird sich in aller Regel nicht darauf beschränken, eine einzige Kennzahl als Ergebnis zu liefern. Dies würde von den allermeisten Adressaten als „dürftig" und wahrscheinlich von so ziemlich allen Erstellern als „unwürdig" eingeschätzt werden. Abgesehen von diesen menschlichen Motiven sprechen aber auch sehr gute sachliche Gründe dafür, in einem Business Case mehrere unterschiedliche Kennzahlen und Metriken als Ergebnisse darzustellen:

1. Unterschiedliche Metriken erlauben einen umfassenderen Blick auf das Problem und ermöglichen eine bessere Gegenüberstellung der in Frage kommenden Alternativen. Das Urteil kann differenzierter ausfallen und die Entscheidung damit an (subjektiver) Sicherheit gewinnen.

2. Mehrere unterschiedliche Metriken machen den Business Case flexibler gegenüber subjektiven Vorlieben einzelner Adressaten. Nicht immer weiß der Ersteller bereits im Voraus, wer zum Adressatenkreis zählt bzw. welches Vorwissen dieser aufweist. Stellt der Business Case verschiedene Metriken als Output zur Verfügung, steigt die Wahrscheinlichkeit, dass jeder Adressat die Ergebnisform wiederfindet, die er/sie sich erwartet hat.

Wie bereits in früheren Kapiteln erwähnt, stellt das eigentliche Rechnen im Zeitalter des Computers keinen wirklichen Engpassfaktor mehr dar. Ein Ersteller, der mit den verschiedenen Methoden der Wirtschaftlichkeitsrechnung vertraut ist und die typischen kaufmännischen und finanzwirtschaftlichen Metriken kennt, kann ohne großen Zusatzaufwand eine Vielzahl von Kennziffern und Messgrößen liefern, welche dem/den Adressaten bei der Interpretation und Entscheidungsfindung helfen.

Je nachdem, welche Metriken ermittelt werden, muss der Ersteller auf unterschiedliche Methoden zurückgreifen (siehe oben). Die wichtigsten Kennzahlen sollen hier kurz vorgestellt werden. Dabei werden wiederum die Angaben des in Kapitel 10.1 eingeführten Investitionsprojekts „Alternative A" als Basis verwendet.

10.4.1 Nettozahlungsstrom

Ausgehend von den einzelnen Zahlungsströmen ist der naheliegendste Schritt zunächst, die einzelnen Auszahlungen und die Einzahlungen jeder Periode zu addieren, um so die Nettoauszahlungen und die Nettoeinzahlungen pro Periode zu erhalten. Dies ist in den Ausgangsdaten bereits erfolgt. Der Nettozahlungsstrom stellt dann die kumulierten Aus- und Einzahlungen jeder Periode dar (vgl. **Abbildung 10.13**).

Abbildung 10.13 Nettozahlungsstrom

Periode	0	1	2	3	4	...
Auszahlungen	-80	-20	-24	-28	-32	
Einzahlungen		50	50	50	50	
Nettozahlungen	**-80**	**30**	**26**	**22**	**18**	

In unserem Beispiel entspricht dies der Darstellung aus der Gewinnvergleichsrechnung. Dies muss aber nicht so sein, weil – wie oben ausgeführt – das Einsatzgebiet der Gewinnvergleichsrechnung typischerweise in der „G+V Betrachtung“ liegt und dort erfolgswirksame Größen (Kosten und Leistungen) verglichen werden, während hier auf zahlungswirksame Größen abgestellt wird (Cash Flow Betrachtung). Die Gewinnvergleichsrechnung kann (und wird) also z.B. Abschreibungen berücksichtigen, welche aber keinen Einfluss auf den Nettozahlungsstrom haben (da diese nicht zahlungswirksam sind).

Was im kleinen Beispiel noch trivial aussieht, kann in einem großen Business Case bereits eine sehr interessante Information darstellen – vor allem, wenn der Nettozahlungsstrom auch grafisch dargestellt wird (vgl. **Abbildung 10.14**).

Abbildung 10.14 Nettozahlungsstrom - grafische Darstellung

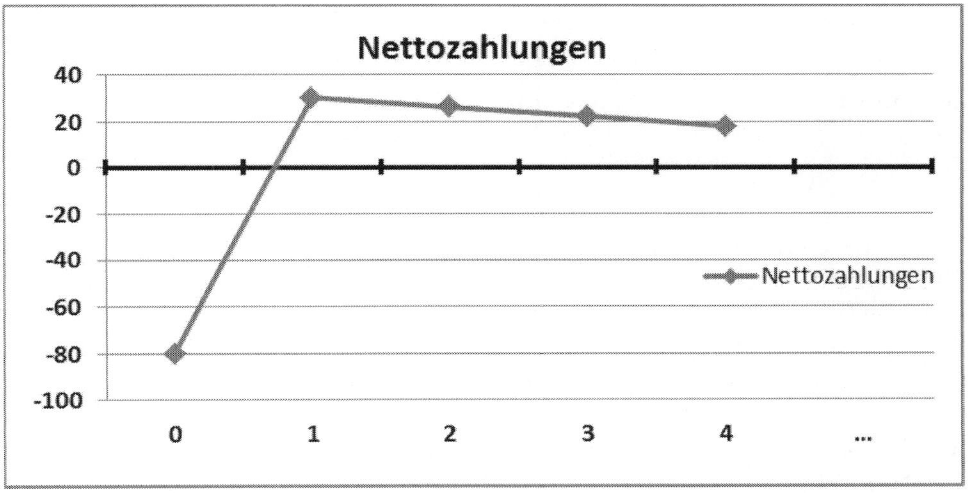

Der Nettozahlungsstrom zeigt dem Adressaten, in welchen Perioden ein Nettozahlungsüberschuss (positiver Cash Flow) erzielt wird, d.h. in welchen Perioden das Investitionsprojekt den eigenen Liquiditätsbedarf deckt bzw. sogar übersteigt. Im Beispiel ist dies für alle Perioden nach der Anfangsperiode „0“ der Fall (idealtypischer Verlauf). In Perioden mit negativen Nettozahlungen benötigt das Investitionsprojekt also die Zufuhr von liquiden Mitteln aus anderen Quellen, in Perioden mit positiven Nettozahlungen kann es umgekehrt Liquidität für andere Aktivitäten des Unternehmens zur Verfügung stellen. Der Nettozahlungsstrom pro Periode ist also wichtig für die Liquiditätsplanung des Unternehmens insgesamt.

10.4.2 Kumulierter Zahlungsstrom

Konsequenterweise stellt man dem Nettozahlungsstrom pro Periode auch die kumulierten Werte zur Seite – also die Summen der Ein- und Auszahlungen bzw. die Summe der Nettozahlungen über die gesamte betrachtete Zeitspanne (Analysezeitraum). Diese stellen sich für das Beispiel wie in **Abbildung 10.15** aufgelistet dar.

Abbildung 10.15 Kumulierter Zahlungsstrom

Periode	0	1	2	3	4	...	Summe
Auszahlungen	-80	-20	-24	-28	-32		-184
Einzahlungen		50	50	50	50		200
Nettozahlungen	**-80**	**30**	**26**	**22**	**18**		**16**

Die kumulierten Werte zeigen an, ob das Projekt insgesamt über seine gesamte Laufzeit **in nominalen Geldgrößen** (d.h. ohne Berücksichtigung des Zeitwerts einzelner Zahlungen) einen positiven oder negativen Cash Flow erwirtschaftet. Dies ist hier der Fall. Das Projekt „Alternative A" führt dem Unternehmen also nominal in Summe mehr liquide Mittel zu, als es selbst verbraucht.

Um es noch einmal deutlich zu machen: Ein positiver kumulierter Zahlungsstrom ist nicht gleichbedeutend mit „Gewinn" (zahlungswirksam im Gegensatz zu erfolgswirksam!) und muss auch nicht unbedingt einen positiven Kapitalwert der Alternative zur Folge haben.

10.4.3 (Statische) Amortisationsdauer

Auch in einer statischen Betrachtung ist „Zeit" nicht völlig irrelevant. Die typischerweise betrachtete Kennzahl ist hier die Amortisationsdauer, d.h. der Zeitraum, den das Projekt benötigt, bis die **kumulierten Nettozahlungen genau Null** sind (die kumulierten Auszahlungen also genau den kumulierten Einzahlungen entsprechen). Dies wurde bei der Beschreibung der Amortisationsrechnung in Kapitel 10.1. bereits dargestellt. Der Amortisationszeitpunkt ist dann erreicht, wenn sich das Vorzeichen von Minus zu Plus ändert – hier noch einmal zur Verdeutlichung die Zahlen des Beispiels (vgl. **Abbildung 10.16**).

Abbildung 10.16 Statische Amortisationsdauer

Periode	0	1	2	3	4	...
Auszahlungen	-80	-20	-24	-28	-32	
Einzahlungen		50	50	50	50	
Nettozahlungen	**-80**	**30**	**26**	**22**	**18**	
kumuliert	**-80**	**-50**	**-24**	**-2**	**16**	

Amortisationsdauer = 3 -(-2) / (16 -(-2)) = 3 + 2/18 = **3,11 Perioden**

Es dauert also etwas mehr als 3 Perioden, bis die kumulierten Zahlungseingänge des Projekts „Alternative A" den kumulierten Zahlungsausgängen entsprechen. Zu diesem Zeitpunkt hat das Projekt genau die bis dahin verbrauchten liquiden Mittel (Zahlungsausgänge) selbst wieder in Form von Zahlungseingängen „zurückverdient". Zu diesem Zeitpunkt (und nur zu diesem Zeitpunkt) ist das Projekt liquiditätsmäßig neutral für das Unternehmen. Ein Adressat des Business Case wird typischerweise kurze Amortisationsdauern bevorzugen. Je länger es dauert, bis das Projekt sich amortisiert hat, desto höher ist das Risiko und desto länger muss Kapital für das Projekt bereitgestellt werden.

10.4.4 ROI / Rentabilitätskennzahlen

Bei der statischen Rentabilitätsrechnung ebenso wie bei der Internen Zinsfuß-Methode wurde bereits betont, dass die Praxis eine Vorliebe für Rentabilitätskennzahlen hat. Für den Ersteller eines Business Case unangenehm ist allerdings die Tatsache, dass sich beliebig viele unterschiedliche Rentabilitätskennzahlen errechnen lassen, welche eine sehr unterschiedliche Aussagekraft und theoretische Fundierung aufweisen – und all dies aber viele Adressaten nicht kümmert, solange sie erhalten, was sie sich wünschen: eine in % ausgedrückte Kennziffer mit der Bezeichnung „Rendite".

Diese etwas überspitzte Formulierung trifft aber den Kern des Problems für den Ersteller des Business Case. Wie schon bei der statischen Rentabilitätsrechnung aufgezeigt, ist die Bestimmung des eingesetzten Kapitals nicht eindeutig, und auch die Rückflüsse können sich z.B. einmal an erfolgswirksamen Größen, ein anderes Mal aber an zahlungswirksamen Größen orientieren. Dazu kommt ergänzend der interne Zinsfuß als ein dynamisches Renditemaß (mit wiederum anderen Schwächen). Für das Beispiel Alternative A wurden bereits exemplarisch zwei statische Rentabilitäten (6,4% bzw. 8%) und der interne Zinsfuß von 8,47% ermittelt. Diese Reihe lässt sich weiterführen, wenn wir (wiederum statisch) die gesamte Auszahlungsreihe als „eingesetztes Kapital" interpretieren und in Beziehung setzen zu den Einzahlungen über die gesamte Projektdauer. Dann ergibt sich eine Rentabilität von:

$$\frac{\sum Einzahlungen - \sum Auszahlungen}{\sum Auszahlungen} \times 100 = \frac{200 - 184}{184} = 8{,}7\%$$

Die Rentabilitätskennziffern schwanken in diesem kleinen Beispiel bereits zwischen 6% und knapp 9% – nicht unwesentlich, wenn man eine wichtige Entscheidung zu treffen hat! Der Ersteller des Business Case muss also höchsten Wert darauf legen, jede Rentabilitätskennzahl sauber zu dokumentieren und damit zumindest nachvollziehbar zu machen. Nur so kann der sehr unangenehme Vorwurf eines Adressaten vermieden werden: „Aber Sie haben mir doch gesagt, dass ...".

10.4.5 Barwert

Auch der Barwert stellt eine in der Praxis sehr häufig genutzte Kennzahl dar. Im Unterschied zu vielen anderen hier genannten Metriken kann die Nutzung des Barwertes jedem Business Case Ersteller aber uneingeschränkt empfohlen werden. Wie schon bei der Darstellung der Barwertmethode ausgeführt, ist diese Vergleichsmetrik sowohl methodisch sauber als auch in der Praxis anerkannt.

Der Barwert als die Summe aller auf ihren Gegenwartswert abgezinsten Nettozahlungen einer Investitionsalternative ist ein zentraler Output eines jeden Business Case. Er erlaubt eine Aussage sowohl über die absolute Vorteilhaftigkeit einer Alternative (absolut vorteilhaft, wenn Barwert > 0) als auch über die relative Vorteilhaftigkeit beim Vergleich mehrerer Alternativen (relativ vorteilhaft, wenn der Barwert größer ist als bei der Vergleichsalternative). Der Entscheider findet im Barwert einerseits seine subjektiv geforderte Mindestverzinsung wieder (der Barwert bildet also seine konkrete Ausgangssituation ab) und kann andererseits aus einer einzigen Kennzahl die Vorteilhaftigkeit einer Alternative komprimiert ablesen.

Natürlich wird der Barwert häufig durch weitere Metriken ergänzt (oft durch den internen Zinsfuß oder die Amortisationsdauer), er hat aber eine herausgehobene Bedeutung für die Interpretation des Business Case.

10.4.6 Interner Zinsfuß

In der Praxis ebenso beliebt, aber leider methodisch nicht gleichermaßen „sauber" ist der interne Zinsfuß (siehe dazu oben). Sein Einsatz ist noch eher gerechtfertigt, wenn die Aufgabe in der Beurteilung der absoluten Vorteilhaftigkeit einer einzigen, konkreten Alternative besteht. Hier kann ein Vergleich des ermittelten internen Zinsfußes mit dem geforderten Vergleichszins des Entscheiders eine nützliche Aussage im Business Case liefern. Unter Umständen irreführend wird der interne Zinsfuß als Vergleichsmetrik aber bei der Beurteilung der relativen Vorteilhaftigkeit unterschiedlicher Alternativen. Hier bleibt der unterschiedliche Kapitalbedarf außer Acht, was dazu führen kann, dass die Alternative mit dem höheren Internen Zinsfuß den niedrigeren Barwert aufweist – also absolut betrachtet den geringeren Vermögenszuwachs liefert.

Wegen seiner einfachen Interpretation als Renditemaß ist auch in näherer Zukunft mit einer ungebrochenen Beliebtheit in der Praxis zu rechnen. Somit sollte der Ersteller eines Business Case immer darauf drängen, den internen Zinsfuß nicht als alleinige Vergleichsmetrik zu nutzen und den Barwert als passendere Metrik mitliefern.

10.4.7 Benefit-to-Cost Ratio (Kosten-Nutzen-Verhältnis)

Der Name des Indikators ist Programm: Betrachtet wird das Verhältnis zwischen dem durch eine Investition gestifteten Nutzen und den verursachten Kosten, und dieses wird durch einen Quotienten ausgedrückt. Zwei Punkte gilt es hier allerdings zu beachten:

- Der deutsche Begriff „Kosten-Nutzen-Verhältnis" ist insofern irreführend, als die Kennzahl zuerst den Nutzen (Zähler des Quotienten) und dann die Kosten (Nenner des Quotienten) betrachtet. Die Reihenfolge in der englischen Bezeichnung ist also treffender.
- Die Benefit-to-Cost Ratio (häufig auch nur als „BCR" oder „B/C" bezeichnet) setzt quantifizierbare und in Geldeinheiten ausdrückbare (= monetäre) Nutzen- und Kosteneffekte voraus. Häufig werden Investitionen auch nicht-monetäre Effekte auslösen. Um die Kennzahl B/C dann sinnvoll einsetzen zu können, müssen diese Wirkungen zunächst monetarisiert werden (vgl. dazu weiter unten Kapitel 12.4.1).

Rechentechnisch stellt die Benefit-to-Cost Ratio wieder eine Anwendung des Kapitalwerts dar. Allerdings werden nicht die Nettozahlungen (als Differenz von Einzahlungen und Auszahlungen) jeder Periode diskontiert und aufsummiert. Die Betrachtung erfolgt vielmehr für Ein- und Auszahlungen getrennt. B/C stellt den Quotienten aus dem Kapitalwert aller Einzahlungen und dem Kapitalwert aller Auszahlungen einer Investition dar:

$$B/C = \frac{\sum_t \frac{e_t}{(1+i)^t}}{\sum_t \frac{a_t}{(1+i)^t}}$$

Weil der Kapitalwert aller (monetären bzw. monetarisierten) Nutzeneffekte im Zähler aufscheint, sind hohe Werte der Kennzahl niedrigeren Werten vorzuziehen: Je größer die B/C, desto attraktiver ist eine Investitionsalternative. Es ist unmittelbar einsichtig, dass die Kennzahl durch die Wahl des Diskontsatzes beeinflusst werden kann und ihr Wert davon abhängt, ob man die wesentlichen Effekte der Investition auch tatsächlich in Geldeinheiten ausdrücken kann.

10.4.8 Lebenszykluskosten

In einer ganzen Reihe von Fällen sind Investitionen mit keinen direkt messbaren Einzahlungen verbunden. Man investiert, weil man sich Verbesserungen bei nicht direkt in Geldeinheiten messbaren Faktoren erwartet (z.B. Qualität, Kundenzufriedenheit, Mitarbeitermotivation, etc.). Natürlich kann man versuchen, die monetären Konsequenzen solcher Verbesserungen „in Heller und Pfennig" umzurechnen. Häufig wird darauf aber verzichtet, weil man einer solchen Umrechnung keine hohe Validität zutraut (sprich: das Ergebnis ist willkürlich) und/oder weil die Nutzeneffekte bei jeder Handlungsalternative (annähernd) gleich und damit für die anstehende Entscheidung nicht wesentlich sind.

In solchen Fällen konzentriert sich die Beurteilung der Alternativen ausschließlich auf die durch diese jeweils verursachten Kosten. Die Kennzahl „Lebenszykluskosten" (in der Praxis oft gleichgesetzt mit dem Begriff „Total Cost of Ownership" – TCO) stellt den Kapitalwert aller von einer Investition über den gesamten Analysezeitraum verursachten Auszahlungen dar – also deren Kapitalwert.

10.4.9 Durchschnittliche Wachstumsrate

In einem Business Case treten viele Variablen auf, für welche Werte über mehrere (oder alle) Perioden des Analysezeitraums vorhanden sind. Typische Beispiele sind Umsätze (Geldgröße), Absatzzahlen (Mengengröße), Betriebskosten, etc. Je nach Größe der auftretenden Schwankungen kann es auf den ersten Blick schwierig zu erkennen sein, wie sich eine bestimmte Variable „insgesamt" entwickelt. Ersteller und Adressat des Business Case sind in solchen Fällen an der durchschnittlichen relativen Veränderung einer Variablen pro Periode interessiert. Dies wird als „Wachstumsrate" bezeichnet.

Betrachten wir dazu wieder das Beispiel der Alternative A. Die jährlichen Auszahlungen nach der Anfangsauszahlung (welche wir als laufende Betriebskosten interpretiert haben) steigen um einen konstanten Betrag pro Periode. Relativ führt dies natürlich zu abnehmenden Anstiegen. Für den Ersteller und den Adressaten kann es interessant sein, den durchschnittlichen prozentualen Anstieg pro Periode über den Zeitraum t_1 bis t_4 (also 3 Perioden) zu ermitteln.

Abbildung 10.17 Durchschnittliche Wachstumsrate

Periode	0	1	2	3	4	...	CAGR
Auszahlungen - Alternative A	-80	-20	-24	-28	-32		
Einzahlungen - Alternative A		50	50	50	50		
Veränderung p.a. Auszahlungen			20,0%	16,7%	14,3%		17,0%
Veränderung p.a. Einzahlungen			0,0%	0,0%	0,0%		0,0%
Auszahlungen bei CAGR:		-20,00	-23,39	-27,36	-32,00		

Im Englischen wird dies als „compound annual growth rate (CAGR)" bezeichnet. Die allgemeine Formel zu ihrer Ermittlung lautet:

$$CAGR = \left(\frac{Z_t}{Z_0} \right)^{\frac{1}{t}} - 1$$

hier also:

$$\left(\frac{-32}{-20} \right)^{\frac{1}{3}} - 1 = 0{,}17$$

(Anmerkung: wir haben die Anfangsauszahlung außer Acht gelassen und damit hier die Periode 1 zur Anfangsperiode „0“ gemacht. Deshalb werden auch nur 3 Perioden betrachtet ➔ t = 3).

Die Auszahlungen bei Alternative A steigen also durchschnittlich um 17% pro Periode. Zur Kontrolle wurden in der letzten Zeile die rechnerischen Werte bei Verwendung der CAGR angeführt. Man sieht, dass in Periode 4 genau –32 auftritt, die CAGR also zu einem identischen Endwert führt wie die Verwendung der einzelnen Veränderungsraten aus den Einzelperioden (20%, 16,7%, 14,3%). Die Einzahlungen hingegen bleiben stabil, deshalb ist natürlich auch die CAGR gleich 0%.

Die durchschnittliche Wachstumsrate bezieht sich in der Regel auf einzelne Variablen des Business Case und ist deshalb eine Zusatzinformation zum besseren Verständnis der Zusammenhänge. Oft wird der Adressat zu den wesentlichen monetären Größen (Umsatz, Gewinn, Kosten, etc.) die zeitliche Entwicklung erkennen wollen. Hier kann die durchschnittliche Wachstumsrate einen Beitrag leisten. Auf Basis der CAGR alleine kann aber keine Entscheidung getroffen werden.

10.4.10 Produktivitätskennzahlen

Ebenso wie die durchschnittliche Wachstumsrate stellen auch Produktivitätskennzahlen ergänzende Metriken dar, welche für sich alleine betrachtet keine Beurteilung der Vorteilhaftigkeit einer Alternative erlauben, als Zusatzinformation zu den zentralen Metriken aber oft von den Entscheidern geschätzt werden.

„Produktivität“ ist immer eine Verhältniskennzahl: Ein erzielter Output (gemessen in Geld- oder in Mengeneinheiten) wird in Beziehung gesetzt zu einer Einheit einer interessierenden Inputgröße. Typische Inputgrößen für Produktivitätskennzahlen in einem Business Case sind z.B. Mitarbeiter oder Anlagegüter (Maschinen, Produktionsanlagen). Daraus lassen sich beispielhaft folgende Produktivitätskennzahlen bilden:

- Umsatz pro Mitarbeiter,
- produktive Arbeitsstunden pro Periode/Mitarbeiter,
- produzierte Stück pro Maschinenstunde,
- Herstellmenge pro Arbeitsschicht, etc.

Produktivitätskennzahlen spielen eine wesentliche Rolle bei Erweiterungs- und Ersatzinvestitionen, deren Rechtfertigung zum guten Teil eben in einer erwarteten oder erhofften Produktivitätssteigerung liegt. In solchen Fällen wird der Adressat diesen Effekt meist „direkt" in Form von geeigneten Kennziffern ablesen wollen und sich nicht mit einem Barwert als alleiniger Vergleichsmetrik begnügen. Welche konkreten Produktivitätskennzahlen passend sind, muss von Fall zu Fall vom Ersteller des Business Case (unter Umständen gemeinsam mit dem Adressaten) entschieden werden. Ihre Berechnung ist kein Problem, ihr Mehrwert liegt oft in der Darstellung der zeitlichen Entwicklung über alle betrachteten Perioden des Analysezeitraums. Sie sollten also meist in Form von Zeitreihen (am besten auch grafisch) aufbereitet werden.

10.4.11 Andere Metriken

Der Kreativität eines Business Case Erstellers sind im Prinzip keine Grenzen gesetzt. Es gehört etwas Einfühlungsvermögen in die Belange des Adressaten und ein gutes inhaltliches Grundverständnis dazu, die für einen konkreten Business Case jeweils aussagekräftigsten Metriken zu bestimmen. Neben den hier genannten „Klassikern" können also durchaus noch weitere Metriken sinnvoll sein.

Bei einer „G+V Betrachtung" des Business Case (siehe Kapitel 8.2) wird manchmal neben der Gewinn- und Verlustrechnung auch eine (rudimentäre) Bilanz erstellt, womit sich z.B. die aus der Bilanzanalyse bekannten Kennzahlen zu Kapital- und Vermögensstruktur oder zur Liquiditätssituation errechnen lassen.

Ebenso sind Kennzahlen zur Umschlagshäufigkeit (z.B. von gelagerten Vorräten oder von eingesetztem Kapital) denkbar und je nach konkreter Fragestellung für den Entscheider hilfreich.

Oft werden auch Metriken zur Darstellung der relativen Anteile bestimmter Größen an einer Gesamtgröße sinnvoll sein, so z.B. Anteile bestimmter Kunden am Gesamtumsatz, Anteile einzelner Produkte/Modelle an der Gesamtproduktion, Anteil des eigenen Unternehmens am Gesamtmarkt (Marktanteil), etc. Auch hier ist wiederum der zeitliche Verlauf die geeignetste Darstellungsform.

„Ein neuer Platz für die Soft&Schlank GmbH" - Ein Fallbeispiel

Rainer Schlau beginnt, den Business Case in einer Tabellenkalkulation abzubilden. Dazu packt er jedes Teilmodell (mit Ausnahme des unterschiedlich behandelten Produktivitätsmodells) in ein eigenes Arbeitsblatt und verknüpft die Teilergebnisse auf einem Sammelblatt. Jedes Blatt besitzt dabei den gleichen Aufbau: In den Spalten werden die Perioden 0 (heute) bis 10 (in 10 Jahren) abgebildet, in den Zeilen werden die jeweiligen Ein- und Auszahlungen gelistet. Die beiden betrachteten Alternativen packt Rainer Schlau untereinander.

Einige wichtige Annahmen sammelt Rainer Schlau in einer gemeinsamen Eingabemaske, in welcher er gleich die Möglichkeit zur Definition mehrerer alternativer Wertekombinationen („Szenarien") vorsieht. Er ist sich ziemlich sicher, dass Kurt Grips diese Funktion später noch nutzen wird. Die Eingabemaske umfasst die folgenden Variablen:

Gewähltes Szenario:		A					
		Gewähltes Szenario	Szenario: A	B	C	D	E
Abzinsungsfaktor	%	10%	10,0%				
Kaufpreis Alternative 1	TEUR	€ 1.275	1275,0				
Kredithöhe Alternative 1	TEUR	€ 1.300	1300,0				
Kreditzinsen Alternative 1	%	6%	6,0%				
jährliche Mietsteigerung	%	3%	3,0%				
aktuelle Miete für angemietete Räume p.a.	TEUR	€ 55	55,0				
Jahresmiete Alternative 2	TEUR	€ 113	113,0				
Betriebskosten Alternative 1	TEUR	€ 51	51,0				
Betriebskosten Alternative 2	TEUR	€ 73	73,0				
Jährliche Steigerung Betriebskosten	%	3%	3,0%				
Aktuelle Betriebskosten	TEUR	€ 32	32,0				

Rainer Schlau benutzt in seinen Tabellenkalkulationen immer eine bestimmte Farbe (z.B. Orange), um Eingabefelder zu kennzeichnen. Die Werte gelten entweder für beide betrachteten Alternativen (z.B. der Abzinsungsfaktor) oder nur für die explizit genannte Alternative (z.B. der Kaufpreis nur für die Alternative 1 „Kaufen im Gewerbegebiet"). In der Eingabemaske wie in allen Teilmodellen rechnet Rainer Schlau der Übersichtlichkeit halber in ,000 Euro Einheiten. Er stellt 1 Million Euro also als „1.000" im Business Case dar.

Das erste der Teilmodelle – von Rainer Schlau „Finanzierungsmodell" genannt – bildet die bei der Kaufalternative notwendige Kreditfinanzierung ab. In der Tabellenkalkulation stellt sich dies wie auf der nächsten Seite gezeigt dar.

Von anderen Zellen übernommene Eingabewerte werden in Rainer Schlaus Berechnungsblättern wieder mit einer bestimmten Farbe gekennzeichnet. Der Vollständigkeit halber (gleiche Struktur auf allen Arbeitsblättern) hat er auch die Alternative „Miete" in diesem Teilmodell abgebildet, obwohl in diesem Fall keine Kreditaufnahme nötig ist und deshalb auch keine Zahlungsströme berücksichtigt werden müssen.

Alternative 1: Kauf Gewerbegebiet	Jahr 0	1	2	3	4	5	6	7	8	9	10
Kreditauszahlung	1300,0										
Summe Zahlungseingänge	1300,0	0,0	0,0	0,0	0,0	0,0	0,0	0,0	0,0	0,0	0,0
Kreditzinsen p.a.	6%	6%	6%	6%	6%	6%	6%	6%	6%	6%	6%
Kredithöhe	1300,0										
Tilgung		-98,6	-104,5	-110,8	-117,5	-124,5	-132,0	-139,9	-148,3	-157,2	-166,6
Zinszahlung		-78,0	-72,1	-65,8	-59,2	-52,1	-44,6	-36,7	-28,3	-19,4	-10,0
Restschuld am Ende der Periode	1300,0	1201,4	1096,8	986,0	868,5	744,0	612,0	472,1	323,8	166,6	0,0
Annuität	-176,6										
Summe Zahlungsausgänge	0,0	-176,6	-176,6	-176,6	-176,6	-176,6	-176,6	-176,6	-176,6	-176,6	-176,6
Zahlungsströme - netto	1300,0	-176,6	-176,6	-176,6	-176,6	-176,6	-176,6	-176,6	-176,6	-176,6	-176,6
kumulierte Zahlungsströme	1300,0	1123,4	946,7	770,1	593,5	416,9	240,2	63,6	-113,0	-289,7	-466,3

Alternative 2: Miete Stadtzentrum	Jahr 0	1	2	3	4	5	6	7	8	9	10
Kreditauszahlung	-										
Summe Zahlungseingänge	-	-	-	-	-	-	-	-	-	-	-
Kreditzinsen p.a.	6%	6%	6%	6%	6%	6%	6%	6%	6%	6%	6%
Kredithöhe	-										
Tilgung		-	-	-	-	-	-	-	-	-	-
Zinszahlung		-	-	-	-	-	-	-	-	-	-
Restschuld am Ende der Periode	-	-	-	-	-	-	-	-	-	-	-
Annuität	-										
Summe Zahlungsausgänge	-	-	-	-	-	-	-	-	-	-	-
Zahlungsströme - netto	-	-	-	-	-	-	-	-	-	-	-
kumulierte Zahlungsströme	-	-	-	-	-	-	-	-	-	-	-

Im „Immobilienmarktmodell" bildet Rainer Schlau die erwarteten Miet- und Betriebskosten der Alternativen ab. Ebenso werden hier die in Zukunft nicht mehr anfallenden Mietzahlungen und Betriebskosten für die aktuell angemieteten Räume berücksichtigt. Diese stellen in Rainer Schlaus Business Case „Einzahlungen" dar. Wenn durch die Wahl einer Alternative bisher anfallende Auszahlungen vermieden werden können, so werden diese der Alternative als Einzahlungen zugerechnet. Das Teilmodell sieht wie folgt aus:

Alternative 1: Kauf Gewerbegebiet	Jahr 0	1	2	3	4	5	6	7	8	9	10
Ersparte Mietzahlungen für aktuell angemietete Räume	55,0	56,7	58,3	60,1	61,9	63,8	65,7	67,6	69,7	71,8	73,9
Ersparte Betriebskosten für aktuell angemietete Räume	32,0	33,0	33,9	35,0	36,0	37,1	38,2	39,4	40,5	41,8	43,0
Summe Zahlungseingänge	87,0	89,6	92,3	95,1	97,9	100,9	103,9	107,0	110,2	113,5	116,9
Laufende Betriebskosten	-51,0	-52,5	-54,1	-55,7	-57,4	-59,1	-60,9	-62,7	-64,6	-66,5	-68,5
Laufende Mietzahlungen	0,0	0,0	0,0	0,0	0,0	0,0	0,0	0,0	0,0	0,0	0,0
Summe Zahlungsausgänge	-51,0	-52,5	-54,1	-55,7	-57,4	-59,1	-60,9	-62,7	-64,6	-66,5	-68,5
Zahlungsströme - netto	36,0	37,1	38,2	39,3	40,5	41,7	43,0	44,3	45,6	47,0	48,4
kumulierte Zahlungsströme	36,0	73,1	111,3	150,6	191,1	232,9	275,8	320,1	365,7	412,7	461,1

Alternative 2: Miete Stadtzentrum	Jahr 0	1	2	3	4	5	6	7	8	9	10
Ersparte Mietzahlungen für aktuell angemietete Räume	55,0	56,7	58,3	60,1	61,9	63,8	65,7	67,6	69,7	71,8	73,9
Ersparte Betriebskosten für aktuell angemietete Räume	32,0	33,0	33,9	35,0	36,0	37,1	38,2	39,4	40,5	41,8	43,0
Summe Zahlungseingänge	87,0	89,6	92,3	95,1	97,9	100,9	103,9	107,0	110,2	113,5	116,9
Laufende Betriebskosten	-73,0	-75,2	-77,4	-79,8	-82,2	-84,6	-87,2	-89,8	-92,5	-95,2	-98,1
Laufende Mietzahlungen	-113,0	-116,4	-119,9	-123,5	-127,2	-131,0	-134,9	-139,0	-143,1	-147,4	-151,9
Summe Zahlungsausgänge	-186,0	-191,6	-197,3	-203,2	-209,3	-215,6	-222,1	-228,8	-235,6	-242,7	-250,0
Zahlungsströme - netto	-99,0	-102,0	-105,0	-108,2	-111,4	-114,8	-118,2	-121,8	-125,4	-129,2	-133,0
kumulierte Zahlungsströme	-99,0	-201,0	-306,0	-414,2	-525,6	-640,4	-758,6	-880,3	-1005,8	-1134,9	-1268,0

Als letztes Teilmodell fügt Rainer Schlau noch das „Anschaffungsmodell" ein. Dieses umfasst die einmalig auftretenden Zahlungen. In der Alternative „Kauf" natürlich vor allem den Kaufpreis, aber auch Umzugskosten, Steuern, Gebühren etc.:

Alternative 1: Kauf Gewerbegebiet	Jahr 0	1	2	3	4	5	6	7	8	9	10
Summe Zahlungseingänge	0,0	0,0	0,0	0,0	0,0	0,0	0,0	0,0	0,0	0,0	0,0
Kaufpreis	-1275,0										
Gebühren und Provisionen	-56,0										
Renovierungskosten	-34,0										
einmalige Steuern und Abgaben	-62,0										
Umzugskosten	-11,0										
Summe Zahlungsausgänge	-1438,0	0,0	0,0	0,0	0,0	0,0	0,0	0,0	0,0	0,0	0,0
Zahlungsströme - netto	-1438,0	0,0	0,0	0,0	0,0	0,0	0,0	0,0	0,0	0,0	0,0
kumulierte Zahlungsströme	-1438,0	-1438,0	-1438,0	-1438,0	-1438,0	-1438,0	-1438,0	-1438,0	-1438,0	-1438,0	-1438,0

Alternative 2: Miete Stadtzentrum	Jahr 0	1	2	3	4	5	6	7	8	9	10
Summe Zahlungseingänge	0,0	0,0	0,0	0,0	0,0	0,0	0,0	0,0	0,0	0,0	0,0
Kaufpreis	0,0										
Gebühren und Provisionen	-3,5										
Renovierungskosten	0,0										
einmalige Steuern und Abgaben	0,0										
Umzugskosten	-13,0										
Summe Zahlungsausgänge	-16,5	0,0	0,0	0,0	0,0	0,0	0,0	0,0	0,0	0,0	0,0
Zahlungsströme - netto	-16,5	0,0	0,0	0,0	0,0	0,0	0,0	0,0	0,0	0,0	0,0
kumulierte Zahlungsströme	-16,5	-16,5	-16,5	-16,5	-16,5	-16,5	-16,5	-16,5	-16,5	-16,5	-16,5

Dieses Teilmodell enthält nur Werte in der Periode 0. Trotzdem hat Rainer Schlau alle Perioden abgebildet (Modellhomogenität). Die im Eingabeblatt definierten und in den Teilmodellen verarbeiteten Parameter führen zu den einzelnen Ein- und Auszahlungen, welche in jedem Teilmodell summiert werden.

Die Nettoein- und -auszahlungen werden im „Barwertmodell" zusammengeführt (vgl. Abbildung auf der nachfolgenden Seite).

Das Barwertmodell zeigt die Nettozahlungsströme für jede einzelne Periode sowie die kumulierten Zahlungsströme. Außerdem enthält es die auf ihren jeweiligen Barwert in Periode 0 (also heute) abgezinsten Werte. Die Variable „Umsatzsteigerungen" hat Rainer Schlau zwar im Business Case vorgesehen, allerdings nicht mit Werten gefüllt. Damit gibt es als Einzahlungen in beiden Alternativen nur die vermiedenen Auszahlungen für Miete und Betriebskosten der aktuell angemieteten Räume. Da diese in beiden Alternativen gleich sind, sind sie als solche eigentlich nicht entscheidungsrelevant. Rainer Schlau hat die Variablen aber bewusst eingefügt, um zu verdeutlichen, dass dieser Aspekt nicht vergessen worden ist und die Wahl nicht beeinflusst.

Abzinsungsfaktor: 10%

Alternative 1: Kauf Gewerbegebiet		Jahr 0	1	2	3	4	5	6	7	8	9	10
Ersparte Mietzahlungen für aktuell angemietete Räume			56,7	58,3	60,1	61,9	63,8	65,7	67,6	69,7	71,8	73,9
Ersparte Betriebskosten für aktuell angemietete Räume			33,0	33,9	35,0	36,0	37,1	38,2	39,4	40,5	41,8	43,0
Umsatzsteigerungen												
Kreditauszahlung		1300,0										
Summe Zahlungseingänge		1300,0	89,6	92,3	95,1	97,9	100,9	103,9	107,0	110,2	113,5	116,9
Tilgungszahlungen	Finanzierungsmodell	0,0	-98,6	-104,5	-110,8	-117,5	-124,5	-132,0	-139,9	-148,3	-157,2	-166,6
Kreditzinszahlungen		0,0	-78,0	-72,1	-65,8	-59,2	-52,1	-44,6	-36,7	-28,3	-19,4	-10,0
Laufende Betriebskosten	Immo-marktmodell		-52,5	-54,1	-55,7	-57,4	-59,1	-60,9	-62,7	-64,6	-66,5	-68,5
Laufende Mietzahlungen			0,0	0,0	0,0	0,0	0,0	0,0	0,0	0,0	0,0	0,0
Einmaliger Kaufpreis	Anschaffungsmodell	-1275,0	0,0	0,0	0,0	0,0	0,0	0,0	0,0	0,0	0,0	0,0
Einmalige Zusatzkosten		-163,0	0,0	0,0	0,0	0,0	0,0	0,0	0,0	0,0	0,0	0,0
Summe Zahlungsausgänge		-1438,0	-229,2	-230,7	-232,4	-234,0	-235,8	-237,5	-239,4	-241,2	-243,2	-245,2
Zahlungsströme - netto		-138,0	-139,5	-138,4	-137,3	-136,1	-134,9	-133,6	-132,4	-131,0	-129,7	-128,2
kumulierte Zahlungsströme		-138,0	-277,5	-416,0	-553,3	-689,4	-824,3	-957,9	-1090,3	-1221,3	-1351,0	-1479,2
abdiskontierte Zahlungsströme - netto		-138,0	-126,9	-114,4	-103,1	-93,0	-83,8	-75,4	-67,9	-61,1	-55,0	-49,4
kumulierte abdiskontierte Zahlungsströme		-138,0	-264,9	-379,3	-482,4	-575,4	-659,1	-734,6	-802,5	-863,6	-918,6	-968,1

Alternative 2: Miete Stadtzentrum		Jahr 0	1	2	3	4	5	6	7	8	9	10
Ersparte Mietzahlungen für aktuell angemietete Räume			56,7	58,3	60,1	61,9	63,8	65,7	67,6	69,7	71,8	73,9
Ersparte Betriebskosten für aktuell angemietete Räume			33,0	33,9	35,0	36,0	37,1	38,2	39,4	40,5	41,8	43,0
Umsatzsteigerungen												
Kreditauszahlung		0,0										
Summe Zahlungseingänge		0,0	89,6	92,3	95,1	97,9	100,9	103,9	107,0	110,2	113,5	116,9
Tilgungszahlungen	Finanzierungsmodell	0,0	0,0	0,0	0,0	0,0	0,0	0,0	0,0	0,0	0,0	0,0
Kreditzinszahlungen		0,0	0,0	0,0	0,0	0,0	0,0	0,0	0,0	0,0	0,0	0,0
Laufende Betriebskosten	Immo-marktmodell		-75,2	-77,4	-79,8	-82,2	-84,6	-87,2	-89,8	-92,5	-95,2	-98,1
Laufende Mietzahlungen			-116,4	-119,9	-123,5	-127,2	-131,0	-134,9	-139,0	-143,1	-147,4	-151,9
Einmaliger Kaufpreis	Anschaffungsmodell	0,0	0,0	0,0	0,0	0,0	0,0	0,0	0,0	0,0	0,0	0,0
Einmalige Zusatzkosten		-16,5	0,0	0,0	0,0	0,0	0,0	0,0	0,0	0,0	0,0	0,0
Summe Zahlungsausgänge		-16,5	-191,6	-197,3	-203,2	-209,3	-215,6	-222,1	-228,8	-235,6	-242,7	-250,0
Zahlungsströme - netto		-16,5	-102,0	-105,0	-108,2	-111,4	-114,8	-118,2	-121,8	-125,4	-129,2	-133,0
kumulierte Zahlungsströme		-16,5	-118,5	-223,5	-331,7	-443,1	-557,9	-676,1	-797,8	-923,3	-1052,4	-1185,5
abdiskontierte Zahlungsströme - netto		-16,5	-92,7	-86,8	-81,3	-76,1	-71,3	-66,7	-62,5	-58,5	-54,8	-51,3
kumulierte abdiskontierte Zahlungsströme		-16,5	-109,2	-196,0	-277,3	-353,4	-424,6	-491,4	-553,9	-612,4	-667,1	-718,4

Was sagen die Ergebnisse bisher aus?

Wie erwartet sieht Rainer Schlau in beiden Varianten höhere Auszahlungen als Einzahlungen. Mit dem Umzug „wird kein Geld verdient", wie Kurt Grips sagen würde. Kosteneinsparungen sind aber gar nicht die Hauptmotivation von Kurt Grips. Außerdem kann sich dieses Bild noch ändern, wenn die möglichen Umsatzsteigerungen auf Grund gesteigerter Produktivität und Motivation der Mitarbeiter der Soft&Schlank GmbH berücksichtigt werden. Welche Alternative sieht attraktiver aus? Eine erste Antwort darauf kann Rainer Schlau bereits geben. In der letzten Zeile jeder Alternative hat er die kumulierten diskontierten Zahlungsströme dargestellt: Die Summe der diskontierten Zahlungsströme nach 10 Jahren stellt den Barwert jeder Alternative dar – eines der wichtigsten Vergleichskriterien, das Rainer Schlau in seinen Business Cases verwendet. Alternative 1 „Kaufen" kommt auf einen Barwert von –968,06 (Tausend), Alternative 2 „Mieten" auf –718,44 (Tausend). Der Barwert aller Nettozahlungen ist in Alternative 2 also weniger tief „in den roten Zahlen" als bei Alternative 1. Dies spräche für die Wahl von Alternative 2; d.h. die Anmietung der Räumlichkeiten im Stadtzentrum erscheint aktuell vorteilhafter. Allerdings gilt es noch, eine ganze Reihe von zusätzlichen Überlegungen anzustellen, bevor eine endgültige Entscheidung getroffen werden kann.

Damit hat Rainer Schlau zunächst einen rohen Business Case fertig gestellt, auf dessen Basis er mit Kurt Grips in die nächste Runde gehen kann.

10.5 Kontrollfragen zu Kapitel 10

Kontrollfrage 10-1:

Sie sollen für die folgende Investitionsentscheidung einen Business Case erstellen: Geplant wird die Errichtung einer neuen Lagerhalle. Dem Unternehmen liegt ein verbindliches Angebot des Generalunternehmers vor, die Halle zum Festpreis von 120.000 Euro zu errichten. Die Geschäftsführung rechnet mit einer 30-jährigen Nutzungsdauer. Die neu errichtete Halle macht die bisher notwendige Anmietung von Lagerfläche unnötig, womit jährliche Mietkosten in Höhe von 12.000 Euro entfallen können. Außerdem werden die Betriebskosten der neuen Halle um ca. 3.500 Euro niedriger geschätzt als in der aktuell angemieteten Halle – nämlich auf nur mehr 6.000 Euro jährlich. Die verfügbare Lagerfläche kann für die nächsten 3 Jahre zu 50% noch fremdvermietet werden. Danach wird der eigene Lagerbedarf als groß genug eingeschätzt, um die gesamte Lagerkapazität selbst zu nutzen. Das Unternehmen rechnet für die 3-jährige Übergangszeit mit jährlichen Mieteinnahmen in Höhe von 8.000 Euro.

Stellen Sie alle mit der Entscheidung der Hallenerrichtung verbundenen Zahlungsströme der ersten 5 Jahre tabellarisch dar.

Kontrollfrage 10-2:

Gegeben sind die beiden Investitionsalternativen A und B mit ihren jeweiligen Zahlungsströmen (siehe Tabelle). Beurteilen Sie die Vorteilhaftigkeit mit Hilfe der statischen Methoden der Investitionsrechnung (Kostenvergleichsrechnung, Gewinnvergleichsrechnung, Amortisationsrechnung, Rentabilitätsrechnung).

	Jahr 0	Jahr 1	Jahr 2	Jahr 3	Jahr 4
Auszahlungen - Alternative A	-3500	-400	-400	-400	-400
Einzahlungen - Alternative A		850	1200	1550	1800
Auszahlungen - Alternative B	-2800	-350	-450	-550	-650
Einzahlungen - Alternative B		1250	1250	1250	1250

Kontrollfrage 10-3:

Berechnen Sie den Barwert (bei einem Kalkulationszins von 6%) und den internen Zinsfuß der Alternativen aus Kontrollfrage 10-2. Lässt sich nun eine eindeutige Aussage zur Vorteilhaftigkeit treffen?

11 Berücksichtigung von Unsicherheit

In diesem Kapitel erfährt der Leser:

- Warum ein Business Case immer mit Unsicherheit behaftet ist.
- Welche prinzipiellen Möglichkeiten zur Berücksichtigung dieser Unsicherheit zur Verfügung stehen.
- Welche Vor- und Nachteile für die Erstellung des Business Case und die Interpretation seiner Ergebnisse sich daraus ergeben.

11.1 Alternative Verfahren zur Berücksichtigung von Unsicherheit

Der "rohe" Business Case ist fertig, sobald das Modell erstellt ist, Werte für alle Inputs vorhanden sind und damit ein (Roh-)Output berechnet worden ist. Dieser erste Output ist allerdings mit einem wesentlichen Mangel behaftet: Weder der Ersteller noch der Adressat des Business Case wissen zu diesem Zeitpunkt, wie sehr sie sich „auf die Ergebnisse verlassen" können. Der Output eines jeden Business Case basiert auf (zumindest zum Teil) unsicheren Inputs und ist deshalb selbst unsicher. Außerdem muss das Business Case Modell zwangsläufig Vereinfachungen zur realen Situation machen – was wiederum zu Unschärfen und Abweichungen führt.

Aber: Ein Business Case muss weder 100% exakt noch 100% sicher sein. Seinen Zweck als Entscheidungsunterstützungsinstrument erfüllt ein Business Case auch so – sofern der Ersteller und der Adressat den Grad der Unsicherheit abschätzen können.

Unsicherheit kann nicht völlig vermieden, sehr wohl aber im Business Case adäquat berücksichtigt werden! Es muss deshalb Teil eines jeden ordentlichen Business Case sein, diese Unsicherheit näher zu untersuchen. Folgende Möglichkeiten stehen dabei zur Verfügung:

- Einfache Korrekturverfahren
- Sensitivitätsanalysen
- Berechnung kritischer Werte
- Monte-Carlo-Simulationen
- Szenarioanalysen

11.1.1 Einfache Korrekturverfahren

Bei dieser Vorgehensweise werden – quasi um "sicher zu gehen" – für die einzelnen Inputfaktoren pessimistischere Werte angesetzt als die eigentlich erwarteten. Der Ersteller vergibt also einen Risikozu- bzw. -abschlag. So könnten Geldzuflüsse prinzipiell nur mit 90% ihres eigentlich erwarteten Wertes angesetzt werden, erwartete Geldabflüsse dagegen mit 110%.

So bestechend einfach dieser Ansatz ist, so grundsätzlich mangelhaft ist er auch: Man versucht, einen unbewussten, nicht genau quantifizierbaren Fehler durch einen zweiten, bewussten, unter Umständen noch größeren Fehler zu „korrigieren". Eine genaue Kompensation wäre allerdings reiner Zufall, vielmehr wird der Korrekturfaktor die inhärente Unsicherheit der Ergebnisse teilweise überlagern und eine Interpretation des Business Case damit eher noch erschweren.

Explizite Korrekturfaktoren sind deshalb auch in der Praxis selten anzutreffen. Viel bedeutender sind allerdings implizite (unausgesprochene) Korrekturen, die bereits „in den Köpfen" bei der Erstellung des Business Case und vor allem bei der Quantifizierung von Annahmen getroffen werden: Abhängig vom persönlichen Risikoprofil (risikofreudig – risikoablehnend) werden unterschiedliche Ersteller in ein und demselben Business Case für die Inputs unterschiedliche Annahmen treffen – also unausgesprochene „Korrekturen" einbauen. Dieser nie ganz zu vermeidenden Subjektivität können – wie schon in früheren Kapiteln ausgeführt – am besten eine saubere Dokumentation der Annahmen und ein gemeinschaftliches Arbeiten im Team entgegenwirken.

Tabelle 11.1 Einfache Korrekturverfahren

Stärken	Schwächen
Sehr einfach in der Anwendung	Sehr ungenau
Leicht verständlich	Mangelnde Transparenz
	Keine echte Entscheidungshilfe

11.1.2 Sensitivitätsanalysen

Sensitivität steht für die „Empfindlichkeit", mit welcher der Business Case Output auf eine Variation eines bestimmten Inputs reagiert: Wie stark ändert sich das Ergebnis, wenn der zu untersuchende Inputfaktor systematisch innerhalb eines bestimmten Werteintervalls variiert wird bzw. eine Reihe von definierten Alternativwerten annimmt?

Der Business Case wird dafür bei systematischer Variation eines Inputfaktors und unter gleichzeitiger Fixierung aller anderen Inputfaktoren mehrmals durchgerechnet und der sich jeweils ergebende Wert für den Business Case Output ermittelt. Auf diese Weise lassen sich die Stärke und die Richtung des Einflusses des betrachteten Inputfaktors auf das Ergebnis des Business Case abschätzen. Die Kausalbeziehung zwischen dem untersuchten Inputfaktor (welcher als eine Quelle der Unsicherheit angesehen wird) und dem Business Case Ergebnis (welches die Entscheidung beeinflusst) kann anschließend grafisch dargestellt und bei Bedarf auch mittels statistischer Kenngrößen (z.B. Korrelation) ausgedrückt werden.

Sensitivitätsanalysen sind in der Praxis häufig anzutreffen und leisten gute Dienste bei der Identifikation „kritischer" Variablen – also derjenigen Inputfaktoren, welche starken Einfluss auf das Ergebnis haben. Unkritische Inputvariablen dagegen beeinflussen auch bei starker Variation ihrer Werte den Output des Business Case wenig. Es liegt nahe, dass man sich um die Unsicherheit unkritischer Inputs weniger (oder gar keine) Gedanken machen muss als um die Unsicherheit von kritischen Inputfaktoren.

Auch Sensitivitätsanalysen können allerdings die „echte" Unsicherheit im Business Case nur sehr mangelhaft abbilden. Das Hauptproblem besteht darin, dass jeweils nur eine einzelne Inputvariable variiert wird, also Interdependenzen (Abhängigkeiten und gegenseitige Beeinflussungen) zwischen verschiedenen Inputs überhaupt nicht betrachtet werden. Die Sensitivitätsanalyse unterstellt damit stillschweigend, dass jeder angesetzte Wert des betrachteten Inputfaktors mit der – fixierten – Wertekombination der anderen Business Case Inputfaktoren auftreten kann – das ist zwar möglich, aber nicht sehr wahrscheinlich. Wenn dem aber nicht so ist (was in vielen Fällen unterstellt werden kann), dann sind die meisten der ermittelten Alternativergebnisse nichtssagend, weil sie auf real nicht vorkommenden Kombinationen von Inputwerten beruhen. Außerdem sagt auch eine detaillierte Sensitivitätsanalyse überhaupt nichts darüber aus, wie wahrscheinlich einzelne Inputwerte sind. Unter Umständen variiert man den Inputfaktor also in einem sehr unwahrscheinlichen Wertebereich.

Tabelle 11.2 Sensitivitätsanalysen

Stärken	Schwächen
Relativ leicht in der Anwendung	Variation eines einzelnen Inputfaktors ist nicht realistisch und berücksichtigt keine Interdependenzen zwischen Inputfaktoren
Anschaulich	Keine Aussage über Wahrscheinlichkeit des Eintretens bestimmter Inputwerte

Aus diesen Gründen ist es nicht ratsam, die Analyse der im Business Case steckenden Unsicherheit alleine auf eine Sensitivitätsanalyse zu stützen. Allerdings kann sie in Verbindung mit anderen Verfahren einen sinnvollen Ansatz darstellen, wie im nächsten Unterkapitel gezeigt wird.

11.1.3 Berechnung kritischer Werte

Dieser Ansatz ist einer Sensitivitätsanalyse ähnlich und stellt allgemein ein „klassisches" Instrument der Kosten- und Leistungsrechnung dar, welches nicht nur in Business Cases auftritt, sondern in vielfältigen Entscheidungssituationen einsetzbar ist.

Die Berechnung kritischer Werte zielt darauf ab, den Schwellenwert eines Inputfaktors zu ermitteln, bei dessen Über- oder Unterschreitung der Output des Business Case (z.B. ein Kapitalwert) in den negativen (unvorteilhaften) Bereich rutscht. Mit anderen Worten: Man will den Wert des Inputfaktors ermitteln, bei dem sich der Business Case „gerade noch rechnet".

Dies kann quasi als „Abfallprodukt" einer Sensitivitätsanalyse geschehen (weil hier ja genau diese systematische Variation durchgeführt wird und man sich dabei schrittweise dem kritischen Wert des Inputs nähern kann), aber auch als eigenständige Analyse erfolgen. In modernen Tabellenkalkulationsprogrammen steht dafür ein Befehl „Zielwertsuche" (oder ähnlich) zur Verfügung.

Nachdem die Logik einer Kritische-Werte-Analyse der Sensitivitätsanalyse sehr ähnlich ist, teilt sie mit dieser auch die Stärken und Schwächen: Einfachheit und Anschaulichkeit, aber Vernachlässigung der Abhängigkeiten und Eintrittswahrscheinlichkeiten auf der Inputseite.

Tabelle 11.3 Kritische-Werte-Analyse

Stärken	Schwächen
Geeignet zur Entscheidungsunterstützung	Berücksichtigt keine Interdependenzen zwischen Inputfaktoren
Anschaulich und leicht verständlich	Keine Aussage über Wahrscheinlichkeit des Eintretens bestimmter Inputwerte

11.1.4 Simulationen

Simulationen versuchen im Gegensatz zu den bisher genannten Ansätzen die Abhängigkeiten zwischen den verschiedenen Inputfaktoren simultan zu erfassen. Dazu werden zumindest die als kritisch erachteten Inputfaktoren in wahrscheinlichkeitsverteilte Variablen umgeformt: Aus einem Business Case Parameter mit einem festen Wert wird so eine Variable, welche mehrere Werte, und zwar jeweils mit unterschiedlichen Wahrscheinlichkeiten, annehmen kann.

Die Simulation besteht darin, den Business Case mit vielen verschiedenen Kombinationen von Inputwerten durchzurechnen, also eine hohe Zahl von „Durchläufen" zu simulieren und damit eine Abschätzung zu generieren, welche Werte der Output des Business Case unter diesen Bedingungen mit welcher Wahrscheinlichkeit annimmt.

Obwohl Simulationen von ihrem Ansatz her der richtige Weg sind und mit moderner Softwareausrüstung kein echtes Rechenproblem mehr darstellen, werden sie in der Praxis nach wie vor nicht regelmäßig eingesetzt. Der Grund liegt in ihrer relativ hohen Komplexität und Erklärungsbedürftigkeit, welche bei Nicht-Experten auf Unverständnis oder Ablehnung stoßen kann. Die durchschnittliche menschliche Aufnahmefähigkeit ist eben deutlich langsamer gewachsen als die Rechenleistung unserer Computer!

Trotzdem soll der Simulationsansatz im nächsten Unterkapitel genauer dargestellt und erläutert werden, weil er sich als die passendste Methode zur Behandlung von Unsicherheit erweist.

Tabelle 11.4 Simulation

Stärken	Schwächen
Berücksichtigt Interdependenzen zwischen den Inputfaktoren	Etwas aufwändiger, erfordert spezielle Software
Sehr gute Entscheidungsunterstützung	Erklärungsintensiv

11.1.5 Szenarioanalysen

Als Alternative zu der quantitativ orientierten Simulation kann auch mit Hilfe der stark qualitativ orientierten Szenariotechnik versucht werden, die Unsicherheit im Business Case zu fassen. Dazu wird ein konsistenter, d.h. in sich schlüssiger, Satz an Werten für alle Inputparameter erarbeitet. Die qualitative Fundierung dieser Wertekombination erfolgt in Form eines verbal ausformulierten Szenarios. (Auf eine ausführliche Darstellung der Szenariotechnik soll hier verzichtet werden.)

Szenarien ergeben – anders als Simulationen – keine konkreten Eintrittswahrscheinlichkeiten für den Output des Business Case. Vielmehr stellen sie dar, unter welchen Bedingungen (eben: unter welchem Szenario) ein bestimmter Output entstehen bzw. als „plausibel" angesehen werden kann. Ob man dieses Szenario als wahrscheinlich oder unwahrscheinlich ansieht, bleibt letztendlich eine subjektive Einschätzung. Die Subjektivität wird in einem Szenario allerdings nicht „versteckt", sondern explizit ausformuliert.

Szenarien geben damit weniger konkrete Handlungsanweisungen, wie z.B. Simulationen oder auch kritische Werte, bieten dafür aber deutlich mehr Spielraum für die weitere kreative Auseinandersetzung mit dem Business Case. Dies kann allerdings auch als Nachteil angesehen werden, weil es den Business Case wiederum erklärungs- und zeitintensiver werden lässt (was in vielen Fällen nicht erwünscht ist).

Tabelle 11.5 Szenarioanalyse

Stärken	Schwächen
Berücksichtigt Interdependenzen zwischen den Inputfaktoren	Sehr aufwändig zu erstellen
Liefert gute Entscheidungsunterstützung	Erklärungsintensiv
Ermöglicht die Berücksichtigung von "weichen" Faktoren im Business Case	

11.2 Ein kombiniertes praxistaugliches Verfahren

Im Folgenden soll ein kombiniertes Verfahren zur Berücksichtigung von Unsicherheit im Business Case dargestellt werden. Im Einzelfall ist natürlich immer vom Ersteller zu prüfen, wie viel Aufwand in diese Phase der Business Case Erstellung investiert werden kann und muss. Das hier vorgeschlagene Verfahren läuft in drei Schritten ab:

Schritt 1 – Sensitivitätsanalyse:

Ermittlung der "kritischen" Inputfaktoren (d.h. derjenigen mit starkem Einfluss auf das Ergebnis), Fixierung der nicht-kritischen Inputfaktoren auf plausiblen Werten.

Schritt 2 – Risikoabschätzung:

Umformung der kritischen Inputfaktoren in Zufallsvariablen mit bestimmten Wahrscheinlichkeitsverteilungen.

Schritt 3 – Monte-Carlo-Simulation:

Simulation ("Durchrechnen") des Business Case mit einer großen Anzahl von Inputkombinationen, Ermittlung der Wahrscheinlichkeitsverteilung des Outputs.

11.2.1 Schritt 1 - Sensitivitätsanalyse

Die Sensitivitätsanalyse geht vom „Rohergebnis" des Business Case aus und versucht, die folgende Frage zu beantworten: „Welche Inputfaktoren haben den stärksten Einfluss auf das Business Case Ergebnis? Auf welche Parameteränderungen reagiert der Business Case besonders stark?" Dazu wird jeweils ein einzelner Inputfaktor schrittweise variiert (z.B.

Input „A") und die Veränderung des Outputs („X") dokumentiert, während die anderen Inputfaktoren (hier: B und C) mit ihren ursprünglichen Werten fixiert bleiben (vgl. **Abbildung 11.1**).

Abbildung 11.1 Vorgehensweise der Sensitivitätsanalyse

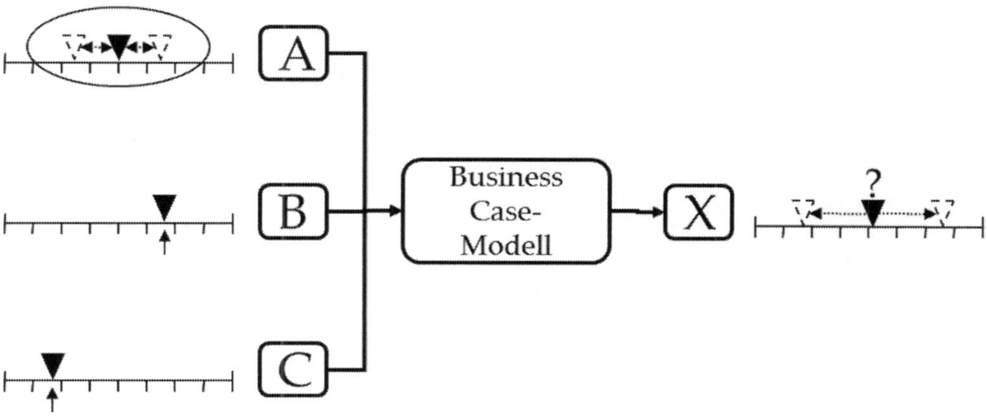

Die gesamte Variabilität des Outputs geht damit auf einen einzigen Inputfaktor (hier: Faktor A) zurück. Die Sensitivitätsanalyse wird mit allen anderen Inputs ebenso (beziehungsweise bei komplexen Business Case Modellen mit allen als besonders wichtig eingestuften Inputfaktoren) analog durchgeführt. Die jeweils erzielten Ergebnisse können zur besseren Interpretation grafisch dargestellt werden.

In diesem Beispiel zeigt eine Variation der Inputfaktoren A und C einen großen Einfluss auf den Output, während Faktor B kaum Einfluss aufweist (vgl. **Abbildung 11.2**). Inputs A und C wären demnach „kritische Faktoren", die einer näheren Risikoanalyse unterzogen werden müssen. Ebenfalls bemerkenswert ist die Erkenntnis, dass das Ergebnis einmal positiv (Faktor A) und einmal negativ (Faktor C) korreliert.

Faktor B kann im Business Case auf einen konstanten Wert fixiert werden, weil eine Variation seines Wertebereiches offensichtlich kaum auf das Ergebnis durchschlägt und sich damit die Mühe einer detaillierten Analyse kaum lohnt. Der Erkenntnisgewinn für die anstehende Entscheidung wäre zu gering, um den Aufwand zu rechtfertigen.

Abbildung 11.2 Ergebnis der Sensitivitätsanalyse

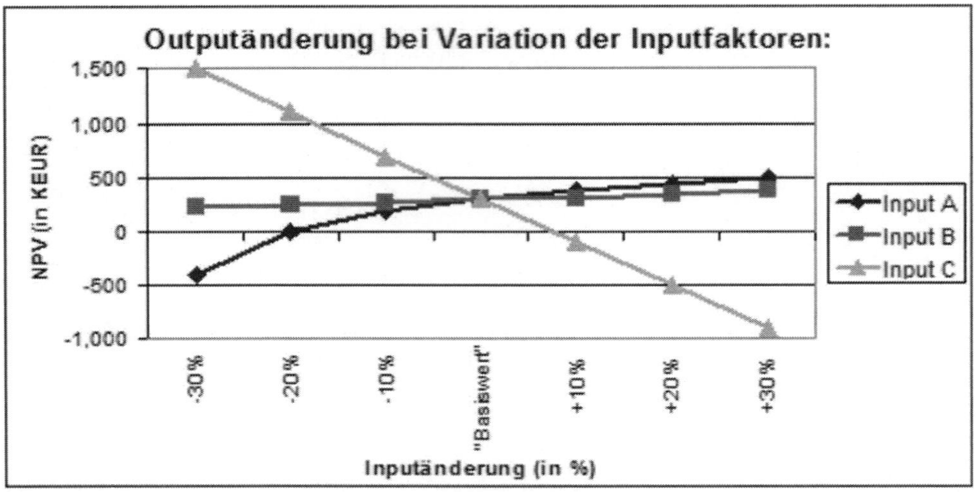

11.2.2 Schritt 2 – Risikoabschätzung

Der zweite Schritt des Verfahrens beschäftigt sich mit folgender Frage: "Wie wahrscheinlich ist es, dass die als kritisch identifizierten Inputfaktoren bestimmte Werte annehmen? Wie hoch ist das Risiko, dass sich andere Werte als die ursprünglich angenommenen Basiswerte ergeben?" Es müssen also für alle als kritisch angesehenen Inputfaktoren die als möglich erachteten Wertebereiche ermittelt werden (Minimum und Maximum). Zusätzlich muss noch abgeschätzt werden, mit welchen Wahrscheinlichkeiten die jeweiligen Werte eintreten werden.

Die kritischen Inputfaktoren werden damit in Zufallsvariablen umgeformt, die jeweils eine bestimmte Wahrscheinlichkeitsverteilung aufweisen. Dieser Schritt bleibt notwendigerweise subjektiv, der Ersteller kann „nach bestem Wissen und Gewissen" passende Verteilungen zu Grunde legen, z.B. Gleichverteilung, Normalverteilung, Dreiecksverteilung, etc. (vgl. **Abbildung 11.3**). In manchen Fällen mag man aus empirischen Daten eine Verteilung ableiten können, oft liegen solche Daten aber nicht vor bzw. der Aufwand wäre zu hoch.

Glücklicherweise ist aber in der Regel die Form der Verteilung weniger ausschlaggebend als die gewählten Minimum- und Maximumwerte der Variablen. Hier gilt es also, zum einen den Aufwand zu begrenzen, zum anderen eine Scheingenauigkeit zu vermeiden. Über die realistisch zu erwartenden Endwerte des Intervalls kann meist eine bessere Aussage getroffen werden als über hypothetische Formen von Wahrscheinlichkeitsverteilungen. Auch eignet sich die Festsetzung der Endwerte besser für eine intersubjektive Arbeit im Team.

Abbildung 11.3 Wahrscheinlichkeitstransformation von Inputvariablen

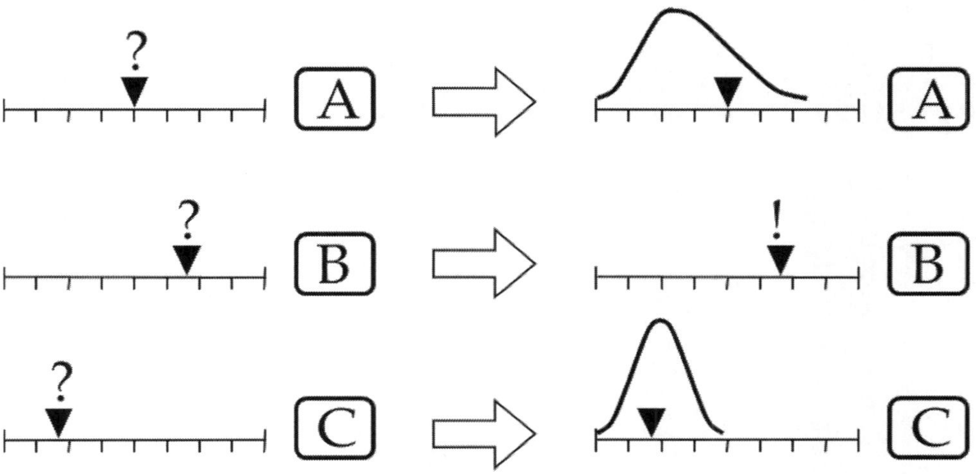

Nichtsdestotrotz muss der Schritt 2 als der kritische – weil notwendigerweise subjektiv gefärbte – Schritt im Verfahren betrachtet werden. Hier entscheidet sich, ob die abgeleitete Analyse sinnvoll für die Entscheider ist oder nicht.

11.2.3 Schritt 3 – Monte-Carlo-Simulation

Der dritte Schritt des Verfahrens beschäftigt sich mit der Frage: „Mit welcher Wahrscheinlichkeit wird der Output des Business Case bestimmte Werte annehmen, wenn die Inputfaktoren die ermittelten Wahrscheinlichkeitsverteilungen aufweisen?" Dazu wird der Business Case mit vielen verschiedenen Inputkombinationen durchgerechnet (wobei jede Kombination von Inputwerten zufällig aus den einzelnen Wahrscheinlichkeitsverteilungen ermittelt wird) und das dabei erzielte Ergebnis (Output) festgehalten.

Da der Business Case in aller Regel in Form einer Tabellenkalkulation elektronisch vorliegt, lässt sich auch dieser Schritt inzwischen sehr bequem und ohne großen Aufwand mit kommerziellen Softwareprogrammen bzw. auch einfachen Excel Add-ins realisieren. Diese Tools leisten zunächst Hilfe bei der Auswahl und Definition passender Wahrscheinlichkeitsverteilungen, wählen dann auf Basis der vom Ersteller definierten Wahrscheinlichkeitsverteilungen zufällig Werte für die Inputvariablen aus und errechnen den sich daraus ergebenden Outputwert des Business Case. Abhängig von der definierten Verteilung werden manche Werte eines Inputs häufiger gewählt werden als andere. Dies geschieht für alle kritischen Inputs simultan, womit sich insgesamt bestimmte Kombinationen von Inputwerten häufiger ergeben werden als andere. Nachdem bestimmte Inputkombinationen auch bestimmte Outputwerte nach sich ziehen, variiert damit auch der Output in seinen Werten.

Dieses Vorgehen wird sehr oft wiederholt (mehrere hundert oder tausend Male), bis sich auch für den Output des Business Case eine stabile Verteilungskurve ergibt: manche Outputwerte treten häufiger auf bzw. der Output fällt mit höherer Wahrscheinlichkeit in ein bestimmtes Intervall. Die Outputwerte können also wiederum als Häufigkeitsdiagramme bzw. Wahrscheinlichkeitsverteilungen dargestellt werden (vgl. **Abbildung 11.4**).

Abbildung 11.4 Simulationsergebnis

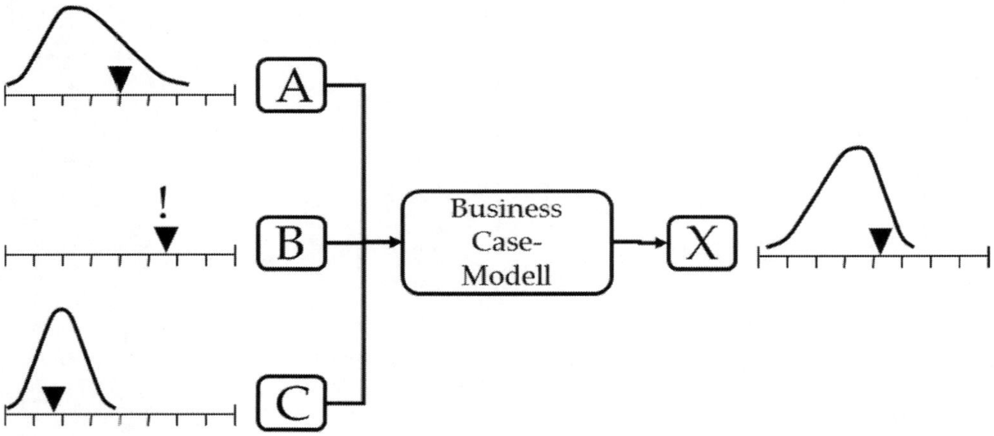

Das daraus resultierende Ergebnis zeigt, mit welcher (kumulierten) Wahrscheinlichkeit der Output des Business Case einen bestimmten Wert annimmt – unter den getroffenen Annahmen zur Wahrscheinlichkeitsverteilung der kritischen Inputs. Das Ergebnis der Simulation lässt also Aussagen in der Art zu:

- „Die Investition wird mit einer Wahrscheinlichkeit von x % einen positiven Ertrag abwerfen."
- „Unter Berücksichtigung der Unsicherheit rechnen wir mit einem durchschnittlichen Nettobarwert (einem Erwartungswert) von Y Euro."

Die Aussagekraft eines Business Case kann durch diese Unsicherheitsanalyse deutlich gesteigert werden. Das A und O liegt hier in einer verständlichen und nachvollziehbaren Logik und Darstellungsweise, damit die abgeleiteten Ergebnisse von den Adressaten auch als das anerkannt werden, was sie darstellen: das Ergebnis einer zwar notwendigerweise subjektiven, aber methodisch fundierten Risikoabschätzung und nicht eine „Kaffeesatzleserei".

Unabhängig vom konkret gewählten Verfahren zur Berücksichtigung von Unsicherheit gilt aber immer: Eine Berücksichtigung der Unsicherheit im Business Case

- macht den Business Case verständlicher,
- macht den Business Case ehrlicher,
- erleichtert die Entscheidungsfindung,

ABER:

- macht den Business Case nicht "richtiger" oder "genauer" und
- bedeutet zusätzlichen (unter Umständen beträchtlichen) Aufwand.

„Ein neuer Platz für die Soft&Schlank GmbH" - Ein Fallbeispiel

Rainer Schlau hat in zwei Tagen den nächsten Termin mit Kurt Grips, bei dem er ihm die Ergebnisse vorstellen möchte. Allerdings will er sich nicht auf eine Darstellung der bisher erstellten Tabellenkalkulation beschränken. Er hört bereits die naheliegende Frage von Kurt Grips: „Kann ich mich darauf verlassen?". Aktuell muss Rainer Schlau sagen: „Nein, denn wir haben die im Business Case enthaltene Unsicherheit noch nicht näher analysiert!" Und genau das will Rainer Schlau nun tun und bis zu seinem Termin fertigstellen.

Er kennt die gängigen Methoden und überlegt, welche im aktuellen Fall die zweckmäßigste ist. Wie immer gilt es, eine Abwägung zu treffen zwischen Erkenntnisgewinn einerseits und notwendigem Aufwand für Erstellung und Erklärung (!) andererseits. Rainer Schlau beschließt, auf jeden Fall eine Sensitivitätsanalyse durchzuführen. Da er den Business Case in seinem Tabellenkalkulationsprogramm vorliegen hat, ist dies kein großes rechentechnisches Problem.

Persönlich schätzt er Simulationen ebenfalls als ein sehr nützliches Instrument ein. In diesem Falle jedoch befürchtet er, dass der „Pragmatiker" Kurt Grips mit diesem Ansatz überfordert sein könnte. Es würde auf jeden Fall viel Zeit und Mühe kosten, ihm den Ansatz generell und die damit erzielten Ergebnisse derart näherzubringen, dass sie auch tatsächlich in seine Entscheidung einfließen können. Außerdem hält Rainer Schlau die Interdependenz (d.h. die gegenseitige Abhängigkeit) der Inputvariablen im vorliegenden Modell für nicht so hoch wie in manchen anderen Business Cases, die er schon gerechnet hat. Starke Interdependenzen sind normalerweise ein schlagendes Argument, sich nicht alleine auf eine Sensitivitätsanalyse zu verlassen, sondern noch eine Simulation zu ergänzen. Im vorliegenden Fall fühlt sich Rainer Schlau allerdings mit der Sensitivitätsanalyse „gut aufgehoben". Also macht er sich ans Werk.

In einem sehr komplexen Business Case müsste Rainer Schlau zunächst eine Auswahl treffen, welche Variablen er in die Sensitivitätsanalyse einbezieht. Hier kann er praktisch alle Inputvariablen berücksichtigen, da das Modell doch noch recht überschaubar geblieben ist. Der nächste Entscheidung betrifft das Ausmaß der Änderungen der Inputwerte: Welche Bandbreite erscheint noch realistisch? Idealerweise ist die prozentuale Bandbreite der Änderung bei jeder Inputvariable die gleiche, um keine impliziten Gewichtungen einzuführen. Rainer Schlau beschließt, die Werte alle Inputvariablen in einem Korridor von +/-20% schwanken zu lassen. In Business Cases mit sehr hoher Unsicherheit mag dieser Korridor größer sein, um auch tatsächlich die Bandbreite der noch möglichen Inputwerte abzudecken.

Nun geht es ans Rechnen. Rainer Schlau erstellt eine Tabelle mit der folgenden Struktur:

Alternative 1: Kaufen		-20%	-15%	-10%	-5%	Basiswert	+5%	+10%	+15%	+20%
Diskontzins	Inputwert									
	Barwert									
Kaufpreis Alternative 1	Inputwert									
	Barwert									
Kreditzinsen	Inputwert									
	Barwert									
jährliche Mietsteigerung	Inputwert									
	Barwert									
Jahresmiete Alternative 2	Inputwert									
	Barwert									
Betriebskosten Alternative 1	Inputwert									
	Barwert									
Betriebskosten Alternative 2	Inputwert									
	Barwert									
jährliche Steigerung Betriebskosten	Inputwert									
	Barwert									
Einmalige Kosten Alternative 1	Inputwert									
	Barwert									

Die Tabelle zeigt in den Zeilen alle Inputvariablen, welche er in der Sensitivitätsanalyse betrachten will. In den Spalten listet Rainer Schlau den Basiswert (den Wert, welcher aktuell im Business Case verwendet wird) und daneben jeweils Platz für 4 Variationen nach oben und unten (in 5% Schritten). Für jede Variable hat Rainer Schlau Platz für den Inputwert und für den sich dann ergebenden Barwert als Ergebnis des Business Case. Diese Tabelle gilt es nun dreimal zu füllen: einmal für die Alternative 1 „Kaufen im Gewerbegebiet“, einmal für Alternative 2 „Mieten im Stadtzentrum“ und dann für die Barwertdifferenz zwischen den beiden Alternativen (die sich aus den beiden ersten Tabellen ergibt).

Insgesamt hat Rainer Schlau für jede der 9 von ihm ausgewählten Inputvariablen 8 Alternativwerte zu berechnen. Er wird also insgesamt 72 jeweils leicht unterschiedliche Varianten des Business Case rechnen. In jeder Variante wird nur ein einzelner Wert verändert – dies unterscheidet die Sensitivitätsanalyse von der Simulation (in der Rainer Schlau in jeder Variante alle Werte simultan geändert hätte). Was nach einer immensen Rechenarbeit aussieht, ist in Wirklichkeit nicht aufwändig, da Rainer Schlau ja für jede Variante nur eine Zahl ändern und das dann erzielte Ergebnis (den Barwert) für beide Alternativen notieren muss – kein Problem für einen „Profi" wie ihn.

Schon nach kurzer Zeit hat Rainer Schlau die nötigen Berechnungen durchgeführt und die drei Tabellen gefüllt. Nun geht es an die Interpretation der Werte. Dafür findet er eine grafische Darstellung immer sehr hilfreich. So kann er auf einen Blick erkennen, welche Inputvariablen einen starken Einfluss auf das Ergebnis ausüben und welche nicht.

Zunächst einmal betrachtet Rainer Schlau die Tabelle und die Grafik (siehe nachfolgende Seite) für die Alternative 1 „Kaufen im Gewerbegebiet":

Alternative 1: Kaufen		-20%	-15%	-10%	-5%	**Basiswert**	+5%	+10%	+15%	+20%
Diskontzins	Inputwert	8,0%	8,5%	9,0%	9,5%	**10,0%**	10,5%	11,0%	11,5%	12,0%
	Barwert	-€ 1.043	-€ 1.023	-€ 1.004	-€ 986	**-€ 968**	-€ 951	-€ 934	-€ 918	-€ 902
Kaufpreis Alternative 1	Inputwert	-1020,0	-1083,8	-1147,5	-1211,3	**-€ 1.275**	-1338,8	-1402,5	-1466,3	-1530,0
	Barwert	-€ 713	-€ 777	-€ 841	-€ 904	**-€ 968**	-€ 1.032	-1095,6	-€ 1.159	-€ 1.223
Kreditzinsen	Inputwert	4,8%	5,1%	5,4%	5,7%	**6,0%**	6,3%	6,6%	6,9%	7,2%
	Barwert	-907,20	-€ 922	-€ 937	-€ 953	**-€ 968**	-€ 984	-€ 999	-1014,80	-€ 1.031
jährliche Mietsteigerung	Inputwert	2,40%	2,55%	2,70%	2,85%	**3,00%**	3,15%	3,30%	3,45%	3,60%
	Barwert	-€ 979	-€ 976	-€ 974	-€ 971	**-€ 968**	-€ 965	-€ 962	-959,50	-956,60
Jahresmiete Alternative 2	Inputwert	-90,4	-96,1	-101,7	-107,4	**-€ 113**	-118,7	-124,3	-130,0	-135,6
	Barwert	-€ 968	-€ 968	-€ 968	-€ 968	**-€ 968**	-€ 968	-€ 968	-€ 968	-€ 968
Betriebskosten Alternative 1	Inputwert	-40,8	-43,4	-45,9	-48,5	**-€ 51**	-53,6	-56,1	-58,7	-61,2
	Barwert	-€ 896	-€ 914	-931,90	-€ 950	**-€ 968**	-€ 986	-€ 1.004	-€ 1.023	-€ 1.040
Betriebskosten Alternative 2	Inputwert	-58,4	-62,1	-65,7	-69,4	**-€ 73**	-76,7	-80,3	-84,0	-87,6
	Barwert	-€ 968	-€ 968	-€ 968	-€ 968	**-€ 968**	-€ 968	-€ 968	-€ 968	-€ 968
jährliche Steigerung Betriebskosten	Inputwert	2,40%	2,55%	2,70%	2,85%	**3,00%**	3,15%	3,30%	3,45%	3,60%
	Barwert	-€ 964	-€ 965	-€ 966	-€ 967	**-€ 968**	-€ 969	-€ 970	-€ 971	-€ 972
Einmalige Kosten Alternative 1	Inputwert	-130,4	-138,6	-146,7	-154,9	**-€ 163**	-171,2	-179,3	-187,5	-195,6
	Barwert	-€ 935	-€ 944	-€ 952	-€ 960	**-€ 968**	-€ 976	-€ 984	-€ 993	-€ 1.001

Was sieht Rainer Schlau? Wie erwartet ist der Kaufpreis definitiv eine kritische Variable. Ihr Einfluss auf den Barwert der Alternative 1 ist beachtlich – und negativ (d.h. ein höherer Inputwert führt zu einem schlechteren Ergebnis). Im Vergleich dazu sind alle anderen Inputvariablen als nicht-kritisch einzustufen – mit Ausnahme vielleicht des Diskontzinses, der ebenfalls einen stärkeren (diesmal positiven) Einfluss hat. Allerdings sind genau dies zwei Variablen, bei denen Rainer Schlau mit keiner großen Unsicherheit rechnet, denn zum Kaufpreis liegt ein verbindliches Angebot vor. Dieses kann vielleicht noch ein wenig nachverhandelt werden, aber es ist sehr unwahrscheinlich, dass der endgültige Kaufpreis mehr als 5% vom aktuellen Wert abweicht.

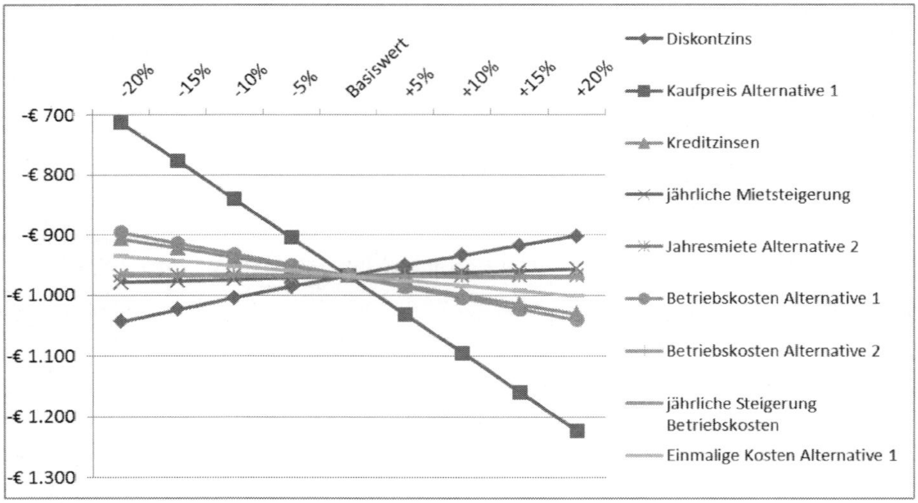

Dies hat Rainer Schlau in der Tabelle durch die graue Markierung des jeweils erwarteten Schwankungsbereiches ausgedrückt. Legt er diese Maximalgrenzen für die erwartete Schwankung zu Grunde, dann würde er den Barwert von Alternative 1 zwischen –900 und –1050 erwarten.

Rainer Schlau wendet sich der Alternative 2 zu. Hier sehen Tabelle und Grafik folgendermaßen aus:

Alternative 2: Mieten		-20%	15%	-10%	-5%	Basiswert	+5%	+10%	+15%	+20%
Diskontzins	Inputwert	8,0%	8,5%	9,0%	9,5%	**10,0%**	10,5%	11,0%	11,5%	12,0%
	Barwert	-€ 786	-€ 768	-€ 751	-€ 735	**-€ 718**	-€ 703	-€ 688	-€ 673	-€ 659
Kaufpreis Alternative 1	Inputwert	-1020,0	-1083,8	-1147,5	-1211,3	**-€ 1.275**	-1338,8	-1402,5	-1466,3	-1530,0
	Barwert	-€ 718	-€ 718	-€ 718	-€ 718	**-€ 718**	-€ 718	-718,4	-€ 718	-€ 718
Kreditzinsen	Inputwert	4,8%	5,1%	5,4%	5,7%	**6,0%**	6,3%	6,6%	6,9%	7,2%
	Barwert	-718,44	-€ 718	-€ 718	-€ 718	**-€ 718**	-€ 718	-€ 718	-718,44	-€ 718
jährliche Mietsteigerung	Inputwert	2,40%	2,55%	2,70%	2,85%	**3,00%**	3,15%	3,30%	3,45%	3,60%
	Barwert	-€ 707	-€ 710	-€ 713	-€ 715	**-€ 718**	-€ 721	-€ 724	-727,46	-730,52
Jahresmiete Alternative 2	Inputwert	-90,4	-96,1	-101,7	-107,4	**-€ 113**	-118,7	-124,3	-130,0	-135,6
	Barwert	-€ 558	-€ 599	-€ 638	-€ 679	**-€ 718**	-€ 759	-€ 799	-€ 839	-€ 879
Betriebskosten Alternative 1	Inputwert	-40,8	-43,4	-45,9	-48,5	**-€ 51**	-53,6	-56,1	-58,7	-61,2
	Barwert	-€ 718	-€ 718	-718,44	-€ 718	**-€ 718**	-€ 718	-€ 718	-€ 718	-€ 718
Betriebskosten Alternative 2	Inputwert	-58,4	-62,1	-65,7	-69,4	**-€ 73**	-76,7	-80,3	-84,0	-87,6
	Barwert	-€ 615	-€ 641	-€ 667	-€ 693	**-€ 718**	-€ 745	-€ 770	-€ 796	-€ 822
jährliche Steigerung Betriebskosten	Inputwert	2,40%	2,55%	2,70%	2,85%	**3,00%**	3,15%	3,30%	3,45%	3,60%
	Barwert	-€ 710	-€ 712	-€ 714	-€ 716	**-€ 718**	-€ 721	-€ 723	-€ 725	-€ 727
Einmalige Kosten Alternative 1	Inputwert	-130,4	-138,6	-146,7	-154,9	**-€ 163**	-171,2	-179,3	-187,5	-195,6
	Barwert	-€ 718	-€ 718	-€ 718	-€ 718	**-€ 718**	-€ 718	-€ 718	-€ 718	-€ 718

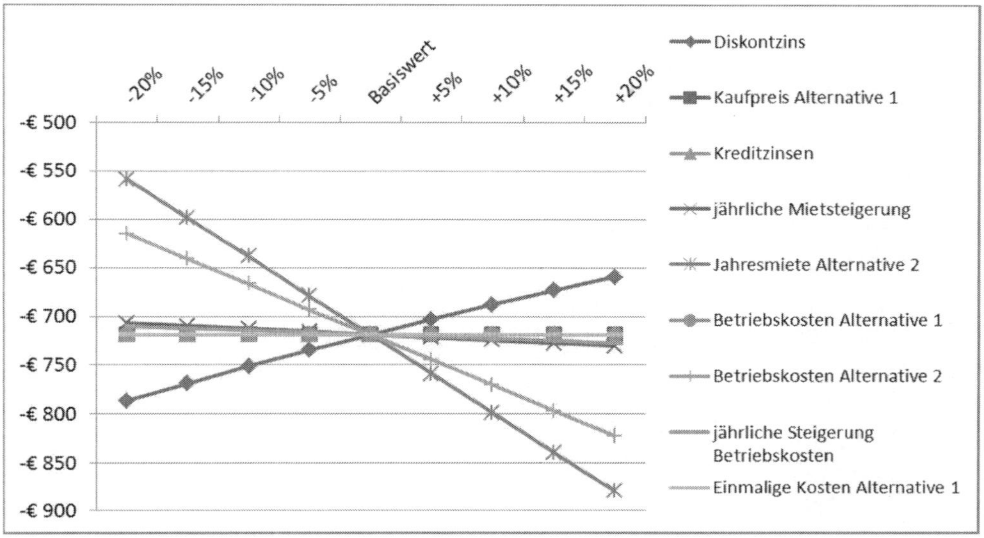

Der Kaufpreis hat diesmal natürlich keinen Einfluss, da er in Alternative 2 keine Rolle spielt. Der Diskontzins erweist sich wieder als relativ kritische Variable. Am stärksten ist aber der Einfluss der Miete und der Betriebskosten von Alternative 2 (welche wiederum in Alternative 1 keine Rolle spielen). Beide Variablen zeigen einen stark negativen Einfluss: Höhere Miete bzw. höhere Betriebskosten verschlechtern den Barwert von Alternative 2. Alle anderen Inputvariablen können als nicht-kritisch angesehen werden. Die Miete scheint in Grenzen noch verhandelbar (Rainer Schlau hält eine Schwankungsbreite von +/– 10% für möglich), bei den Betriebskosten hat ihm der Immobilienmakler einer seiner Meinung nach recht genaue Schätzung gegeben. Hier hält er keine großen Änderungen für wahrscheinlich. Der Barwert von Alternative 2 wird sich seiner Meinung nach also zwischen –600 und –800 bewegen.

Wirklich spannend wird aber die dritte Auswertung. Bisher hat Rainer Schlau den Einfluss der Variablen auf die absolute Vorteilhaftigkeit der beiden Alternativen betrachtet. Diese schwankt, allerdings nicht dramatisch, und bleibt vor allem in beiden Fällen deutlich negativ. Nun gilt es noch die Frage zu beantworten, ob sich die relative Vorteilhaftigkeit der beiden Alternativen zueinander ändert. Also betrachtet Rainer Schlau den dritten Satz:

"Mieten" - "Kaufen"		-20%	15%	-10%	-5%	**Basiswert**	+5%	+10%	+15%	+20%
Diskontzins	Inputwert	8,0%	8,5%	9,0%	9,5%	**10,0%**	10,5%	11,0%	11,5%	12,0%
	Barwert	€ 257	€ 255	€ 253	€ 251	**€ 250**	€ 248	€ 246	€ 245	€ 243
Kaufpreis Alternative 1	Inputwert	-1020,0	-1083,8	-1147,5	-1211,3	**-€ 1.275**	-1338,8	-1402,5	-1466,3	-1530,0
	Barwert	-€ 5	€ 58	€ 122	€ 186	**€ 250**	€ 313	377,1	€ 441	€ 505
Kreditzinsen	Inputwert	4,8%	5,1%	5,4%	5,7%	**6,0%**	6,3%	6,6%	6,9%	7,2%
	Barwert	188,76	€ 204	€ 219	€ 234	**€ 250**	€ 265	€ 281	296,36	€ 312
jährliche Mietsteigerung	Inputwert	2,40%	2,55%	2,70%	2,85%	**3,00%**	3,15%	3,30%	3,45%	3,60%
	Barwert	€ 272	€ 267	€ 261	€ 255	**€ 250**	€ 244	€ 238	232,04	226,08
Jahresmiete Alternative 2	Inputwert	-90,4	-96,1	-101,7	-107,4	**-€ 113**	-118,7	-124,3	-130,0	-135,6
	Barwert	€ 410	€ 369	€ 330	€ 289	**€ 250**	€ 209	€ 170	€ 129	€ 89
Betriebskosten Alternative 1	Inputwert	-40,8	-43,4	-45,9	-48,5	**-€ 51**	-53,6	-56,1	-58,7	-61,2
	Barwert	€ 177	€ 196	213,46	€ 232	**€ 250**	€ 268	€ 286	€ 304	€ 322
Betriebskosten Alternative 2	Inputwert	-58,4	-62,1	-65,7	-69,4	**-€ 73**	-76,7	-80,3	-84,0	-87,6
	Barwert	€ 353	€ 327	€ 301	€ 275	**€ 250**	€ 223	€ 198	€ 172	€ 146
jährliche Steigerung Betriebskosten	Inputwert	2,40%	2,55%	2,70%	2,85%	**3,00%**	3,15%	3,30%	3,45%	3,60%
	Barwert	€ 254	€ 253	€ 252	€ 251	**€ 250**	€ 248	€ 247	€ 246	€ 245
Einmalige Kosten Alternative 1	Inputwert	-130,4	-138,6	-146,7	-154,9	**-€ 163**	-171,2	-179,3	-187,5	-195,6
	Barwert	€ 217	€ 225	€ 233	€ 242	**€ 250**	€ 258	€ 266	€ 274	€ 282

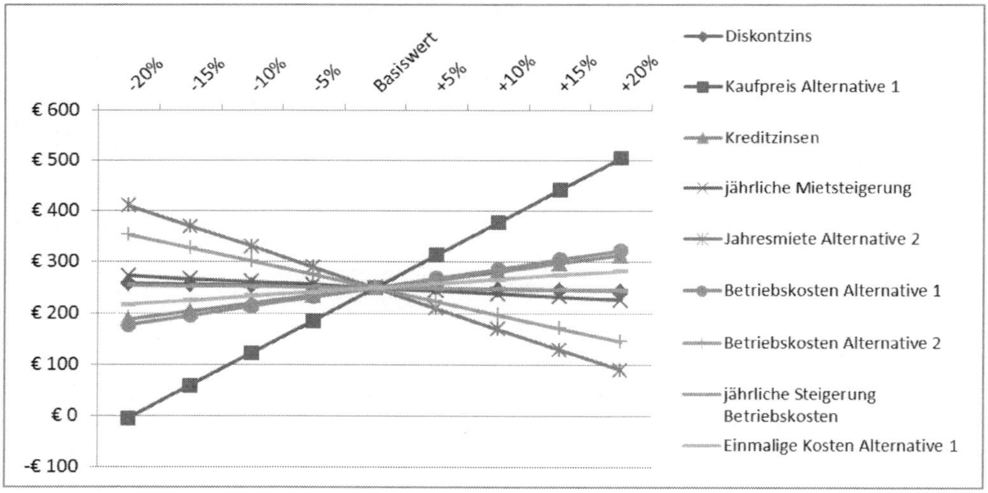

Das Ergebnis spreizt sich weiter auf, da nun die Effekte kumuliert über beide Alternativen betrachtet werden.

Der Kaufpreis von Alternative 1 bleibt die wichtigste Variable: Ein steigender Kaufpreis verbessert die relative Vorteilhaftigkeit von Alternative 2 noch weiter. Allerdings brächte eine Reduktion des Kaufpreises um 20% beide Alternativen praktisch auf den gleichen absoluten Barwert – der Vorteil von Alternative 2 schwände dann auf Null. Aber eine solche Schwankung hat Rainer Schlau für den Kaufpreis bereits als unrealistisch ausgeschieden. Interessanterweise ist der Diskontzins nunmehr keineswegs kritisch: Seine Wirkung ist auf beide Alternativen sehr ähnlich, sodass sich deren relative Vorteilhaftigkeit praktisch nicht ändert. Deutlich stärkeren Einfluss haben wiederum Miete und Betriebskosten von Alternative 2.

Rainer Schlau hält fest: Auch bei einer Variation der relevanten Inputwerte innerhalb der zu erwartenden Schwankungsbreiten verändert sich die absolute Vorteilhaftigkeit der beiden Alternativen nicht massiv und die relative Vorteilhaftigkeit bleibt unverändert. Bei Berücksichtigung aller monetären Faktoren stellt sich Alternative 2 immer als die relativ vorteilhaftere dar. Dies ist genügend Material für das nächste Gespräch mit Kurt Grips. Allerdings weiß Rainer Schlau heute schon, dass das letzte Wort zur Wahl der Alternativen noch lange nicht gesprochen ist …

11.3 Kontrollfragen zu Kapitel 11

Kontrollfrage 11-1:

Sie sind in Ihrem Business Case für einen Großteil der Inputs auf die Annahmen und Schätzungen einiger Experten angewiesen. Ohne das umfangreiche Detailwissen dieser Experten zu haben, erscheinen Ihnen manche der angenommenen Inputwerte doch eher unwahrscheinlich. Die Werte nach eigenem Gutdünken zu „korrigieren", kommt nicht in Frage. Welche anderen Möglichkeiten könnten Sie in Betracht ziehen, um dieses Problem zufriedenstellend zu lösen?

Kontrollfrage 11-2:

Der Adressat Ihres Business Case hält die von Ihnen durchgeführte Unsicherheitsanalyse mit Hilfe einer Simulation aller kritischen Inputvariablen für „überzogen und eine akademische Spiegelfechterei". Schließlich könne keiner so genau die zukünftige Entwicklung vorhersagen. Was antworten Sie ihm?

Kontrollfrage 11-3:

Sie haben einen Business Case für die Anschaffung einer neuen Maschine fertiggestellt und nun die Ihrer Meinung nach wichtigsten Inputvariablen einer Sensitivitätsanalyse unterzogen. Das Ergebnis ist in nachfolgender Tabelle festgehalten.

	Veränderung des Inputwertes um:						
Variable	**-30%**	**-20%**	**-10%**	**Basiswert**	**10%**	**20%**	**30%**
Diskontzins	152	145	136	124	104	71	22
Anschaffungspreis	244	204	164	124	84	44	4
Restwert	118	120	122	124	126	128	130
Mehrerlöse / Stück	-80	-3	64	124	176	220	257

Darin wird der jeweilige Barwert der Anschaffung bei einer Änderung der Inputvariablen um x% dargestellt. Wie interpretieren Sie den Einfluss der untersuchten Variablen bzw. die darin enthaltene Unsicherheit?

Kontrollfrage 11-4:

Sie führen eine Simulation zur Abschätzung der Unsicherheit im Business Case durch und erhalten die folgende Kurve als Simulationsergebnis. Wie können Sie diese Grafik interpretieren?

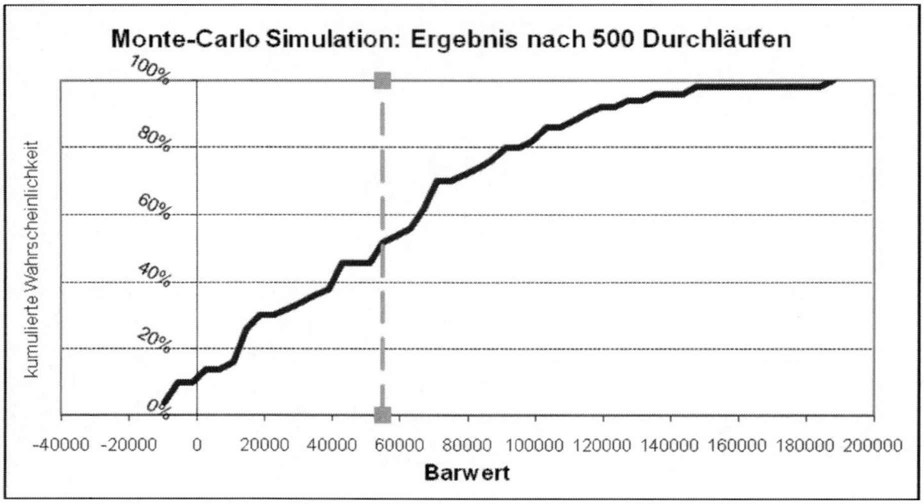

12 Weitergehende Probleme beim Rechnen eines Business Case

In diesem Kapitel erfährt der Leser:

- In welchen Situationen man im Business Case den Faktor „Inflation" berücksichtigen sollte.
- Wie man im Business Case mit Steuerzahlungen umgehen kann und welche Konsequenzen dies hat.
- Wie der Business Case angepasst werden muss, wenn mit wechselnden Zinssätzen im Analysezeitraum gerechnet wird.
- Warum es in vielen Fällen möglich und sinnvoll ist, auch nicht-monetäre Aspekte im Business Case zu erfassen.

12.1 Berücksichtigung von Inflation

Ersteller von Business Cases stehen immer wieder vor der Frage, ob die Inflation einen Einfluss auf die Ergebnisse hat – und wenn ja, welchen. Inflation verändert die Kaufkraft von nominalen Geldbeträgen, d.h. der gleiche nominale Geldbetrag ist „weniger wert", weil für ihn nun weniger reale Güter erworben werden können. Angenommen, ich kann heute (d.h. zum Zeitpunkt t_0) mit 100 € genau 50 kleine Brote kaufen. Der Preis für ein Brot beträgt also 2 €. Bei einem Preisanstieg von r = 5% wird ein Brot zum Zeitpunkt t_1 nunmehr 2 € × (1 + 0,05) = 2,10 € kosten. Für 100 € erhalte ich in t_1 also nur noch 100 / 2,1 = 47,62 Brote. Meine 100 € haben an Kaufkraft eingebüßt, weil ich nicht mehr die gleiche Menge an Realgütern erwerben kann wie noch eine Periode davor. Um diesen Kaufkraftverlust auszugleichen, werde ich deshalb 50 × 2,1 = 105 € fordern. Für diesen Betrag kann ich wieder 50 Brote kaufen. Der in der Inflation ausgedrückte Kaufkraftverlust führt also dazu, dass 105 € in t_1 gleichwertig sind zu 100 € in t_0. Der Betrag von 105 € zum Zeitpunkt seines Anfalls (hier: t_1) stellt eine **nominale** Größe dar, während seine äquivalente Kaufkraft ausgedrückt in Geldeinheiten des Zeitpunkts t_0 (hier: 100 €) eine **reale** Größe darstellt. Bei einer als in jeder Periode konstant angenommenen Inflationsrate r gilt also die Beziehung:

$$Z_{real} = \frac{Z_{nom}}{(1+r)^t}$$

Festzuhalten bleibt zunächst das (intuitiv unmittelbar einleuchtende) Ergebnis, dass nominale und reale Zahlungsströme sich voneinander unterscheiden.

Eine ähnliche Überlegung muss auch für den Zinssatz angestellt werden. Der Zinssatz i wurde in Kapitel 10.2 als Entgelt für drei verschiedene Faktoren beschrieben: temporärer

Konsumverzicht, Inflation und Risikoübernahme. Selbst eine völlig risikofreie Investition ist also nicht zu einem Zinssatz von 0% „zu haben", weil zumindest noch die beiden anderen Faktoren (Konsumverzicht und Inflation) abgegolten werden müssen. Wichtig ist die Feststellung, dass der Zinssatz bereits ein Entgelt für erwartete Inflation berücksichtigt: Die Zinssätze, die ein Investor am Kapitalmarkt erzielen kann, berücksichtigen bereits die erwartete zukünftige Inflation – sie sind also *nominale* Zinssätze. Bezeichnen wir den nominalen Zinssatz als r_{nom} und den realen (d.h. inflationsbereinigten) Zinssatz al r_{real}, dann gilt die folgende Beziehung:

$$\left(1+r_{nom}\right)=\left(1+r_{real}\right)\times\left(1+r\right)$$

Angenommen, ich möchte meinen vorübergehenden Konsumverzicht mit 3% abgegolten haben, dann werde ich als Ertrag für eine völlig risikolose Investition von 100 € im Falle von keinerlei Inflation nach einer Periode genau 103 € zurückfordern. Die 3 € (= 3%) stellen die von mir geforderte Prämie für den Konsumverzicht für 1 Periode dar. Muss ich mit einer Inflation von 5% für die kommende Periode rechnen, dann werde ich dies in meiner Forderung berücksichtigen: Der nach 1 Periode zurückerhaltene Betrag muss in seiner Kaufkraft den von mir erwarteten 103 € entsprechen. Bei einer Inflation von 5% muss er also 103 × (1 + 0,05) = 108,15 € entsprechen. Erhalte ich 108,15 € zurück, dann verfüge ich auch im Inflationsszenario über die gleiche Kaufkraft wie im Szenario ohne Inflation. Der von mir geforderte Betrag setzt sich also zusammen aus einer Prämie für den temporären Konsumverzicht (3%) und der Abgeltung der von mir erwarteten Inflation (5%) und führt insgesamt zu einem geforderten nominalen Zinssatz von (1 + 0,03) × (1 + 0,05) – 1 = 8,15%. Dies drückt die oben genannte Formel aus. Als zweites Ergebnis ist damit festzuhalten, dass Inflation nicht nur die Höhe der nominalen Beträge, sondern auch die Höhe des Zinssatzes beeinflusst.

Was bedeutet dies nun für den Business Case? Im Business Case muss die prinzipielle Entscheidung getroffen werden, ob mit realen (= um die Inflation bereinigten) oder mit nominalen Werten gerechnet werden soll. Dabei ist immer das **Konsistenzgebot** einzuhalten:

nominale Zahlungsströme mit nominalem Zins

ODER

reale Zahlungsströme mit realem Zins.

Nominale Zahlungsströme müssen mit einem nominalen (d.h. die Inflation beinhaltenden) Zinssatz diskontiert werden, reale Zahlungsströme mit einem realen (= inflationsbereinigten) Zinssatz. Werden die Zahlungsströme also um die Inflation bereinigt, muss dies auch beim verwendeten Diskontierungszins geschehen. Bei Einhaltung dieses Konsistenzgebots gilt, dass beide Varianten (reale Betrachtung oder nominale Betrachtung) bei Anwendung dynamischer Methoden der Investitionsrechnung zum gleichen Ergebnis führen. Der für eine Zahlungsreihe ermittelte Barwert ist in beiden Fällen gleich und damit auch die Entscheidungsgrundlage für den Business Case Adressaten! Dazu ein kleines Beispiel zur Veranschaulichung:

Erwartete Inflation „r“ im Jahr 1: 2%

Nominalzins i: 8%

Nominale Zahlung im Jahr 1: 100 €

➔ Ermittlung der realen Größen:

Realzins = $(1+i_{nom}) / (1 + r) - 1 = 1{,}08 / 1{,}02 - 1 = 5{,}88\%$

Realzahlung = Nominalzahlung / (1 + r)= 100 / 1,02 = 98,04 €

Barwert der Zahlung im Nominalfall = 100 € / (1 + 0,08) = 92,59 €

Barwert der Zahlung im Realfall = 98,04 € × (1 + 0,0588) = 92,59 €

Bei niedrigen Inflationsraten gilt näherungsweise $i_{nom} = i_{real} + r$. Im Beispiel wäre der Fehler 6% (8% – 2%) zu 5,88%, also 0,12%. Angesichts der in einem Business Case immer enthaltenen Unsicherheit wäre dieser Fehler wahrscheinlich tolerierbar. Aber er ist gar nicht notwendig, weil wie oben ausgeführt eine korrekte Berücksichtigung von Inflation einfach möglich ist.

Da beide Methoden (nominal oder real) zum identischen Ergebnis führen, ist jeder Business Case zunächst einmal frei in seiner Entscheidung. In der Praxis wird sich allerdings häufig die Wahl nominaler Größen empfehlen:

1. Nominale Größen lassen sich oft einfacher ermitteln (z.B. weil die in Angeboten oder Preisauskünften genannten Beträge Nominalpreise darstellen).
2. Die gewichteten Kapitalkosten des Unternehmens (als Maßstab für den Diskontzinssatz i) stellen einen nominalen Zinssatz dar (weil der Kapitalmarkt in seinem vom Unternehmen geforderten Zins eben auch Inflation als Bestandteil einbezieht).
3. Falls zukünftige Steuerwirkungen (Zahlungen und Rückzahlungen oder Ersparnisse) betrachtet werden sollen, so liegen diesen immer nominale Werte zugrunde.
4. Ebenso werden bei einer „G+V Betrachtung“ des Business Case die Abschreibungen in ihrer Höhe immer von nominalen Größen abhängig sein.
5. Die Schätzung der „implizit berücksichtigten Inflation“ in den Nominalwerten kann teilweise schwierig sein, weil je nach Branche und Investitionsobjekt keineswegs die Preissteigerung der allgemeinen Lebenshaltungskosten das adäquateste Maß sein muss, sondern unter Umständen spezifische, nicht unmittelbar bekannte Preisindizes.

Das primäre Argument für die Wahl von realen Größen (für Zahlungen und Zinssatz) liegt in der besseren Aussagekraft im Fall von sehr hohen Inflationsraten (Hyperinflation) und/ oder von sehr langen Betrachtungszeiträumen. In beiden Fällen werden die zukünftigen Zahlungsströme (durch den kumulierten Inflationseffekt) nominal sehr große Werte annehmen, was die korrekte Interpretation durch den Entscheider unter Umständen erschwert. Im Prinzip sind aber auch diese Fälle mit Nominalwerten korrekt darstellbar. Der vom Business Case ermittelte Barwert wäre ohnedies wieder in beiden Fällen gleich.

12.2 Berücksichtigung von Steuern

Ein häufiger Grund, warum der Adressat eines Business Case auf einer „G+V Betrachtung" besteht, ist das Interesse, die steuerlichen Effekte einer Entscheidung besser abschätzen zu können. Wer Gewinne erwirtschaftet, bezahlt (in der Regel) auf diese Gewinne Steuern. Wer Verluste macht, kann diese umgekehrt steuermindernd geltend machen. Eine Entscheidung, die finanzielle Konsequenzen nach sich zieht (und solche werden in Business Cases nun einmal behandelt), wird deshalb in aller Regel auch steuerliche Wirkungen haben.

Hier betritt der Ersteller des Business Case ein „Minenfeld" – das Interesse des Adressaten ist oft hoch, die Möglichkeiten des Erstellers, Fehler zu begehen, aber ebenso. Im Folgenden sollen die prinzipiellen Möglichkeiten kurz skizziert werden, aber ebenso aufgezeigt werden, warum die Berücksichtigung von Steuern nicht das Hauptthema eines Business Case sein sollte.

12.2.1 Arten von Steuern

Der Ersteller des Business Case hat es prinzipiell mit zwei verschiedenen Arten von Steuern zu tun:

1. **„Kostensteuern":** Dies sind Steuern, welche im Zuge der unternehmerischen Tätigkeit durch die Nutzung bzw. den Einsatz bestimmter Inputfaktoren anfallen. Sie werden aus Sicht des Unternehmens als Kosten behandelt. Kostensteuern unterscheiden sich also nicht von anderen Kostenarten (wie z.B. Gehältern oder Rohmaterialkosten). Beispiele hierfür sind die Grundsteuer, die Kfz-Steuer, Mineralölsteuer, etc. Kostensteuern werden im Business Case als Auszahlungen in den jeweiligen Perioden berücksichtigt, in ihrer Behandlung gibt es keinen Unterschied zu anderen Zahlungsarten.
2. **„Gewinnsteuern":** Dies sind Steuern, welche auf den tatsächlich erzielten Ertrag des Unternehmens erhoben werden, also z.B. die Körperschaftssteuer oder die Einkommenssteuer. Gewinnsteuern können nicht ohne weiteres in der Zahlungsreihe berücksichtigt werden, weil ihre Höhe von der Bezugsbasis „Gewinn(beitrag)" abhängt – welche im Business Case nicht unmittelbar ersichtlich ist. Die Berücksichtigung von Ertragssteuern erfordert im Business Case eine Reihe von Annahmen sowie eine Modifikation von Zins und Zahlungsreihen. Dies soll im Weiteren etwas näher dargestellt werden.

12.2.2 Grundsätzliche Berücksichtigung von Gewinnsteuern

Eine Berücksichtigung von Gewinnsteuern im Business Case erfordert Änderungen sowohl bei den angenommenen Zahlungsreihen als auch beim verwendeten Zinssatz (in den dynamischen Methoden).

Bei den Zahlungsreihen ist zu berücksichtigen, dass Steuerzahlungen selbst Auszahlungen darstellen und in ihrer Höhe vom Einzahlungsüberschuss (vor Steuer) der Periode abhängen. Je höher der Einzahlungsüberschuss (also die Nettozahlung) einer Periode, desto höher ist die darauf zu entrichtende Steuer. Allerdings wird diese Steuerbemessungsgrundlage noch durch andere Faktoren – vor allem die in Ansatz gebrachte Abschreibung (im Folgenden mit β bezeichnet) – reduziert. Die zu versteuernde Basis für Periode t ist also vereinfacht:

$$e_t - a_t - \beta_t$$

Auf diese Basis wird der Steuersatz s angewandt. Die Steuerlast S_t (Auszahlung) der Periode t ergibt sich dann als:

$$S_t = s \times (e_t - a_t - \beta_t)$$

Die Nettozahlung nach Steuer e'_t reduziert sich um diesen Betrag S_t und lautet damit:

$$e'_t = e_t - a_t - S_t$$

Nach diesem Prinzip sind die erwarteten Gewinnsteuern in den Zahlungsströmen für alle Perioden t zu berücksichtigen.

Beim Einsatz von dynamischen Methoden der Investitionsrechnung muss nun noch der Zinssatz i angepasst werden. Dies geschieht mit der Überlegung, dass ein gegebener Brutto-Zinssatz durch Besteuerung reduziert wird. Erhalte ich auf eine Anlage 10% Zinsen und muss ich von meinen Erträgen 30% an Steuern abführen, so erbringt diese Anlage für mich nach Steuern (also: netto) nur 7% Ertrag. Die Differenz ist meine durch den Anlageertrag verursachte Steuerbelastung. Dies gilt aber auch umgekehrt: Bezahle ich für einen aufgenommenen Kredit Zinsen in Höhe von 10%, dann kann ich die gezahlten Schuldzinsen ertragsmindernd geltend machen und spare entsprechend die für diesen Betrag eigentlich zu zahlenden Steuern (hier also wieder 30% von 10% = 3%). Meine Nettozinsbelastung für den Kredit ist entsprechend nur 7%, der Rest wird durch eine Steuerersparnis kompensiert. Ein Business Case unter Berücksichtigung von Gewinnsteuern muss also den verwendeten Kalkulationszinssatz anpassen:

$$i' = i \times (1 - s)$$

Aus der Formel zur Berechnung des Barwerts K_0 vor Steuern:

$$K_0 = (e_0 - a_0) + \frac{(e_1 - a_1)}{(1+i)} + \frac{(e_2 - a_2)}{(1+i)^2} + \ldots + \frac{(e_t - a_t)}{(1+i)^t}$$

wird nun die adaptierte Formel zur Berechnung des Barwerts K'_0 nach Steuern:

$$K'_0 = (e_0 - a_0 - S_0) + \frac{(e_1 - a_1 - S_1)}{(1+i')} + \frac{(e_2 - a_2 - S_2)}{(1+i')^2} + \ldots + \frac{(e_t - a_t - S_2)}{(1+i')^t}$$

Es ist zu erwarten, dass K_0 und K'_0 nur in Ausnahmefällen den gleichen Wert haben werden. Die Vorteilhaftigkeit einer Alternative wird also prinzipiell durch Steuern beeinflusst. Steuerliche Be- und Entlastungen können bewirken, dass:

1. sich die absolute Vorteilhaftigkeit einer Alternative ändert (im Extremfall aus einer vormals vorteilhaften Alternative eine unvorteilhafte wird – oder auch umgekehrt!),
2. sich die relative Vorteilhaftigkeit der Alternativen zueinander verschiebt.

Dies spricht natürlich für die prinzipielle Berücksichtigung von Steuern im Business Case, weil die zu treffende Entscheidung offensichtlich nicht völlig unabhängig von den zu erwartenden Steuereffekten ist. Allerdings steht dem eine Reihe von Gegenargumenten entgegen, welche im nächsten Abschnitt dargestellt werden.

12.2.3 Grenzen der Berücksichtigung von Gewinnsteuern

Dass Gewinnsteuern prinzipiell in einem Business Case berücksichtigt werden können, ist im vorigen Abschnitt deutlich geworden. Allerdings sind dazu eine Reihe von Annahmen getroffen worden, welche in der Praxis oft nicht Bestand haben:

1. Der anzuwendende Steuersatz s_t ist in aller Regel dem Ersteller nicht bekannt. Oft wird der **Durchschnitts**steuersatz verwendet, obwohl streng genommen der **Grenz**steuersatz (d.h. die durch die Entscheidung zusätzlich anfallende bzw. vermiedene Steuerlast) Verwendung finden müsste. Wird der Business Case für ein fremdes Unternehmen erstellt, wird der Ersteller kaum detaillierten Einblick in die aktuelle Steuerlast und die zukünftige Steuerplanung des Adressaten erhalten. Selbst im eigenen Unternehmen ist dies nicht immer möglich.

2. Das einfache Modell geht von einem über alle Perioden gleichbleibenden Steuersatz aus: s_t ist also proportional zur Nettozahlung (unabhängig von deren Höhe!) und außerdem konstant über alle t Perioden. Dies ist extrem unwahrscheinlich, da sich der Grenzsteuersatz mit der Geschäftsentwicklung des Unternehmens (d.h. dem zu versteuernden Gewinn) von Periode zu Periode ändert und natürlich auch von zukünftigen Änderungen im Steuersystem abhängt. Zu denken ist hier auch an temporäre Steueranreize oder -erleichterungen, welche bei Erfüllung bestimmter Auflagen in Anspruch genommen werden können.

3. Das einfache Modell unterstellt, dass das Unternehmen auf jeden Fall Gewinnsteuern zahlen muss – also eine „Grundsteuerlast" tragen muss, welche sich durch die im Business Case analysierte Entscheidung ändert. Dies muss nicht der Fall sein, womit auch nicht gesichert ist, dass die oben beschriebenen Effekte auftreten. Die durch die Entscheidung prinzipiell entstehende zusätzliche Steuerlast in einer Periode mag z.B. durch einen Verlust in der gleichen Periode überkompensiert werden, wodurch der negative Zahlungseffekt nicht eintritt.

4. Die Basis der Gewinnbesteuerung für eine Periode t wurde vereinfachend mit der Höhe der Nettozahlungen (Einzahlungen minus Auszahlungen) dieser Periode angenommen. Dies unterstellt also, dass alle Zahlungen erfolgswirksam sind und (mit Ausnahme der zusätzlich berücksichtigten Abschreibungen) keine anderen, nicht zahlungs- aber erfolgswirksamen Geschäftsvorgänge in dieser Periode auftreten. Diese Annahme ist in der Praxis nicht haltbar. Der Ersteller müsste für jede Periode eine detaillierte Überleitung von erfolgs- und zahlungswirksamen Effekten der Entscheidung erstellen, also z.B. Annahmen über Zielkäufe und Zielverkäufe treffen (Zeitpunkt der Erfolgswirksamkeit und Zeitpunkt der Zahlungswirksamkeit fallen auseinander). Dies ist zwar prinzipiell möglich, aber sicherlich sehr aufwändig und angesichts der inhärenten Unsicherheit der zukünftigen Zahlungen eher ein Streben nach Scheingenauigkeit.

5. Prinzipiell bereits in Punkt 4 enthalten, aber als Sonderfall besonders wichtig ist die Tatsache, dass die Form der Finanzierung Auswirkungen auf die zu versteuernde Basis hat. Unterschiedliche Finanzierungsarten erzeugen zwar den gleichen Zahlungsstrom (sind also irrelevant in einer „Cash Flow" Betrachtung), haben aber unterschiedlichen Einfluss auf den zu versteuernden Erfolg. So reduzieren gezahlte Kreditzinsen im Falle einer Fremdfinanzierung die Steuerlast. Für den Business Case ist es dann nicht mehr irrelevant, woher die finanziellen Mittel stammen, mit denen die Auszahlungen getätigt werden. Auch hier ist es für den Ersteller oft schwierig bis unmöglich, detaillierte Annahmen zu treffen.

Es gibt also eine Reihe von Gründen, welche den Nutzen des oben beschriebenen einfachen Ansatzes der Berücksichtigung von Gewinnsteuern in Frage stellen. Der Ersteller des Business Case muss sich und dem Adressaten die Frage stellen, ob eine Einbeziehung von Gewinnsteuern die Entscheidungsgrundlage für den Entscheider tatsächlich so stark verbessert oder nicht umgekehrt eine Scheingenauigkeit einführt, welche bei einem zweiten Blick eher mehr Fragen aufwirft als beantwortet.

Hier soll nicht prinzipiell gegen die Berücksichtigung von Gewinnsteuern argumentiert werden. Ihre Einbeziehung ist möglich und in manchen Fällen tatsächlich eine deutliche Verbesserung der Entscheidungsgrundlage (dann nämlich, wenn die durch Steuern verursachten Zahlungseffekte einen großen Teil des insgesamt erwarteten Nutzens darstellen – „Steuersparmodelle"). Wenn die Entscheidung für die Einbeziehung von Gewinnsteuern im Business Case fällt, dann sollte dieser Teil der Analyse aber nur in enger Abstimmung und mit Unterstützung des Adressaten erfolgen (Kenntnis der spezifischen Steuersituation der Organisation des Adressaten).

12.3 Wechselnde Zinssätze

In den allermeisten Business Cases wird von einem stabilen Kalkulationszinssatz über alle betrachteten Perioden ausgegangen. Der Zinssatz i hat also für alle Perioden t den gleichen Wert (und ist deshalb auch normalerweise nicht mit einem Index t versehen).

Dies muss in der Realität aber nicht zutreffen. Gerade bei langfristigen Projekten ist die Annahme eines über viele Jahre stabilen Zinssatzes nicht sehr realistisch. Der Marktzins schwankt über die Jahre, und damit auch die Möglichkeiten des Unternehmens zur Refinanzierung und Wiederveranlagung von Zahlungsreihen. Bei Entscheidungen mit sehr langfristigen Wirkungen empfiehlt sich deshalb eine Prüfung, ob der Zinssatz i nicht als dynamisch über t behandelt werden sollte. Die Entscheidung, eine neue Fabrik zu errichten, wird über viele Jahre, ja Jahrzehnte, finanzielle Konsequenzen nach sich ziehen. Sofern der Business Case überhaupt eine derart lange Zeitspanne modellieren kann und soll, müsste die dann wohl ziemlich unrealistische Annahme eines über Jahrzehnte konstanten Zinssatzes aufgegeben werden.

Glücklicherweise ist die Modellierung von wechselnden Zinssätzen im Zeitablauf kein Problem. Ist der Kalkulationszins i für jede Periode unterschiedlich, müssen die „einfachen" Formeln der Investitionsrechnung entsprechend aufgespalten werden. Im Falle der Barwertmethode wird aus:

$$K_0 = (e_0 - a_0) + \frac{(e_1 - a_1)}{(1+i)} + \frac{(e_2 - a_2)}{(1+i)^2} + \ldots + \frac{(e_t - a_t)}{(1+i)^t}$$

bei unterschiedlichen Zinssätzen für jede Periode t einfach:

$$K_0 = (e_0 - a_0) + \frac{(e_1 - a_1)}{(1+i_1)} + \frac{(e_2 - a_2)}{(1+i_2)^2} + \ldots + \frac{(e_t - a_t)}{(1+i_t)^t}$$

Wobei gilt, dass:

$$i_1 \neq i_2 \neq \ldots \neq i_t$$

Beim Auf- oder Abzinsen von Zahlungen muss also für jede Periode ein anderer, nämlich der jeweils geltende, Zinssatz i_t verwendet werden. Der Aussagegehalt und die Interpretation der Ergebnisse ändern sich nicht, das Ergebnis in absoluten Werten natürlich sehr wohl (sonst müsste die Variabilität des Zinssatzes ja überhaupt nicht berücksichtigt werden). Dies kann an nachfolgendem kleinem Beispiel noch einmal gezeigt werden (vgl. **Abbildung 12.1**).

Eine Reihe von konstanten Zahlungen (hier 50 Geldeinheiten pro Periode) hat einen deutlich unterschiedlichen Kapitalwert in Abhängigkeit davon, ob die Zinsen im Zeitablauf steigen (linkes Beispiel in Abbildung 12.1) oder fallen (rechtes Beispiel) – auch wenn der durchschnittliche Zins gleich ist.

Abbildung 12.1 Wirkung wechselnder Zinssätze

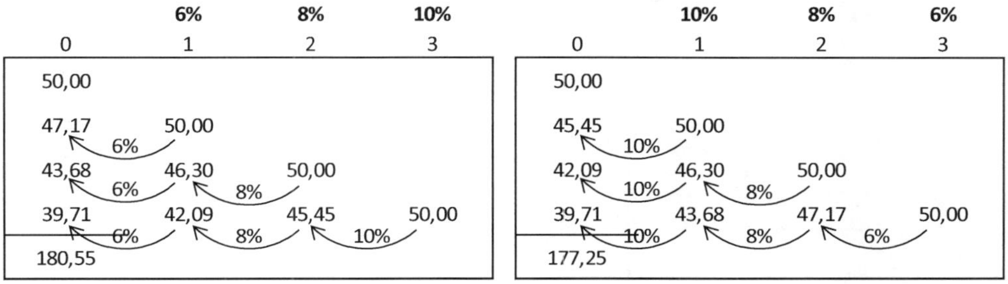

Bei der Erstellung des Business Case in einem Tabellenkalkulationsprogramm ist diese Änderung kein Problem und stellt rechentechnisch keine großen zusätzlichen Anforderungen. Schwieriger kann aber die Argumentation sein, warum man den Zinssatz überhaupt dynamisch über t modelliert und warum er genau die gewählten Werte annehmen soll. Die (einigermaßen) exakte Prognose zukünftiger Marktzinsniveaus kann eine Kunst – oder sogar Hexerei? – sein. Sprechen also nicht schwerwiegende Gründe dagegen, dann kann die Variable „Zins" oft mit gutem Gewissen als statisch über die Zeit modelliert werden.

12.4 Nicht-monetäre Faktoren im Business Case

Ein Business Case ist seinem Wesen nach ein monetär ausgerichtetes Tool. In ihm werden Zahlungsströme betrachtet. Damit ist aber zunächst alles, was sich nicht als Zahlung darstellen lässt, ausgeblendet. In der Praxis wird eine Entscheidung aber meist sehr wohl unter Berücksichtigung zusätzlicher, „weicher", Faktoren getroffen: Die Vereinbarkeit mit strategischen Leitlinien/Zielen, Imagewirkungen, öffentliche Meinung, Umweltwirkungen, etc. sind nur einige wenige Beispiele von solchen zusätzlichen Kriterien, welche die Entscheidung (oft sogar maßgeblich) beeinflussen.

Die Entscheidungssituation und die Vorteilhaftigkeit jeder betrachteten Alternative wären bei einer Beschränkung auf monetäre Größen (Zahlungsströme) also verkürzt dargestellt. Nun kann es durchaus Entscheidungen geben, bei denen diese Vereinfachung gerechtfertigt ist und ein Business Case sich auf die monetären Konsequenzen der Entscheidung beschränken kann. In vielen Fällen jedoch wird der Adressat des Business Case auch nichtmonetäre Wirkungen bei seiner Entscheidung berücksichtigen wollen bzw. müssen. Das monetäre Ergebnis stellt dann nur eines von mehreren Kriterien dar. Man spricht von einer multi-kriteriellen Entscheidungssituation (welche in der unternehmerischen Praxis die Regel ist), welche der Business Case durch geeignete Maßnahmen abbilden muss. Zu lösen ist hier das Problem, wie in einer Entscheidungsmatrix, welche n verschiedene Alternativen und m verschiedene Kriterien umfasst, die beste Alternative bestimmt werden kann (vgl. **Abbildung 12.2**).

Abbildung 12.2 Multi-kriterielle Entscheidung

	Kriterium 1: monetärer Nutzen
Alternative A	
Alternative B	
...	
Alternative N	

Entscheidung: Wähle die Alternative mit K 1 = max!

	Kriterium 1: monetärer Nutzen	Kriterium 2: Image	...	Kriterium M: Umweltverschmutzung
Alternative A				
Alternative B				
...				
Alternative N				

Entscheidung: Wähle Alternative mit dem höchsten Gesamtnutzen!
ABER: Wie wird Gesamtnutzen bestimmt?

Für den Ersteller des Business Case stellt sich hier regelmäßig das Problem, wie „Äpfel mit Birnen" vergleichbar gemacht werden können. Wie können oder sollen monetäre Wirkungen (ausgedrückt z.B. als Nettobarwert) mit nicht-monetären Wirkungen (z.B. Imagegewinn) kombiniert werden, um zu einer Präferenzaussage bezüglich der besten Alternative **insgesamt** zu kommen? Die nicht-monetären Aspekte lassen sich nicht unmittelbar in den Business Case einbeziehen. Zu ihrer Berücksichtigung sind verschiedene Ansätze denkbar und in der Praxis mehr oder weniger weit verbreitet:

1. Monetäre Transformation
2. Argumentenbilanz
3. Scoring-Tabellen / Nutzwertanalysen
4. Portfolio-Darstellungen

12.4.1 Monetäre Transformation

Ein intuitiv naheliegender Ansatz besteht darin, die qualitativen Faktoren mit Hilfe von geeigneten Indikatoren doch wiederum in monetäre Größen zu transformieren. Diese können dann wie alle anderen Zahlungsströme im Business Case berücksichtigt werden. Einige Beispiele sind in nachstehender Tabelle genannt (vgl. **Abbildung 12.3**).

Abbildung 12.3 Beispiele für monetäre Transformation

nicht monetäres Kriterium	mögliche monetäre Indikatoren	mögliche Berücksichtigung im Business Case
Image, Werbewert	Umsatzsteigerung	zusätzlicher Geldzufluss in x Folgeperioden
	ersparte Werbungskosten	zusätzlicher Geldzufluss in x Folgeperioden
Mitarbeitermotivation und -bindung	ersparte Personalakquisitionskosten	zusätzlicher Geldzufluss in x Folgeperioden
	Kosten für ersparten Krankenstand	%-Satz von gesamten Personalkosten
Kundenzufriedenheit	Umsatzsteigerung	zusätzlicher Geldzufluss in x Folgeperioden
	geringere Kundenbindungskosten	zusätzlicher Geldzufluss in x Folgeperioden
Mitarbeiterzufriedenheit	geringere Fluktuation, ersparte Personalakquisitionskosten	zusätzlicher Geldzufluss in x Folgeperioden
	Kosten für ersparten Krankenstand	%-Satz von gesamten Personalkosten

Der Vorteil dieses Ansatzes liegt eindeutig darin, dass die derart quantifizierten Indikatoren ohne Probleme im Business Case eingebaut werden können. Das Ergebnis bleibt also ein „Business Case aus einem Guss". Die Schwierigkeit steckt aber in der hoch subjektiven Umrechnung selbst. Dieses Problem kann entschärft werden, indem die Transformation mit dem Adressaten (dem Entscheider) gemeinsam durchgeführt wird. Dann spiegelt sie die Erwartungen und Annahmen des Adressaten selbst wider. Auf jeden Fall ist aber auf eine gute Nachvollziehbarkeit und detaillierte Dokumentation zu achten. Jede Transformation eines an sich nicht-monetären Kriteriums stellt im Prinzip ein kleines Teilmodell im Business Case dar, welches dokumentiert werden will.

12.4.2 Argumentenbilanz

Eine Argumentenbilanz listet die Einflussfaktoren systematisch auf und ordnet in einem zweiten Schritt jeder betrachteten Alternative die jeweiligen Vor- und Nachteile hinsichtlich dieser Faktoren zu. Jede Zelle der oben gezeigten Entscheidungsmatrix wird also mit einer Reihe von Vor- und Nachteilen ausgefüllt. Es erfolgt allerdings keine Gewichtung oder mathematische Verknüpfung der einzelnen Kriterien. Die gefüllte Matrix kann als Hinweis auf besondere Vor- und Nachteile einer Alternative dienen, sie macht die Entscheidung insofern transparenter (vgl. **Abbildung 12.4**).

Abbildung 12.4 Argumentenbilanz

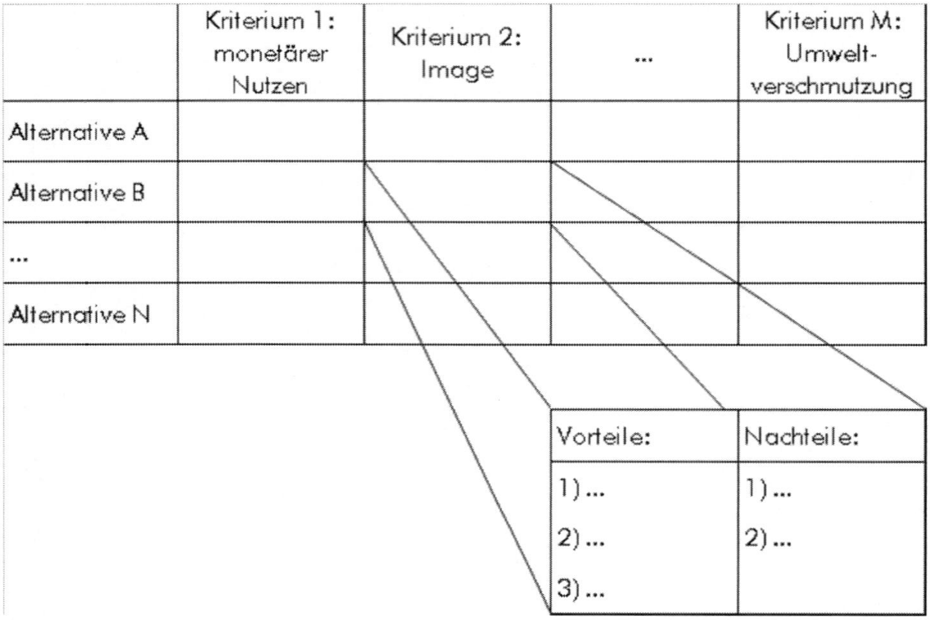

Allerdings liefert die Argumentenbilanz keine darüber hinausgehende Unterstützung zur Entscheidung. Wie die Vor- und Nachteile gewichtet werden, bleibt dem Entscheider überlassen. Eine Ergänzung des zunächst rein monetären Business Case um eine Argumentenbilanz hat damit vor allem einen Dokumentationszweck. Sie zeigt, dass der Ersteller des Business Case noch andere Einflussfaktoren auf die Entscheidung wahrgenommen, diese aber bewusst nicht mit der monetären Betrachtung vermischt hat: „Lieber Entscheider, dies alles gilt es auch noch zu berücksichtigen. Wie Du dies machst, bleibt Deine Sache!"

12.4.3 Nutzwertanalysen

Genau diese Gewichtung und nachfolgende Umrechnung in einen einheitlichen Bewertungsmaßstab ist das Wesen einer Nutzwertanalyse. Sie basiert auf der Idee, dass sich alle Vor- und Nachteile einer Alternative – egal ob zunächst einmal monetär quantifizierbar oder nicht – in einen einheitlichen Maßstab transformieren lassen – eben ihren jeweiligen Nutzwert.

Die Vorgehensweise ist dabei wie folgt:

1. Zunächst wird eine Liste der einzubeziehenden Faktoren erstellt – also die Kriterien, welche entscheidungsrelevant sein sollen. Das monetäre Ergebnis des Business Case (z.B. der Nettobarwert jeder Alternative) wird eines dieser Kriterien sein.

2. Die Kriterien werden nun gewichtet – zweckmäßigerweise so, dass die Summe aller Gewichte „1" oder „100%" ergibt. Damit wird ihre relative Bedeutung für die Entscheidung festgelegt. Dies ist naturgemäß eine sehr subjektive Einschätzung, welche wiederum nicht vom Ersteller des Business Case alleine durchgeführt werden sollte. Die Nutzwertanalyse soll ja gerade nicht die subjektiven Nutzeneinschätzungen des Erstellers, sondern diejenigen des Entscheiders widerspiegeln – nur dann wird sie ihrer Aufgabe als Entscheidungsunterstützung gerecht.

3. Außerdem wird für jedes Kriterium eine Reihe von Zielerreichungsgraden definiert, welche jeweils mit Punktwerten belegt werden. So kann z.B. für das Kriterium „interner Zinssatz r" (falls dieses verwendet wird) für Werte von r > 20% ein Punktwert von 3 vergeben werden, für Werte zwischen 10% und 20% ein Punktwert von 2, für Werte zwischen 0% und 10% ein Punktwert von 1 und schließlich für Werte < 0% ein Punktwert von 0. Die Punktwertskala ist für alle berücksichtigten Kriterien gleich (eine Gewichtung geschieht also nicht durch unterschiedliche Skalen, sondern nur durch die explizit festgelegten Gewichte).

4. Danach kann die eigentliche Punktbewertung einzelner Faktoren vorgenommen werden, d.h. für jedes Kriterium wird der Zielerreichungsgrad der Alternative ermittelt und der dafür vorgesehene Punktwert vergeben.

5. Die einzelnen Punktwerte können danach mit den Kriteriengewichten multipliziert und zu einem Gesamtpunktwert addiert werden. Dieser Gesamtpunktwert stellt die „Gesamtvorteilhaftigkeit" der Alternative dar. Alle berücksichtigten Kriterien (egal ob monetär oder nicht-monetär) sind auf ein und derselben – subjektiven und abstrakten – Nutzenskala gemessen und damit vergleichbar gemacht worden.

Obwohl die Ergebnisse der Nutzwertanalyse wiederum in Zahlen quantifiziert vorliegen, darf nicht vergessen werden, dass sie ein qualitatives Verfahren darstellt. Streng genommen dürften die für jedes Kriterium vergebenen Punkte überhaupt nicht addiert werden, weil die Messskalen nur ein ordinales (und kein kardinales) Niveau aufweisen (d.h. die Einzelwerte drücken zwar eine besser/schlechter Beziehung aus, die Abstände zwischen den einzelnen Werten sind aber nicht gleich bzw. überhaupt nicht quantifizierbar). In der Praxis sieht man über diese methodische Schwäche hinweg (bzw. ist sich ihrer überhaupt nicht bewusst) und schätzt gerade diese Eigenschaft der Nutzwertanalyse, dass qualitative Faktoren letztendlich doch wieder in einer Zahl kumulieren – dem Gesamtnutzwert. Auf Basis dieses Gesamtnutzwerts können alle betrachteten Alternativen in eine Rangordnung gebracht werden, welche ausdrückt, welche Alternative unter Berücksichtigung dieser Kriterien anderen vorzuziehen ist.

Letztendlich ist die Nutzwertanalyse ein methodisch nicht ganz sauberes und hoch subjektives Instrument, aber in der Praxis sehr beliebt, weil relativ einfach durchführbar. Mit der methodischen Unschärfe kann der Praktiker meist gut leben; die Subjektivität muss am besten durch eine saubere Dokumentation und eine Einbindung aller Entscheidungsträger „eingefangen“ werden.

12.4.4 Portfolio-Darstellungen

Die Portfoliodarstellung ist streng genommen kein eigenständiger Ansatz, sondern nur eine Fortführung des Gedankens der Nutzwertanalyse. Wenn die einzelnen Teilnutzenwerte der Nutzwertanalyse also gar nicht addiert werden dürften, dann kann man versuchen, diesen Mangel teilweise dadurch zu beheben, dass man zumindest die nicht-monetären von den monetären Faktoren trennt und zwei getrennte Nutzwerte ermittelt.

Für die nicht-monetären (qualitativen) Faktoren wird also eine Nutzwertanalyse wie oben beschrieben durchgeführt. Die monetären Faktoren bleiben eine eigenständige Beurteilungsdimension. So wird also ein Nettobarwert nicht in einen Punktwert umgerechnet, sondern verbleibt in der Dimension „Euro“ wie bereits vorher nach Abschluss der quantitativen Business Case Analyse.

Jede Alternative lässt sich damit in einem zweidimensionalen Bewertungsraum einordnen – ähnlich einer Portfolio-Darstellung. Die Schwierigkeit, einen Eurowert in „Nutzenpunkte“ zu transformieren, hat man sich damit erspart – allerdings das neue Problem eingehandelt, wie in einer grafischen Darstellung (dem Portfolio) die beiden Dimensionen „qualitativer Punktwert“ und „monetärer Eurowert“ zueinander skaliert werden sollen.

Die Subjektivität ist bei diesem Ansatz nicht geringer als in der Nutzwertanalyse, nur wird das Ergebnis etwas anders dargestellt: grafisch auf zwei Dimensionen verteilt an Stelle einer Tabelle. Letztendlich bleibt es eine subjektive Präferenz, welche Ergebnisdarstellung man vorzieht.

„Ein neuer Platz für die Soft&Schlank GmbH“ - Ein Fallbeispiel

Die gemeinsame Sitzung von Rainer Schlau und Kurt Grips ist in vollem Gange. Rainer Schlau hat seinem Auftraggeber noch einmal die gemeinsam festgelegte Vorgehensweise erläutert, die zusammengetragenen Daten beschrieben und die bisher erzielten Ergebnisse dargestellt. Auch die Ergebnisse der Sensitivitätsanalyse hat Kurt Grips mit großem Interesse aufgenommen.

„Also ist Dein Rat, die Räumlichkeiten im Stadtzentrum anzumieten?“, fragt Kurt Grips abschließend. „Nein, so weit sind wir noch nicht, Kurt“, entgegnet Rainer Schlau. „Wir sind mit unserer Analyse noch nicht fertig. Und genau deshalb habe ich Dich um diesen Termin gebeten. Wir haben ja noch immer nicht die Einflussfaktoren berücksichtigt, die ich einfach „Produktivitätsmodell“ genannt habe. Dieser Aspekt lässt sich nicht so einfach in Zahlen ausdrücken. Deshalb möchte ich Dir vorschlagen, meinen bisher erstellten Business Case durch eine Nutzwertanalyse zu ergänzen.“ Rainer Schlau erläutert dem etwas erstaunten Kurt Grips den Vorschlag: Er möchte gemeinsam mit allen am Projekt

Beteiligten (also auch Peter Ehrlich und dem Immobilienmakler) die nicht in Geldeinheiten darstellbaren Faktoren in einem Brainstorming ermitteln und auflisten (was ja teilweise schon getan wurde), danach diese zusätzlichen Beurteilungskriterien gewichten und die beiden Alternativen in jedem Kriterium einstufen. Die Summe der gewichteten Einstufungen (das ist das Ergebnis der Nutzwertanalyse) zeigt dann die Vorteilhaftigkeit der Alternativen in den nicht-monetär darstellbaren (also „weichen") Kriterien. Diese Information ist im aktuellen Business Case noch nicht enthalten, die Entscheidung wäre heute also auf noch nicht vollständiger Information begründet.

Das leuchtet Kurt Grips nicht nur ein, er ist sogar sofort von der Idee fasziniert und nach wenigen Telefonaten ist die gemeinsame Runde für den folgenden Tag angesetzt. Jetzt geht es in den Endspurt!

Am folgenden Tag ist die kleine Runde konzentriert bei der Sache und hat nach einem Brainstorming die folgenden Kriterien identifiziert, welche in die Nutzwertanalyse einfließen sollen:

„Raumreserve": Ein Aspekt, der Kurt Grips am Vorabend eingefallen war. Die Räumlichkeiten im Gewerbegebiet bieten Platz für weitere Expansion (auf die er hofft). Im Stadtzentrum müssten wiederum getrennte Räumlichkeiten angemietet werden – etwas, womit Soft&Schlank aktuell ja nicht die besten Erfahrungen gemacht hat. Deshalb ist ihm dieser Punkt wichtig.

Repräsentativität, Kundenwirkung: Dieser Punkt kommt vom Immobilienmakler, der in seiner täglichen Praxis immer wieder erlebt, dass die Außenwirkung des Firmensitzes nicht unterschätzt werden darf. „Hier ist die Stadtmitte wohl klar im Vorteil!", meint Kurt Grips.

Verkehrsanbindung: Peter Ehrlich warf diese Idee ein, die von der Runde sofort für gut befunden wurde. Die S-Bahn-Station ist im Gewerbegebiet buchstäblich „vor der Haustür" und Parkplätze sind reichlich vorhanden, in der Stadtmitte wäre es vor allem für Mitarbeiter und Besucher, die mit dem Auto anreisen, etwas komplizierter. Allerdings wäre auch hier die U-Bahn nicht weit entfernt.

Motivationswirkung auf Mitarbeiter: Kurt Grips greift die am Anfang des Projekts geborene Idee wieder auf, dass der Umzug ja vor allem dazu dienen soll, die bisher zerstreut arbeitenden Mitarbeiter von Soft&Schlank zusammenzuführen, ihren Arbeitsalltag zu erleichtern und ihnen zu zeigen, dass das Unternehmen die in der letzten Zeit doch deutlich schlechter gewordenen Arbeitsbedingungen konsequent verbessert. Davon erhofft sich Kurt Grips einen Motivationsschub, die Vermeidung der Abwanderung einiger wichtiger Mitarbeiter und eine generell höhere Produktivität.

Nach einer ausführlichen Diskussion kommt die Runde zu folgendem gemeinsamen Ergebnis: Die Motivationswirkung ist wichtig und wird in die Kriterienliste aufgenommen. Allerdings scheint es nicht realistisch, die Wirkung auf den zukünftigen Umsatz zu quantifizieren, also in Geldeinheiten auszudrücken. Dies war am Projektanfang zwar die Idee (deshalb hatte Rainer Schlau das „Produktivitätsmodell" als Teilmodell aufgenommen). Niemand in der Runde wagt aber eine Aussage darüber, wie hoch dieser Effekt in

Euros sein könnte, wann er auftritt und ob er in den beiden betrachteten Alternativen unterschiedlich wäre.

Genau an diesem Punkt hakt Rainer Schlau ein: Die Runde möge darüber nicht traurig sein – im Gegenteil! Wenn der Motivationseffekt in beiden Alternativen ähnlich ist, dann spielt er für die Wahlentscheidung gar keine Rolle! Die relative Attraktivität der beiden Alternativen zueinander wird also dadurch überhaupt nicht verändert. Die absolute Attraktivität zwar sehr wohl – den unbestritten anfallenden Kosten des Umzugs stehen zukünftige Umsatzsteigerungen gegenüber. Die absolute Attraktivität beider Alternativen ist also höher als im Business Case derzeit ausgedrückt. Dies spielt aber für die Entscheidung von Kurt Grips nur eine untergeordnete Rolle: Er hat als Chef von Soft&Schlank ja bereits entschieden, dass der Umzug stattfinden soll – selbst wenn er sich kurzfristig nicht „rechnet". Als vorausschauender Unternehmenschef will er mit dem Umzug nicht „reich werden", sondern die langfristigen Erfolgschancen seines Unternehmens sichern. Deshalb ist es für die nun zu treffende Entscheidung nicht schlimm, wenn der Effekt auf zukünftige Umsätze nicht genau quantifiziert werden könne. Wichtig sei die Erkenntnis, dass der Effekt positiv ist (also die absolute Attraktivität des Umzugs steigert) und dass er für beide betrachtete Alternativen ähnlich ist (also die relative Attraktivität nicht wesentlich verändert). „Lasst uns die Motivationswirkung als Kriterium mit aufnehmen, aber wenn wir beide Alternativen darin gleich bewerten, wird es die Entscheidung nicht beeinflussen", fasst Rainer Schlau zusammen.

Auf dieser Basis wird an der Tafel die Bewertungstabelle erstellt, und in teilweise intensiver Diskussion werden die Kriteriengewichte und Alternativenbewertungen festgelegt. Das Ergebnis an der Tafel hat die folgende Gestalt:

Einflussfaktoren	Motivations-wirkung	Repräsentativität, Kundenwirkung	Verkehrs-anbindung	"Raumreserve"	SUMME	
Gewicht	30	20	20	30	100	
Variante 1 - Kauf Gewerbegebiet	2	1	3	3	**9**	ungewichtet
Variante 2 - Miete Stadtzentrum	2	3	2	0	**7**	ungewichtet
Variante 1 - Kauf Gewerbegebiet	60	20	60	90	**230**	gewichtet
Variante 2 - Miete Stadtzentrum	60	60	40	0	**160**	gewichtet

Bewertung: 0 = sehr schlecht
...
3 = ausgezeichnet

„Was sagt uns das jetzt?", fragt Peter Ehrlich. „Wenn wir die weichen Kriterien betrachten, schneidet der Kauf besser ab. Ziehen wir also dorthin? Aber vielleicht ändert sich das Bild, wenn wir die Gewichtungen ändern. Und zählen die Kosten im Business Case von Herrn Schlau dann gar nicht?" Doch Kurt Grips winkt ab. Es sei ein langer Tag gewesen. Er wolle die Entscheidung sicher nicht hier spontan treffen, sondern noch einmal in Ruhe darüber schlafen. Das wäre auf jeden Fall sinnvoll, bekräftigt Rainer Schlau. Außerdem werde er Kurt morgen noch eine kleine ergänzende Tabelle zeigen, die ihm bei der Entscheidung helfen könne.

„Gut, dann danke ich allen Teilnehmern ganz herzlich für die Zeit und die lebhafte Diskussion! Lasst uns die Runde für heute schließen. Rainer – wir beide sehen uns morgen noch einmal. Dann präsentierst Du mir alles noch einmal in einer runden Sache und ich mache meinen Job und treffe eine Entscheidung." Mit diesen Worten schließt Kurt Grips und entlässt die Runde in den Feierabend ...

12.5 Kontrollfragen zu Kapitel 12

Kontrollfrage 12-1:

Sie erstellen den Business Case für die Modernisierung der LKW-Flotte Ihres Unternehmens. Im bindenden Angebot des Herstellers ist eine Preisgleitklausel enthalten: Sollte der Index der Großhandelspreise seit Angebotslegung bis zum vereinbarten Lieferzeitpunkt um mehr als 5% gestiegen sein, so erhöht sich der Preis um 5%. Damit haben Sie für Ihren Business Case zwei alternative Kaufpreise zur Auswahl, je nachdem welche Preissteigerungsrate Sie unterstellen.

Ein Kollege rät Ihnen, den gesamten Business Case mit realen Werten zu rechnen, weil Sie „dann immer den gleichen Betrag nehmen" können: Der zu Grunde liegende reale Basispreis wäre in beiden Fällen der gleiche und die Unsicherheit damit vermieden. Was halten Sie von diesem Vorschlag?

Kontrollfrage 12-2:

Sie erklären dem Adressaten Ihres Business Case, dass Sie zur korrekten Berücksichtigung der Steuereffekte sowohl die Zahlungsreihen als auch den Diskontzins anpassen müssen. Ihr Adressat meint, Sie bei einem Widerspruch ertappt zu haben: Dann würden Sie den Steuereffekt ja zweimal berücksichtigen. Wenn die Zahlungsreihen angepasst wären, müsste doch nicht der Zins auch noch verändert werden. Dann wären die Steuern doch doppelt erfasst.

Hat Ihr Adressat Recht? Was antworten Sie?

Kontrollfrage 12-3:

Beurteilen Sie, ob die beiden nachfolgenden Aussagen richtig oder falsch sind:

1. Bei konstanten Nettozahlungen über alle Perioden ($e_t - a_t$ = konst.) führt die Berechnung mit konstantem Zins (i = konst.) zum gleichen Ergebnis wie eine Berechnung mit unterschiedlichen Zinssätzen pro Periode, solange der Mittelwert der Periodenzinssätze dem konstanten Wert entspricht.

2. Bei wechselnden Zinssätzen werden über die Perioden ansteigende Zinssätze ($i_1 < i_2 < \ldots < i_t$) bei sonst identischen Zahlungsreihen zu höheren Barwerten führen als über die Perioden fallende Zinssätze ($i_1 > i_2 > \ldots > i_t$).

Kontrollfrage 12-4:

In welchen Fällen halten Sie eine Beschränkung auf die rein monetäre Sichtweise im Business Case für gerechtfertigt und wann wird umgekehrt eine Einbeziehung nicht-monetärer Aspekte zwingend nötig sein?

13 Darstellung und Vorstellung des Business Case

In diesem Kapitel erfährt der Leser:

- Warum nach dem Rechnen des Business Case noch nicht Schluss ist.
- Wie man die Ergebnisse des Business Case für die Adressaten darstellen soll.
- Welche Stolperfallen man bei der Aufbereitung und Präsentation der Ergebnisse vermeiden muss.

13.1 Zur Notwendigkeit der Präsentation von Business Cases

Die für die Erstellung und Auswertung von Business Cases zur Verfügung stehende Zeit ist in aller Regel zu kurz – zumindest wird es der Ersteller so empfinden. Meist werden die letzten Analysen oder die letzten Änderungen an den Annahmen bis kurz vor Abgabe der Ergebnisse durchgeführt. Oft geschieht der Prozess auch iterativ gemeinsam mit dem Adressaten. Diesem werden erste Teilergebnisse oder -erkenntnisse gezeigt, woraufhin er weitere Wünsche bezüglich Modellumfang oder Parameterwerten äußert und der Business Case Prozess einige Stufen weiter vorne im Prozess wieder von neuem beginnt, etc.

Auf jeden Fall wird in aller Regel die Zeit am Ende der Business Case Erstellung knapp. Was liegt da näher, als auf eine ausführliche Dokumentation und eine ansprechende Präsentation des Business Case zu verzichten und sich auf „das Wesentliche" – nämlich die Zahlen – zu beschränken?

So groß die Verlockung auch sein mag – der Ersteller des Business Case sollte ihr nicht erliegen. Den Business Case in seiner Struktur zu entwerfen, die notwendigen Daten zu sammeln und das Rechengerüst mit Leben zu füllen (d.h. die Rechnungen durchzuführen) ist definitiv zu wenig. Der Business Case kann seinen Zweck als Instrument zur Entscheidungsunterstützung nur dann voll entfalten, wenn er umfassend und den Bedürfnissen des Adressaten angepasst dargestellt wird.

Diese Darstellung umfasst in aller Regel sowohl eine schriftliche **Dokumentation** als auch eine mündliche **Präsentation**. Beide Teile der Darstellung gehen Hand in Hand und können gemeinsam die nach Abschluss des Rechnens noch zu überwindenden Hürden meistern helfen – nämlich:

1. Den Business Case verständlich machen ➔ Der Adressat versteht, wie der Ersteller vorgegangen und wie das Ergebnis entstanden ist.

2. Akzeptanz für die Ergebnisse des Business Case schaffen ➔ Der Adressat ist mit der Vorgehensweise einverstanden und akzeptiert den Business Case als passende Entscheidungsgrundlage.
3. Die mit dem Business Case bezweckte Entscheidung bewirken ➔ Der Adressat begreift den Business Case als Anstoß zur Entscheidung und stützt sich dabei auf die Inhalte und die Argumentation des Business Case.

Der fertige Business Case muss also nach Erstellung noch drei weitere Stufen erklimmen, um seinen Zweck endgültig erfüllt zu haben:

Erstellung

↓

Verständnis

↓

Akzeptanz

↓

Nutzung

Was immer als Business Case erstellt worden ist – es muss (vom Adressaten) auch verstanden werden. Was verstanden worden ist, hat wiederum höhere Chancen, akzeptiert zu werden. Was akzeptiert wird, hat schließlich höhere Chancen, auch genutzt zu werden – also das weitere Handeln zu beeinflussen. Und nur dann hat der Business Case seinen Zweck vollständig erfüllt.

Deshalb gilt für den Ersteller eines Business Case, dass Aufbereitung und Präsentation (sei es schriftlich und/oder mündlich) einen ganz wesentlichen Teil der Aufgabe darstellen. Dabei ist eine Reihe von Punkten zu beherzigen:

Frühzeitige Klärung der 5 Fragen

Die Klärung der „5 Fragen" eines jeden Business Case stellt sicher, dass überhaupt der richtige Business Case erstellt wird (siehe Kapitel 5). Wer von dem abweicht, was der Adressat benötigt bzw. erwartet, wird diesen Mangel auch mit einer noch so professionellen Präsentation und Dokumentation nicht mehr ausgleichen können. Deshalb sind die „5 Fragen" eine zwingende Voraussetzung für den Erfolg des Business Case. Bei einer „Themenverfehlung" kann der Ersteller weder auf Verständnis noch auf Akzeptanz und schon gar nicht auf eine Nutzung seiner Ergebnisse hoffen. Dies setzt voraus, dass die vom Ersteller gefundenen Antworten auf die 5 Fragen auch dem Adressaten gegenüber kenntlich gemacht werden (z.B. in einem erklärenden Textteil der Dokumentation explizit gelistet werden – siehe dazu gleich weiter unten).

Kenntlichmachung von Annahmen

Kein Business Case wird gänzlich ohne Annahmen erstellt werden können. Annahmen sind per se kein „Mangel", welchen es zu verstecken gilt – im Gegenteil: Für die Akzeptanz des Business Case ist es wesentlich, dass der Adressat unterscheiden kann zwischen sicheren Fakten, empirischen Daten (welche durchaus selbst unsicher oder unscharf sein können) und subjektiv getroffenen Annahmen.

Der Meinungsaustausch zwischen Ersteller und Adressat soll sich nicht um die Frage drehen, ob Annahmen überhaupt nötig sind, sondern ob im gegebenen Business Case die richtigen Annahmen getroffen worden sind. Zu diskutieren bleibt also, ob manche Annahmen nicht doch durch andere Daten ersetzt werden könnten/sollten. Dieser Diskussion muss sich der Ersteller des Business Case stellen. Wenn sie möglich ist, wird dies aber die Akzeptanz des Business Case insgesamt erhöhen.

Nennung der Quellen von Inputs

Die gleiche Überlegung erfordert auch eine Offenlegung der Quellen, welche für den Business Case benutzt worden sind. Dazu gehören natürlich alle Datenquellen, aber auch Personen, welche bei der Erstellung des Modells mitgeholfen haben oder bei der Entwicklung der verwendeten Annahmen beteiligt waren (z.B. Experteninterviews).

„Quelle" im Sinn des Business Case ist alles, was vom Ersteller des Business Case zu Rate gezogen worden ist für die Entwicklung des Modells, die Bereitstellung der benutzten Datenbasis und die Erstellung bzw. Auswertung der Ergebnisse. Wiederum gilt: Die Akzeptanz steigt, wenn man als Adressat des Business Case weiß, womit man es zu tun hat.

Rücksichtnahme auf Interesse und Vorwissen der Adressaten

Der Ersteller des Business Case weist im Vergleich zum Adressaten in der Regel ein höheres spezifisches (methodisches und/oder inhaltliches) Expertenwissen auf (sonst wäre er nicht mit der Erstellung des Business Case betraut worden). Er hatte außerdem mehr Zeit, um sich mit der Problemstellung zu beschäftigen, Zusammenhänge und Abhängigkeiten zu analysieren und daraus seine Schlüsse zu ziehen. Nach Abschluss der Arbeiten am Business Case ist das Know-how-Gefälle zwischen Ersteller und Adressat also noch weiter gewachsen.

Dem steht eine oft stärkere persönliche Involviertheit des Adressaten gegenüber, welcher eine als schwierig und gleichzeitig wichtig eingestufte Entscheidung zu treffen hat, die für die Organisation (und eventuell auch für den Entscheider selbst) deutliche Konsequenzen haben wird. Der Ersteller des Business Case hingegen hat mit der Anfertigung des Business Case den Großteil seiner Arbeit bereits getan. Seine Involviertheit wird an diesem Punkt also wieder abnehmen (außer er ist ein persönlich von der Entscheidung Betroffener).

Je größer die (empfundene) Wissenslücke des Adressaten und je höher der Grad seiner persönlichen Involviertheit, desto stärker wird der Adressat des Business Case ein typisches Verhalten zeigen:

1. Empfundener Zeitdruck: „So vieles ist (mir persönlich) noch unklar und dabei ist die Entscheidung so wichtig!"
2. Wunsch nach Klarheit und Eindeutigkeit der Aussagen: „Was bedeutet das alles? Kommen Sie zum Punkt!"

Damit wird der Business Case zu einem schwierigen Akt des Ausgleichs: Ausgleich zwischen unterschiedlichem Wissensstand und Ausgleich zwischen unterschiedlichem Grad an Involviertheit. Der Ersteller kann diesen Ausgleich auf mehrere Arten erreichen:

- Einbeziehung von Vertrauten des Adressaten schon während der Business Case Erstellung. Solche Vertraute (z.B. Assistenten, Stabsstellen, etc.) können bereits während der Erstellung kurze Rückmeldungen an den Adressaten über Fortgang, erste Zwischenergebnisse, verwendete Quellen, etc. geben und auf diese Art ein gewisses Vorwissen beim Adressaten schaffen bzw. den Grad der Unsicherheit von Anfang an reduzieren.
- Anpassen von Umfang und Struktur der erstellten Dokumentation. Hohe Wissenslücken erfordern umfangreichere Dokumentationen, welche dann allerdings deutlich in einen relativ rasch verständlichen Hauptteil und einen Anhang getrennt werden sollten. Alles, was die Fundiertheit der Analyse belegt (Quellen, detaillierte Modellbeschreibungen, mathematische Ableitungen, etc.), aber mehr Zeit und geistige Anstrengung zum Verständnis erfordert, sollte von den Kernaussagen getrennt werden.
- Gliederung des Business Case Prozesses in mehrere Teilabschnitte, für welche jeweils Zwischenergebnisse erstellt und präsentiert werden können. Auf diese Weise wird das anstehende Entscheidungsproblem gedanklich beim Adressaten in mehrere Teile getrennt, deren Bearbeitung einfacher ist und auch zeitlich versetzt erfolgen kann. Natürlich bleibt am Ende der Analyse die Gesamtentscheidung zu treffen. Diese kann dann aber bereits auf die Zwischenergebnisse der isoliert betrachteten Teilprobleme zurückgreifen, wodurch sich sowohl die empfundene Wissenslücke als auch der empfundene Zeitdruck beim Adressaten reduzieren lassen.

Begründung aller abgegebenen Empfehlungen

Der Business Case ist seiner Natur nach ein neutrales Instrument der Entscheidungsunterstützung. Es ist also nicht zwingend notwendig, in einem Business Case explizite Empfehlungen oder Bewertungen abzugeben. In der Praxis wird dies aber oft zumindest in gewissem Grad der Fall sein oder sogar erwartet werden. Dann müssen diese Empfehlungen natürlich begründet werden und aus den Ergebnissen des Business Case ableitbar sein.

Ehrlichkeit

Last but not least gilt es, eine Selbstverständlichkeit zu erwähnen: Die Erstellung eines Business Case lässt notgedrungen Raum für Subjektivität – vor allem bei der Erstellung des Modells und bei der Bildung von Annahmen. Diese unvermeidbare (und durch Dokumentation sichtbar zu machende!) Subjektivität ist deutlich zu unterscheiden von bewusster Täuschung, von irreführender Darstellung einzelner Ergebnisse oder einer absichtlich falschen oder unvollständigen Nutzung von Daten. Ehrlichkeit bleibt oberstes Gebot für den Ersteller des Business Case.

13.2 Tipps zur Dokumentation und Präsentation

Je wichtiger der Anlass für den Business Case (also die zu treffende Entscheidung) ist, desto umfangreicher wird die erforderliche schriftliche Dokumentation sein. Prinzipiell sind drei verschiedene Dokumentationsteile üblich:

Tabellenkalkulation

Dies ist das eigentliche „Rechenwerk", in welchem das Modell in Form von mathematischen Verknüpfungen einzelner Variablen implementiert ist. Die verwendeten Inputs werden in diesem Dokument (typischerweise eine Excel-Datei) dazu benutzt, die quantitativen Ergebnisse des Business Case (inklusive einer Analyse der inhärenten Unsicherheit) abzuleiten.

Bericht

Die Berechnungen sind nur beschränkt selbsterklärend – auch bei einer ausführlichen Kommentierung direkt in der Tabellenkalkulation (siehe dazu gleich weiter unten). Deshalb werden die Ausgangslage, die Vorgehensweise, die verwendeten Inputs sowie die daraus ermittelten Ergebnisse und abgeleiteten Schlüsse meist (aber nicht immer!) in einem getrennten Bericht, d.h. einem Textdokument, erklärt und näher dargestellt.

Präsentation

Die persönliche Vorstellung des Business Case wird heute oft multimedial unterstützt – zumindest in Form von Folien, welche die wesentlichen Punkte in einer benutzerfreundlichen Form aufbereiten.

Im Folgenden sollen zu allen drei Teilen einer Business Case Dokumentation noch einige zusätzliche Tipps und Anregungen gegeben werden.

13.2.1 Tabellenkalkulation - Das „Rechenwerk"

Die Tabellenkalkulation ist mehr als ein Vehikel zur Erzeugung der mathematischen Ergebnisse. Sie muss in der Phase der eigentlichen Business Case Erstellung die Brücke schlagen zwischen der gedanklichen Welt des Modells (ausgedrückt in Begriffen und logischen Zusammenhängen) und der mathematischen Welt des „Rechenwerks", in dem Variablen mit bestimmten Werten (d.h. Zahlen) über mathematische Operationen verknüpft werden. Das Rechenwerk muss also Begriffe in Variablen und logische Zusammenhänge in mathematische Operationen übersetzen.

Diese Übersetzung geschieht durch den Ersteller bei der Anfertigung des Business Case, aber danach noch einmal durch den Adressaten bei dessen Nutzung. Damit werden an das Rechenwerk hohe Anforderungen gestellt, was Nachvollziehbarkeit, Benutzerfreundlichkeit und Anwendungsflexibilität betrifft. Um diese Anforderungen bestmöglich zu erfüllen, empfiehlt es sich, eine Reihe von „best practices" zu berücksichtigen:

1. **Beschränkung auf eine einzige Datei.** Die Konzentration des Rechenwerks in einer einzigen Datei erleichtert das Aktualisieren von Formeln und Bezügen während der Erstellung, vereinfacht die Verteilung der Ergebnisse und vermeidet Probleme mit fehlenden Bezügen und Verknüpfungen zu anderen Dateien.

2. **Aufteilung der Tabellenkalkulation auf verschiedene Arbeitsblätter.** Umfangreiche Modelle werden sehr rasch unübersichtlich und führen zu „Tapeten", welche sich weder ausgedruckt noch direkt am Bildschirm vernünftig überschauen und verstehen lassen. Besser ist eine Strukturierung in der Form, dass jedes Teilmodell des Business Case in einem eigenen (entsprechend benannten) Arbeitsblatt dargestellt wird. Eigene Arbeitsblätter sollten für zentrale Inputs (Annahmen) und für die Hauptergebnisse des Business Case angelegt werden (evtl. inklusive einiger aussagekräftiger Grafiken).

3. **Farbliche Unterscheidung von Inputs, Outputs und automatisch kalkulierten Zwischenergebnissen.** Auf diese Weise ist für den Anwender eindeutig ersichtlich, wo eigener Input erforderlich ist, was im Rechenwerk automatisch erzeugt wird (und damit nicht verändert werden darf) und wo die letztlich interessierenden Ergebnisse stehen.

4. **Vergabe von aussagekräftigen Zellennamen** für häufig verwendete Variablen. So macht es durchaus Sinn, die Zelle, in welcher der verwendete Diskontzins festgelegt wird, mit der Bezeichnung „Zins", „WACC" oder dergleichen zu belegen. Bei jeder weiteren Verwendung im Modell (in anderen Arbeitsblättern) kann dann an Stelle der Zelle („A15") der Name („Zins") verwendet werden. Dies erleichtert die Fehlersuche (falsche Bezüge) und verbessert die Nachvollziehbarkeit des Modells enorm.

5. **Ansprechende Formatierung.** Viele Business Case Ersteller tendieren dazu, den Gebrauchswert der Tabellenkalkulation zu unterschätzen, und legen wenig Wert auf Formatierungen und ansprechendes Layout. In vielen Fällen wird aber genau diese Datei näheren Prüfungen unterzogen bzw. zum Werkzeug für weitergehende Analysen durch den Adressaten. Dies wird erheblich erleichtert, wenn logisch zusammengehörige Zwischenschritte durch Leerzeilen oder Umrandungen getrennt sind, die Zeilen- und Spaltengrößen eine vollständige Darstellung der Inhalte erlauben, fettgedruckte Überschriften eingefügt sind sowie Annahmen oder Modellschritte in Form von Kommentarfeldern direkt in der Kalkulation erläutert werden. All dies bedeutet zwar zunächst einen gewissen Mehraufwand (den der Ersteller unter Zeitdruck scheuen mag), welcher sich aber in späteren Phasen mehrfach bezahlt macht.

6. **Vorbereitete Szenariomöglichkeit.** Es ist zu erwarten, dass der erstellte Business Case häufig einer Reihe von verschiedenen „Was wäre, wenn…"-Fragestellungen unterworfen wird. Diese einzelnen Szenarien unterscheiden sich in ihren Annahmen, d.h. den Werten für die Inputvariablen. Hilfreich ist deshalb, wenn in einem „Input"- oder „An-

nahmen"-Arbeitsblatt nicht nur ein Satz an Werten definiert werden kann, sondern bereits eine Reihe von alternativen Wertesätzen. Welcher Satz von Annahmen dann jeweils für die Berechnungen verwendet werden soll, kann über eine weitere Variable „gewähltes Szenario" direkt im Annahmen-Blatt gesteuert werden. So bleiben die Szenarien zum einen direkt vergleichbar (übersichtliche Darstellung im gleichen Arbeitsblatt), zum anderen lassen sich die Effekte mit wenigen Mausklicks einzeln aufrufen und gegenüberstellen.

13.2.2 Bericht - Der erklärende Textteil

Schriftliche Berichte sind für den Ersteller wahrscheinlich der undankbarste der drei Dokumentationsteile eines Business Cases.

Die Erstellung verursacht unter Umständen sehr hohen Aufwand, der Effekt und die weitere Nutzung sind für den Ersteller aber sehr schwierig vorhersehbar. Manche Berichte verschwinden in der Schublade, ohne jemals gelesen worden zu sein. Andere Berichte werden an Dritte weitergegeben, welche in den früheren Schritten nicht involviert waren und deshalb mit den Inhalten nichts anfangen können. In wieder anderen Fällen wird der Bericht – und damit mittelbar auch sein Ersteller – als „Kronzeuge" in internen Streitigkeiten und Machtkämpfen benutzt. Dies ist zwar prinzipiell auch mit den beiden anderen Dokumentationsteilen (Kalkulation, Präsentation) denkbar, wird dort aber nicht so wahrscheinlich sein. In der Präsentation ist der Ersteller selbst anwesend und kann den Effekt bzw. die Aufnahme seiner Inputs zumindest beeinflussen. Die Kalkulation wird in aller Regel als Ergebnis eines längeren, interaktiven Prozesses entstanden sein, womit der Adressat in gewissem Sinne zum „Mitautor" wird. Dies steigert das Interesse an den Inhalten und kanalisiert auch zum Teil die weitere Verwendung. Der Bericht hingegen entsteht am Ende des Prozesses, oft in kurzer Zeit und ohne große Absprache mit dem Adressaten.

Was bedeutet dies für den Ersteller?

1. **Notwendigkeit klären.** Bevor ein Bericht geschrieben wird, sollte der Ersteller den Bedarf des Adressaten nach einem solchen Dokument explizit klären. In manchen Fällen werden allein die Unterlagen der Abschlusspräsentation (Handouts, Folien) als ausreichende Dokumentation angesehen werden. Gehören Ersteller und Adressat zum gleichen Unternehmen, kann dies sogar der Regelfall sein, weil man im Falle von Rückfragen ja prinzipiell auch nachträglich jederzeit die Möglichkeit zur Kontaktaufnahme hat und deshalb keinen abschließenden, alle denkbaren zukünftigen Zusatzfragen behandelnden Bericht benötigt.

2. **Adressaten klären.** Der Bericht kann wie oben angedeutet durchaus einen anderen (nämlich größeren!) Adressatenkreis haben als die eigentlichen Ergebnisse des Business Case. Daraus ergibt sich die Notwendigkeit, bestimmte Punkte ausführlicher zu dokumentieren, andere dagegen nur kurz zu behandeln. Unter Umständen ist der Bericht überhaupt nicht für den Adressaten der Ergebnisse bestimmt, sondern für Externe (z.B. die Hausbank oder einen Lieferanten, dessen Angebot geprüft worden ist), oder für

vorgesetzte Dritte (Unternehmensleitung). Im Idealfall kann der Ersteller also einen „maßgeschneiderten" Bericht liefern. Ist dies nicht möglich (weil er den endgültigen Adressatenkreis des Berichts und dessen weitere Verwendung nicht kennt), so sollte sich der Bericht immer an den Adressaten der Business Case Ergebnisse richten. In den Bericht gehört demnach alles, was diesem nützt, ihn interessiert und ihm hilft, die Ergebnisse zu verstehen.

3. **Abgeschlossenheit.** Der Bericht muss „für sich" sprechen, denn der Ersteller kann keine weitere Hilfestellung zu seinem Verständnis liefern. Die Inhalte des Berichts müssen also auch zu späteren Zeitpunkten verständlich und nachvollziehbar sein, der Bericht muss (soweit dies möglich ist) von ihm aufgeworfene Fragen auch selbst beantworten. Er sollte so weit als möglich nicht auf andere Dokumente verweisen (weil diese nicht unbedingt zusammen mit dem Bericht zur Verfügung stehen müssen). Auf jeden Fall sollte der Bericht Namen und Kontaktdaten des Erstellers nennen, damit für einen Leser des Berichts die Chance zur Kontaktaufnahme gewahrt bleibt.

4. **Struktur.** Der Bericht kann durchaus und soll sogar Ausschnitte sowohl aus der Kalkulation (Tabellen und Grafiken) als auch aus der Präsentation (Visualisierungen) enthalten. Er darf sich aber nicht als bloße Reproduktion dieser beiden Teile entpuppen. Der Bericht – so er denn vom Adressaten gewünscht ist – ist vollständig ausformuliert (lieber gar kein Bericht als ein „Stichwortzettel"), und hat einen nachvollziehbaren, logischen Aufbau. Dieser kann grob wie folgt aussehen:

   - Kurzdarstellung von Aufgabe, Vorgehen und Ergebnissen („Management Summary")
   - Zielsetzung, Aufgabenstellung (inklusive der „5 Fragen")
   - Ausgangssituation
   - Darstellung der Alternativen (inklusive der Alternative „Laufen Lassen")
   - Beschreibung des Vorgehens, des benutzten Modells sowie der verwendeten Daten
   - Abschätzung der Konsequenzen jeder Alternative auf den Unternehmenserfolg (die eigentlichen Ergebnisse), Beurteilung der Vorteilhaftigkeit
   - Darstellung der Unsicherheitsfaktoren, Risikoeinschätzungen
   - Empfehlungen (falls gewünscht)
   - Ausblick auf notwendige nächste Schritte

   Die Gewichtung bzw. der inhaltliche Umfang der einzelnen Teile hängt vom Adressatenkreis ab und sollte so weit als möglich vorab vom Ersteller geklärt werden.

13.2.3 Präsentation - Die multimediale Aufbereitung

Man mag es gut oder schlecht finden – Tatsache ist, dass die Bedeutung multimedial unterstützter Präsentationen im Geschäftsleben gewachsen ist. Dies bedeutet nicht, dass die Abschlusspräsentation eines Business Case zu einer (von niemandem wirklich gewollten) „Power Point Schlacht" ausarten muss oder gar soll. Die Präsentation ist aber sowohl für den Ersteller als auch für den Adressaten ein ganz wesentlicher Bestandteil des Business Case Prozesses.

- Für den Ersteller ist es eine wichtige (und oft die letzte) Möglichkeit, seine Arbeit darzustellen und Feedback vom Adressaten einzuholen.
- Für den Adressaten wiederum ist es die (oft einzige) Gelegenheit, die Inhalte und Aussagen des Business Case gemeinsam mit dem Ersteller durchzugehen, Fragen zu stellen und die weitere Verwendung der Ergebnisse zu diskutieren.

Damit die Präsentation für beide Seiten erfolgreich verläuft, sollte der Ersteller auch hier einige Regeln beachten.

1. **Keine Überraschungen.** Die Präsentation eines Business Case ist keine Zaubervorstellung, bei der die Zuschauer gespannt auf das warten, was da kommen mag. Die wichtigsten Aussagen sollten bereits zu einem früheren Zeitpunkt an den oder die Adressaten kommuniziert worden sein. Beide Seiten – Ersteller und Adressat – sollten also ungefähr wissen, was sie in der Präsentation erwartet. Der Adressat kennt die großen Aussagen, welche nunmehr in der Präsentation näher erläutert und begründet werden können. Der Ersteller wiederum kennt die Reaktion des Adressaten, weiß um eventuelle Zweifel und Vorbehalte oder derzeit noch offene Fragen und kann sich entsprechend vorbereiten. Auf jeden Fall ist eine abschließende Präsentation nicht der geeignete Ort für große Überraschungen (Ersteller: „Und hier ist das Ergebnis!" Adressat: „Und jetzt sage ich Ihnen einmal, was ich davon halte!"). Hier hat der Ersteller dafür zu sorgen, dass die wesentlichen Inhalte seiner Arbeit den Adressaten bereits vorab erreicht haben, z.B. indem eine schriftliche Zusammenfassung rechtzeitig verteilt worden ist oder es die Gelegenheit zu einem informellen Briefing vor der Präsentation gab, etc.
2. **Keine Details.** Eine Abschlusspräsentation ist auf Grund der zur Verfügung stehenden Zeit und des unter Umständen großen Teilnehmerkreises nicht der geeignete Ort für ausschweifende Begründungen und die Darstellung einzelner Details. Der Ersteller sollte sich in der Präsentation auch nicht mehr für sein Vorgehen rechtfertigen müssen. Die eingesetzte Methode, das aufgestellte Modell oder die verwendeten Daten sind zu diesem Zeitpunkt ohnehin nicht mehr änderbar. Eine kurze Darstellung dieser Punkte genügt, um eine gemeinsame Basis für das Verständnis der erzielten Ergebnisse zu schaffen. Alles darüber hinaus gehört in den schriftlichen Bericht, aber nicht in die Abschlusspräsentation.
3. **Ergebnisorientierung.** Dies ist im zweifachen Sinn zu verstehen. Zum einen muss natürlich die Präsentation selbst das gewünschte Ergebnis erzielen: siehe oben. Zum anderen sollte die Präsentation vor allem auf die Ergebnisse des Business Case fokussieren und weniger auf Methodik, Datenlage, Modellüberlegungen, etc. Der Adressat erwartet Ergebnisse und weniger die Aufzählung von Schwierigkeiten und wie diese überwunden worden sind.
4. **Professionelle Präsentationstechnik.** Dies bedeutet nicht, dass der Ersteller eine „Show" liefern sollte. Unter Professionalität ist hier vielmehr gemeint: der sichere Umgang mit den verwendeten technischen Hilfsmitteln, ein konzentrierter Vortrag ohne Hänger und inhaltliche Schwächen, professionelles Zeitmanagement (die zur Verfügung stehende Zeit wird weder überzogen noch mit irrelevanten Details gefüllt) und

eine ansprechende (aber nicht überladene) Darstellung der präsentierten Inhalte (z.B. mit Folien und/oder Handouts).

5. **Anpassung an die Erwartungen des Adressaten.** Wenn auch der Ersteller der *aktivere* Teilnehmer in der Präsentation sein wird – der *wichtigere* ist definitiv der Adressat! Deshalb sind es seine Erwartungen und Wünsche, welche den Ablauf, den Umfang und die Struktur der Präsentation bestimmen sollten. Natürlich gilt es, dies soweit als möglich bereits im Vorfeld zu klären (Wie viel Zeit steht zur Verfügung? Was ist dem/den Adressaten bereits bekannt? Welche Fragestellungen werden als besonders wichtig angesehen und müssen explizit angesprochen werden? Etc.). Es gehört aber auch zur Professionalität des Erstellers, in der Präsentation flexibel auf geäußerte Wünsche des Adressaten einzugehen und nicht starr an einem bestimmten Ablauf festzuhalten. Wünscht der Adressat Details zu einem bestimmten Thema, so soll er sie bekommen. Wenn er andere Teile bereits vorab erfahren hat und deshalb nicht noch einmal diskutieren möchte, so dürfen sie gekürzt oder übersprungen werden, etc. Bei der Präsentation als letztem Schritt des Business Case Prozesses gilt mehr denn je: Der Adressat ist der Kunde!

„Ein neuer Platz für die Soft&Schlank GmbH" - Ein Fallbeispiel

Der „Tag X" ist da. Rainer Schlau und Kurt Grips setzen sich ein letztes Mal zusammen. Rainer Schlau hält keine große Präsentation. Stattdessen hat er noch einmal die Ergebnisse des Business Case mitgebracht, einige Kernaussagen in Form von Grafiken und Diagrammen aufbereitet und das Modell als Flussdiagramm ausgedruckt. Kurz und zügig rekapituliert Rainer Schlau noch einmal die Punkte, die in mehreren früheren Runden zwischen den beiden bereits besprochen worden waren.

Da Kurt Grips die Entstehung des Business Case eng mitverfolgt hat, verzichtet er auf eine umfangreiche schriftliche Dokumentation. Er weiß, was getan wurde. Trotzdem bekommt er von Rainer Schlau eine schmale Mappe mit den Ausdrucken aller Tabellen und Grafiken – und natürlich auch mit den Ergebnissen der Runde vom Vortag. „Die wirst Du vielleicht brauchen, wenn Du das nächste Mal zur Bank gehst", meint Rainer Schlau.

In der heutigen Runde geht es mehr darum, die letzten offenen Fragen von Kurt Grips zu klären. Er muss die Entscheidung treffen, und der Job von Rainer Schlau ist es, ihn dabei so weit als möglich zu unterstützen. Solange Kurt Grips noch Fragen hat, betrachtet er seine Aufgabe noch nicht als abgeschlossen – Dokumentation hin oder her.

„Ich habe gestern Abend noch eine Weile nachgedacht, wie ich die Ergebnisse des Business Case mit unseren gestrigen Diskussionen zusammenbringen soll. Du wolltest mir dabei noch helfen." Richtig, das wollte Rainer Schlau. Er zieht ein weiteres Blatt aus seiner Mappe, welche die Nutzwerttabelle von gestern darstellt, allerdings mit einer Ergänzung: Der Barwert (also das Ergebnis des monetären Business Case) wurde als weiteres Kriterium eingefügt und nun ebenfalls mit einer Gewichtung versehen. Außerdem hat er den „relativen Vorteil" als Differenz der beiden gewichteten Punktesummen eingeführt. Der relative Vorteil zeigt, welche Alternative – abhängig von den eingeführten Gewichtungen – vorteilhafter ist. Die Tabelle zeigt allerdings einen Wert „Null". Rainer Schlau hat nämlich das Gewicht des neuen Kriteriums „Barwert" so gewählt, dass sich beide Alternativen als genau gleichwertig darstellen. Dazu hat er die anderen Gewichte so angepasst, dass die *relative* Gewichtung der nicht-monetären Kriterien unverändert geblieben sind, *in Summe* aber wieder ein Gesamtgewicht von 100 entsteht:

Einflussfaktoren	Barwert	Motivations-wirkung	Repräsentativität, Kundenwirkung	Verkehrs-anbindung	"Raumreserve"	SUMME	
Gewicht	41,2	17,6	11,8	11,8	17,6	100	
Variante 1 - Kauf Gewerbegebiet	1	2	1	3	3	**10**	ungewichtet
Variante 2 - Miete Stadtzentrum	2	2	3	2	0	**9**	
Variante 1 - Kauf Gewerbegebiet	41,2	35,3	11,8	35,3	52,9	**176,5**	gewichtet
Variante 2 - Miete Stadtzentrum	82,4	35,3	35,3	23,5	0,0	**176,5**	

Bewertung: 0 = sehr schlecht
...
3 = ausgezeichnet

relativer Vorteil: 0

Das neue Kriterium „Barwert" trägt nun ein Gewicht von ca. 41%. „Was sagt mir das?" fragt Kurt Grips. „Ganz einfach: Wenn Du den monetären Nutzen, so wie ich ihn im eigentlichen Business Case ermittelt habe, mit mehr als 41% gewichtest, dann wird die Alternative der Miete vorteilhafter. Der unmittelbare Nutzen in Form von niedrigeren Auszahlungen kompensiert dann die gestern abgeschätzten Nachteile in den weichen Faktoren. Wenn Du allerdings die Gewichtung des Barwerts niedriger als 41% einstufst, dann gewinnen die weichen Faktoren an Bedeutung und die Alternative des Kaufs wird relativ vorteilhafter. Wie Du diese beiden Kriteriengruppen gewichtest, können Dir aber kein Business Case und kein Berater vorschreiben. Das ist Deine ganz persönliche Entscheidung, Kurt. Du bist der Chef und Du musst entscheiden!"

Das überzeugt Kurt Grips. Er hat keine weiteren Fragen. Mit einem zufriedenen Lächeln um die Mundwinkel blättert er noch einmal die Mappe mit den Ausdrucken durch. Er betrachtet die Ergebnisse des Vortags und die heute von Rainer Schlau gelieferte Gegenüberstellung von monetärem und nicht-monetärem Ergebnis. „Rainer, ich wusste, Du würdest einen guten Job machen, und das hast Du gemacht. Ich habe alles, was ich brauche, um zu entscheiden. Ich danke Dir für Deine Unterstützung! Ach, und übrigens: Ich habe mich entschieden!"

Mit diesen Worten geht Kurt Grips zur Ablage an der Wand und kommt mit zwei Gläsern Sekt zurück …

13.3 Kontrollfragen zu Kapitel 13

Kontrollfrage 13-1:

Der Abgabetermin Ihres Business Case rückt immer näher. Sie kommen, wie von Ihnen bereits befürchtet, immer stärker in Zeitnot und überlegen, ob Sie auf einen schriftlichen Bericht verzichten können und sollen. Von welchen Kriterien werden Sie die Antwort abhängig machen?

Kontrollfrage 13-2:

Ihr Projektteam steht kurz vor Abschluss des Business Case Projekts, in welchem Sie für die Geschäftsleitung Ihres Unternehmens den Aufbau eines Produktionsstandortes in Osteuropa analysiert haben. Ihr Kollege hat bereits einen Entwurf für die Struktur des angeforderten Abschlussberichts erstellt. Sie finden die folgende Gliederung mit kurzen Erläuterungen:

1. Einleitung (Warum wir in Osteuropa produzieren müssen)
2. Ist-Zustand (Warum wir nicht mehr nur lokal produzieren können)
3. Ergebnisse (Warum es sich sehr bald rechnet)
4. Empfehlung (Wie wir den Schritt rasch umsetzen können)

Werden Sie diese Struktur übernehmen? Was würden Sie eventuell ändern?

Kontrollfrage 13-3:

Das Beratungsunternehmen „Schlauberger & Co" hat in mühevoller Detailrecherche und unter Auswertung vieler verschiedener Quellen eine umfangreiche Studie erstellt, in welcher sie die Konsequenzen von Just-in-Time-Lieferung und -Produktion für die Klein- und Mittelbetriebe der metallverarbeitenden Industrie analysiert. Herzstück der Studie sind drei generische Business Cases, in welchen für fiktive, aber an reale Unternehmen angelehnte Beispiele der Nutzen und die Kosten einer Umstellung auf Just-in-Time berechnet und dargestellt werden. Die Studie soll nunmehr an möglichst viele Interessenten verkauft werden. Um den Wissensvorsprung nicht völlig aus der Hand zu geben, werden Quellen nur anonym genannt und das zu Grunde gelegte Analysemodell wird nur in groben Zügen beschrieben. Ebenso bleiben bestimmte Annahmen, welche Schlauberger & Co aus Experteninterviews gewonnen hat, unerwähnt. Schließlich möchte das Beratungsunternehmen interessierte Unternehmen bei der eigentlichen Umstellung als Berater (gegen Bezahlung) begleiten und will deshalb nicht „das gesamte Pulver in der Studie verschießen".

Welche Schwierigkeiten können mit dem generischen Business Case bezüglich Verständnis, Akzeptanz und Nutzung auftreten?

Kontrollfrage 13-4:

Wie beurteilen Sie die Richtigkeit bzw. Zweckmäßigkeit der folgenden Aussagen bezüglich der Abschlusspräsentation eines Business Case?

1. „Die Präsentation ist der wichtigste Teil, da muss ein echter Profi ran. Deshalb ist es besser, wenn die Präsentation von jemandem gemacht wird, der zwar nicht beim Business Case dabei war, aber gut präsentieren kann."

2. „Wenn ich bei der Präsentation noch etwas erklären muss, habe ich im Vorfeld der Business Case Erstellung etwas falsch gemacht. Zu dem Zeitpunkt ist bereits alles geklärt. Die Präsentation ist eher eine Aufmerksamkeit gegenüber dem Adressaten denn wirklich notwendige Erklärung der Ergebnisse."

3. „Ich kann noch so toll präsentieren – das einzige, was hängen bleibt, sind doch die bunten Folien. Deshalb lege ich mich da immer besonders ins Zeug. Das kann den ganzen Business Case in ein anderes Licht rücken."

14 Literaturhinweise

Dieses Werk versteht sich als praxisorientierter Leitfaden, in welchem der Anwendungsbezug der Inhalte im Vordergrund steht. Mancher Leser mag deshalb tiefergehende theoretische Begründungen oder mathematische Ableitungen vermissen. Außerdem wurde im Text auf Querverweise zu anderen Quellen verzichtet, was Leser, die vornehmlich Lehrbücher gewohnt sind, ebenfalls eher ungewöhnlich finden werden.

Das bedeutet nicht, dass es keine anderen Quellen gäbe, die ein interessierter Leser zu Rate ziehen könnte. Die Literatur zu einzelnen Kapiteln dieses Leitfadens ist teilweise extrem umfangreich und vielfältig (insbesondere zu allen Aspekten des „Rechnens" – also der Anwendung von Methoden der Investitionsrechnung).

An dieser Stelle soll aber nur eine – bewusst subjektive und unvollständige – Vorschlagsliste den Text ergänzen und dem Leser, der sich für weitere Details oder vertiefende Beschreibungen einzelner Themen interessiert, einen ersten Anhaltspunkt liefern.

Kapitel 4 (teilweise), Kapitel 6, Kapitel 13 (teilweise):

Das Erstellen eines Business Case wurde hier als eine Art von **Projekt** dargestellt. Wer mehr über die Themen „Projektteam", „Projektsteuerung", „Projektpräsentation", etc. erfahren möchte, kann z.B. folgende Bücher zu Rate ziehen:

- BOHINC, Tomas: Grundlagen des Projektmanagements. Methoden, Techniken und Tools für Projektleiter, Offenbach 2010
- LITKE, Hans-Dieter: Projektmanagement. Methoden, Techniken, Verhaltensweisen. Evolutionäres Projektmanagement, München 2007

Beide Werke sind praxisnahe „Standardwerke" des Projektmanagements und beschreiben wesentliche Überlegungen, welche auch der Ersteller eines Business Case anstellen muss.

Kapitel 8, Kapitel 10, Kapitel 11, Kapitel 12:

Das Feld der **Investitionsrechnung** wird in einer Vielzahl von Werken abgedeckt. Auszugsweise seien hier die folgenden genannt:

- BLOHM, Hans / LÜDER, Klaus / SCHÄFER, Christina: Investition. Schwachstellenanalyse des Investitionsbereichs und Investitionsrechnung, München 2012

Ein „Klassiker", der inzwischen seit über 40 Jahren immer wieder aktualisiert wird und nunmehr unter einem veränderten Titel erscheint.

- KRUSCHWITZ, Lutz: Investitionsrechnung (13. Aufl.), München 2011

Ebenfalls ein Standardwerk, teilweise mit mathematisch anspruchsvolleren Passagen.

- DÄUMLER, Klaus-Dieter / GRABE, Jürgen: Grundlagen der Investitions- und Wirtschaftlichkeitsrechnung (12. Aufl.), Berlin 2007

Setzt keine Vorkenntnisse voraus und wendet sich explizit auch an Leser mit technischer Ausbildung, welche sich mit dem Thema auseinandersetzen wollen oder müssen.

Kapitel 7:

Zu Fragen der **Modellbildung** allgemein kann der interessierte Leser ein (bereits älteres, aber nach wie vor als Standard betrachtetes) Werk zu Rate ziehen:

- SCHANZ, Günther: Einführung in die Methodologie der Betriebswirtschaftslehre, Köln 1975

15 Antworten zu den Kontrollfragen

Antworten zu Kapitel 2

Kontrollfrage 2-1:

- Aufnahme eines Privatkredites ja

Die Entscheidungssituation erfüllt die genannten typischen Kriterien: für den Entscheider wesentlich, Alternativen komplex, keine Alternative unmittelbar als die vorteilhaftere erkennbar. Allerdings wird ein kreditfinanzierter Wohnungskauf in der Regel nicht nur auf Basis von monetären Überlegungen entschieden werden. Hier werden auch nicht-monetäre Aspekte (z.B. persönliche Vorlieben, Sympathien) eine wichtige Rolle spielen. Dies schließt aber die Erstellung eines Business Case nicht aus.

- Teilnahme an Branchenmesse (tendenziell) ja

Zu fragen ist, ob die Entscheidung vom Unternehmen als so wesentlich eingestuft wird, dass sich der Aufwand einer Business Case Erstellung lohnt. Prinzipiell wäre die Fragestellung aber für einen Business Case geeignet.

- Wechsel der Sicherheitsfirma (eher) nein

Die monetären Konsequenzen sind wahrscheinlich nicht gravierend genug. Außerdem überwiegen wahrscheinlich nicht-monetäre Aspekte (eben z.B. Sicherheit, Verlässlichkeit, etc.), sodass eine Nutzwert-Analyse ausreichen müsste.

- Kaufangebot zur Übernahme des Konkurrenten ja

Dies ist ein klassischer Fall für die Erstellung eines Business Case, da alle Kriterien erfüllt sind.

- Neugestaltung des Firmenlogos (eher) nein

Die finanziellen Konsequenzen beschränken sich beileibe nicht auf die Kosten der Erstellung des neuen Logos. Hier sind vor allem auch die mittelbaren Kosten und Nutzen (Image, Werbewirksamkeit) zu berücksichtigen. Diese sind nur sehr schwer in Geld zu quantifizieren, sodass ein Business Case hier mit sehr hoher Unsicherheit belastet wäre. Da das Logo wieder lange in Gebrauch sein wird und deshalb die Wirkungen über eine sehr lange Zeitspanne verteilt sind, wird auch aus diesem Grunde ein Business Case mit sehr unsicheren Aussagen arbeiten müssen. Am Ende bleibt die Neugestaltung des Firmenlogos ein Problem, das sich nur sehr schwer „rechnen" lässt.

Kontrollfrage 2-2:

Ein Business Case ist ein Instrument zur Entscheidungsunterstützung und primär eine quantifizierte Abschätzung der monetären Konsequenzen einer (noch zu treffenden) Entscheidung.

Ein Business Plan ist die Darstellung eines Ziels und der Strategie zur Erreichung dieses Ziels. Die Entscheidung ist bereits getroffen, der Weg zur Umsetzung wird im Business Plan beschrieben. Ein Business Case kann Teil eines Business Plan sein, aber nicht umgekehrt.

Siehe Kapitel 2.2 für mehr Details.

Kontrollfrage 2-3:

Eine Kalkulation ermittelt die Kosten eines eng definierten Objekts (Produkt, Auftrag, etc.). Dies kann im Voraus oder im Nachhinein geschehen. Ein Business Case ist immer vorausschauend und betrachtet zahlungswirksame Größen (welche nicht mit Kosten zusammenfallen müssen). Einzelne Kalkulationen finden sich in der Regel in jedem Business Case wieder.

Antworten zu Kapitel 3

Kontrollfrage 3-1:

Ein Aufteilen der drei Aufgabentypen „Rechnen", „Strukturieren" und „Organisieren" macht begrenzt Sinn. Zweckmäßig ist alles, was im Rahmen einer Arbeitsteilung zu höherer Effizienz führt: Der inhaltliche Experte muss sich nicht auch noch um organisatorische Fragen kümmern, jeder im Team übernimmt die Kontaktpflege zu Informationsquellen aus seinem Umfeld, etc. Die eher organisatorischen Aufgaben lassen sich sinnvoll bei einem Business Case Projektleiter konzentrieren. Nicht zu unterschätzen ist (wie bei jedem Projekt) der Koordinationsaufwand, welcher bei Aufgabenteilung anfällt und Zeit kostet (welche wiederum meist knapp ist). Der im Business Case so wichtige Austausch von Ideen und Know-how zur Definition des passendsten Modells und zur Diskussion der Annahmen sollte nicht durch ein exzessives Fragmentieren der Aufgaben zusätzlich erschwert werden.

Wesentliches Kriterium wird die Größe des gebildeten Projektteams sein. Besteht diese nur aus einer einzigen Person, hat sich das Thema „Aufgabenteilung" bereits erledigt …

Kontrollfrage 3-2:

Fall 1: Maschinenbau Süd AG

Auftraggeber:	Unternehmensbereich „Services“
Entscheider:	Unternehmensleitung Maschinenbau Süd AG
Ersteller:	interne Arbeitsgruppe

Fall 2: Einzelunternehmer Robert M.

Auftraggeber:	Robert M.
Entscheider:	Robert M.
Ersteller:	Berater der Hausbank

Fall 3: Luftikus Bau

Auftraggeber:	Luftikus Bau
Entscheider:	Robert M.
Ersteller:	Luftikus Bau

Kontrollfrage 3-3:

Fall 1: Maschinenbau Süd AG

1. „Welche Entscheidung?“

Wahlentscheidung (mehrere Angebote müssen verglichen werden)

2. „Welcher Adressat?“

Unternehmensleitung, aber (vielleicht nicht offen ausgesprochen) auch die Leitung des Unternehmensbereichs.

3. „Welcher Zeithorizont?“

Wahrscheinlich mehrere Jahre, da der Anbieter und damit das System nicht oft gewechselt werden können (Wechselkosten).

4. „Welcher Detaillierungsgrad?“

Wahrscheinlich detailliert, da Detailinformation im Haus vorhanden, möglicherweise Betrachtung auf Quartalsbasis sinnvoll (um zeitliche Effekte genauer zu verorten).

5. „Welche Darstellungsform?"

Das hängt von den genauen Vorgaben der Unternehmensleitung ab. Auf jeden Fall wird es irgendeine Art von Bericht der Arbeitsgruppe an den Auftraggeber geben. Das Ergebnis kann sich also nicht nur auf eine Tabellenkalkulation beschränken.

Fall 2: Einzelunternehmer Robert M.

1. „Welche Entscheidung?"

Einzelentscheidung (Ist die Expansion sinnvoll oder nicht?)

2. „Welcher Adressat?"

Primär Robert M., aber mittelbar auch seine Hausbank, welche die Expansion teilfinanzieren soll und damit ebenfalls von der Sinnhaftigkeit überzeugt sein muss.

3. „Welcher Zeithorizont?"

Sicher mehrere Jahre, da vor allem die positiven Wirkungen erst mit einiger Verzögerung erwartet werden können und deshalb bei kurzer Betrachtung die Analyse unvollständig wäre.

4. „Welcher Detaillierungsgrad?"

Detailliert wäre wünschenswert, allerdings wird der Berater der Hausbank nicht über die umfangreiche Detailkenntnis der Firmenverhältnisse verfügen und unter Umständen auch den betrachteten Absatzmarkt nicht als Experte beurteilen können. Deshalb wird er wahrscheinlich ein nicht allzu detailliertes Modell wählen und sich mit Annahmen behelfen müssen.

5. „Welche Darstellungsform?"

Hier wird der Berater sicher einen schriftlichen Bericht erstellen müssen – für Robert M. und für seinen Arbeitgeber, die Bank.

Fall 3: Luftikus Bau

1. „Welche Entscheidung?"

Einzelentscheidung (Ist das System von Luftikus Bau attraktiv?)

2. „Welcher Adressat?"

Robert M., aber mittelbar auch andere Kunden mit ähnlichen Plänen.

3. „Welcher Zeithorizont?“

Die Luftikus Bau wird die Vorteilhaftigkeit ihres Vorschlags bereits nach kurzer Zeit zeigen wollen und deshalb auf die Darstellung einer langen Zeitspanne verzichten.

4. „Welcher Detaillierungsgrad?“

Notgedrungen eher oberflächlich, da die Luftikus Bau keine Detailinformationen hat und deshalb einen generischen Business Case rechnen muss.

5. „Welche Darstellungsform?“

Die rechnerische Basis wird kurz gehalten sein und unter Umständen überhaupt nicht mit dem Adressaten geteilt. Kernstück wird eine attraktiv aufbereitete Präsentation der Ergebnisse sein.

Kontrollfrage 3-4:

Das detaillierteste Modell wird wahrscheinlich im ersten Business Case (Maschinenbau Süd AG) erstellt werden, da hier die Kenntnisse am umfangreichsten und die Datenbasis am besten sein wird. Auch der zweite Business Case würde ein detailliertes Modell rechtfertigen, allerdings sind die Rahmenbedingungen dafür schwieriger.

Kontrollfrage 3-5:

Abkürzungen sind in Fall 1 und 2 eher nicht sinnvoll. In Fall 3 könnten Abkürzungen auftreten, wenn z.B. die Luftikus Bau immer wieder ähnliche Angebote erstellt und damit eine Art „Standardmodell“ bereits vorhanden ist bzw. die Zuständigkeiten und die verfügbaren Ressourcen eindeutig sind („So wie bei jedem Angebot vorher auch.“).

Antworten zu Kapitel 4

Kontrollfrage 4-1:

Die Rolle des Auftraggebers und des Entscheiders fallen in der Person von Kurt Grips zusammen. Die Rolle des Erstellers wird von Rainer Schlau übernommen. Die beiden gehören unterschiedlichen Organisationen an. Der Business Case wird von Rainer Schlau alleine (mit fallweiser Unterstützung durch Kurt Grips) angefertigt. Die Komplexität des Business Case ist also relativ gering.

Der „base case“ besteht im konsequenten Nichtstun – also überhaupt kein Umzug, im Extremfall sogar auch keine weitere Anmietung von zusätzlichen Räumen. Allerdings würde Rainer Schlau den base case hier wohl eher als Fortsetzung der bisherigen Strategie interpretieren: also weiteres Anmieten einzelner Räumlichkeiten. Dies hätte wahrscheinlich die von Kurt Grips befürchteten Konsequenzen: Abwanderung einzelner Mitarbeiter, Effizienzverluste, längere Entwicklungszeiten, dadurch unter Umständen Auftragsverluste oder Pönalezahlungen, etc.

Kontrollfrage 4-2:

Eine Korrelation zwischen der Komplexität der Ausgangssituation und der Komplexität des Business Case ist nicht zwingend. Die Komplexität des Business Case sollte sich immer an der Komplexität der zu treffenden Entscheidung orientieren und nicht an der Komplexität der Rahmenbedingungen.

Kontrollfrage 4-3:

Als base case sind zwei Szenarien denkbar: Bau und Putz verzögert die Entscheidung über den Partner so lange, dass schließlich eine Teilnahme an der Ausschreibung unmöglich wird. Das Unternehmen kann den Auftrag dann überhaupt nicht gewinnen – mit allen damit verbundenen Konsequenzen. Als zweites base case Szenario im Business Case käme ein Alleingang in Frage: Bau und Putz entscheidet sich für keinen Partner und bietet alleine an (wenn dies technisch und inhaltlich überhaupt möglich ist). Dann käme zur Möglichkeit, in der Ausschreibung nicht berücksichtigt zu werden auch noch die Abschätzung der Konsequenzen, wenn der Auftrag gewonnen würde und ohne Hilfe eines Partners realisiert werden müsste.

Antworten zu Kapitel 5

Kontrollfrage 5-1:

1. „Welche Entscheidung?“

Hier handelt es sich explizit um eine Wahlentscheidung. Der Kunde hat sich offensichtlich bereits entschieden, den Status Quo zu ändern und schwankt noch zwischen der besten Alternative (Funkfrei oder Radio International). Aufzuzeigen ist also, dass der Kunde bei Wahl der Alternative Funkfrei den größten Nutzenzuwachs erreichen kann.

2. „Welcher Adressat?“

Der Adressat ist der Kunde, welcher die Ausschreibung initiiert hat. Natürlich muss Funkfrei genauer wissen, wer in der Organisation des Kunden die Entscheidung vorbereitet bzw. letztendlich treffen wird. Dies beeinflusst den Business Case wesentlich: letztendlich sind Personen die Adressaten, nicht abstrakte Organisationen.

3. „Welcher Zeithorizont?“

Nachdem es sich um Investitionsgüter handelt, wird Funkfrei als Analysezeitraum wahrscheinlich die gesamte Nutzungsdauer der angebotenen Lösung wählen. So lange wird die

Entscheidung (wenn auch abnehmende) monetäre Konsequenzen für den Kunden haben. Sollte dieser Zeitraum als zu lang angesehen werden (z.B. weil der Kunde die Prognose der relevanten Inputdaten über einen so langen Zeitraum als unrealistisch und damit nicht entscheidungsrelevant ansehen würde), dann wird Funkfrei versuchen, den Analysezeitraum auf den typischen Planungshorizont des Kunden zu beschränken: Wie viele Perioden blickt der Kunde bei seinen Entscheidungen normalerweise in die Zukunft?

4. „Welcher Detaillierungsgrad?"

Funkfrei wird versuchen, den Business Case so weit als möglich an die tatsächliche Situation des Kunden anzupassen – also möglichst viele für den Kunden relevante Details einzubauen. Dies wird die Akzeptanz der Analyse erhöhen. Der kritische Teil wird die Einbeziehung der Konkurrenzalternative sein: wie viel Information kann Funkfrei über die Eigenschaften, Kosten und mögliche Nutzen der Lösung von Radio International sammeln und in die Analyse einbeziehen?

5. „Welche Darstellungsform?"

Nachdem es sich um ein kommerzielles Angebot handelt, wird der Business Case typischerweise dem Kunden präsentiert werden. In der Verkaufspräsentation werden Teile der eigentlichen Kalkulation eingebaut werden (soweit es die eigene Sache untermauert). Einen schriftlichen Bericht in Textform wird es eher nicht geben, außer der Kunde wünscht eine Zusammenfassung z.B. in Form eines Anhangs zum Angebot.

Kontrollfrage 5-2:

1. „Welche Entscheidung?"

Hier handelt es sich um eine Einzelentscheidung. Der Anlagenbauer hat zu entscheiden, ob er den Auftrag zu den vom Kunden verlangten Konditionen annimmt oder nicht. Es gilt also, die Vorteilhaftigkeit der Alternative „Auftrag mit Lieferantenkredit" mit der Alternative „kein Auftrag – laufen lassen" zu vergleichen.

2. „Welcher Adressat?"

Der Adressat liegt innerhalb des Unternehmens. Je nach Größe und Wichtigkeit des betrachteten Auftrags kann dies ein Einzelentscheider (z.B. Bereichsleiter) oder ein Entscheidergremium sein (z.B. Vorstand).

3. „Welcher Zeithorizont?"

Der relevante Zeithorizont bestimmt sich danach, wie lange die Entscheidung finanzielle Auswirkungen für den Anlagenbauer haben wird. Dies ist definitiv für die Dauer des Finanzierungszeitraums der Fall. Der Analysezeitraum wird also vom Start der Projektarbeiten (erste finanzielle Konsequenzen in Form von Finanzierung der Aktivitäten) bis zur letzten Rückzahlungsrate durch den Kunden reichen.

4. „Welcher Detaillierungsgrad?"

Der Detaillierungsgrad hängt sicher von der Wichtigkeit der Entscheidung und der zur Verfügung stehenden Zeit ab (bis wann muss dem Kunden eine Antwort gegeben werden?). Der zeitliche Detaillierungsgrad wird sich auch nach den Rückzahlungsmodalitäten richten. Sind z.B. quartalsweise Raten vereinbart, so wird auch der Business Case mindestens auf Quartalsebene arbeiten müssen.

5. „Welche Darstellungsform?"

Die Dokumentationserfordernisse werden maßgeblich von unternehmensinternen Vorschriften und Regeln bestimmt werden: Welche Art und wie viel an Dokumentation ist für eine derartige Entscheidung notwendig? Was muss im Sinne eines adäquaten Risikomanagements schriftlich niedergelegt und an bestimmte Adressatenkreise innerhalb des Unternehmens verteilt werden?

Kontrollfrage 5-3:

1. „Welche Entscheidung?"

Hier ist die Art der Entscheidung nicht eindeutig bestimmbar. Der Anbieter wird tendenziell auf eine Einzelentscheidung hin arbeiten („Macht die neue technische Lösung Sinn?"). Ist ein potentieller Kunde von der prinzipiellen Vorteilhaftigkeit überzeugt, kann durchaus noch eine Wahlentscheidung (z.B. Vergleich mit Konkurrenzangebot) folgen. Zunächst wird der Anbieter aber eine Einzelentscheidung unterstützen wollen.

2. „Welcher Adressat?"

Hier handelt es sich um einen generischen Business Case, d.h. eine Analyse, welche sich nicht an einen bestimmten Adressaten richtet, sondern einen (mehr oder weniger scharf abgegrenzten) größeren Adressatenkreis potentieller Kunden. Dies erfordert Annahmen zu den typischen Entscheidungsprozessen und Entscheidungskriterien dieser potentiellen Adressaten und wird notwendigerweise zu Vereinfachungen und Verallgemeinerungen führen.

3. „Welcher Zeithorizont?"

Der Anbieter muss einen relativ kurzen Zeitraum wählen. Zum einen dürfen die Vorteile der angebotenen Lösung nicht zu spät auftreten (weil dies die Attraktivität der gesamten Lösung schmälert), zum anderen wird ein generischer Business Case unglaubwürdig, wenn er lange Zeiträume modelliert, für die aber per Definition noch keine kundenspezifische Informationen vorhanden sein können.

4. „Welcher Detaillierungsgrad?"

Aus den oben bereits genannten Gründen wird der Business Case eher einfach gehalten werden. Ein Schwerpunkt kann auf technischen Vergleichen und damit potentiell möglichen Kosteneinsparungen liegen. Die zeitliche Verteilung der Effekte kann nur grob geschätzt werden.

5. „Welche Darstellungsform?“

Der Business Case wird Teil von allgemeinen Marketingunterlagen. Deshalb wird der Anbieter eine entsprechende Darstellungsform (Broschüre, multimediale Unterlagen) wählen. Detaillierte Ausarbeitungen könnten Kunden bei Bedarf in Form von sogenannten „white papers“ zur Verfügung gestellt werden.

Antworten zu Kapitel 6

Kontrollfrage 6-1:

Als Controller sollte Kuno Kopf die methodische Kompetenz selbst mitbringen. Falls Kuno Kopf nicht selbst in das Projektteam eintritt (z.B. weil er auf Grund seiner Position mit zu vielen anderen Aufgaben betraut ist), dann sollte er eine(n) kompetente(n) Mitarbeiter/in dafür nominieren. Der von ihm vertretenen Controllingfunktion sollte man auch die gebotene Neutralität zutrauen. Die inhaltlichen Aspekte müssen von „subject matter experts“ abgedeckt werden. Zu denken wäre hier an Vertreter aus dem Marketing und der Logistik. Sinnvoll wäre vielleicht ein Filialleiter einer Filiale an einem anderen Standort oder ein Mitarbeiter, welcher bei der letzten Filialgründung im Projektteam mitgearbeitet hat.

Kontrollfrage 6-2:

Die wichtigsten Funktionen sind in diesem Projektteam vertreten. Zu fragen ist nach der Erfahrung, welche die Teammitglieder mitbringen: Wie viele ähnliche Fragestellungen haben die einzelnen Teammitglieder bereits bearbeitet, braucht Klara Klug bei der Projektleitung eventuell noch Unterstützung (z.B. durch Herrn Kopf als „Mentor“ oder „Projektsponsor“)?

Schwierig werden könnte ein eventueller Zielkonflikt bei der Mitarbeit des Filialleiters Hamburg Mitte. Er könnte die Gründung einer weiteren Filiale in seinem Einzugsgebiet als Gefahr für seinen eigenen Erfolg (z.B. erzielten Umsatz) ansehen und deshalb nicht neutral sein.

Ebenso müsste von Kuno Kopf sichergestellt werden, dass der Rückzug von ihm selbst und seinem Kollegen Herrn Hönig nicht als Signal der Rückstufung für das Projekt verstanden wird: wenn sich nur die „zweite Reihe“ damit beschäftigt, dann ist die Sache wohl doch nicht so wichtig. Dies könnte dem Team Schwierigkeiten bei der Beschaffung der Information und bei der Präsentation der Ergebnisse bereiten. Deshalb wäre es auf jeden Fall sinnvoll, wenn Kuno Kopf die Rolle des Projektsponsors beibehält.

Kontrollfrage 6-3:

Auch für Klara Klug gilt: Wichtiges zuerst, Einfaches später. Interne Daten (wie z.B. Unterlagen der letzten vergleichbaren Projekte) können einfacher beschafft werden. Das Team wird also mit der Erhebung von Informationen beginnen, die von Externen beschafft werden müssen. Am aufwändigsten sind wahrscheinlich Interviews, sodass hier am schnellsten die ersten Schritte eingeleitet werden müssen. Externe Studien, Informationen aus Panelerhebungen, etc. liegen normalerweise in aufbereiteter Form vor. Hier gilt es, die Quellen zu identifizieren und die Finanzierbarkeit zu sichern.

Antworten zu Kapitel 7

Kontrollfrage 7-1:

Argumente für Darstellung als Annahme:

- (Meist) keine wesentliche Variable, Einfluss gering, deshalb keine detaillierte Modellierung nötig.
- Zahlung fällt am Ende des Analysezeitraums an und wird deshalb durch mehrperiodige Abzinsung (in den dynamischen Methoden) einen niedrigen Barwert aufweisen. Deshalb nicht bedeutsam (siehe erstes Argument).
- Da später Zahlungszeitpunkt ist die Höhe mit großer Unsicherheit belastet. Ein Modell kann diese Unsicherheit nicht reduzieren.

Argumente für Darstellung als Teilmodell:

- Restwert hängt wahrscheinlich von Einflussfaktoren der Vorperioden ab – z.B. von der Auslastung während der Nutzungsdauer (Grad der Abnutzung) und sollte deshalb auch als Funktion dieser Faktoren modelliert werden.
- Ein Teilmodell macht die inhärente Unsicherheit der Höhe eines Restwerts sichtbar – z.B. indem der Restwert als Funktion des erwarteten technischen Fortschritts und damit des Preisverfalls der alten Technologie modelliert wird. Damit wird die Unsicherheit zwar nicht geringer, aber besser handhabbar.

Kontrollfrage 7-2:

Aussage 1: falsch

In dieser Schärfe ist das Vorgehen falsch. Wenn technische Faktoren einen wesentlichen Einfluss haben, dann müssen sie auch berücksichtigt werden. Ohne diese Faktoren ist das Business Case Modell unvollständig und wird die Realität systematisch verzerrt abbilden. Dies wird auch zu schlechteren Aussagen führen und den Adressaten nicht adäquat bei seiner Entscheidung unterstützen – egal, ob er viel oder wenig von Technik versteht.

Aussage 2: falsch

Ein Business Case, der nur Fakten verknüpft, wird zum einen sehr einfach ausfallen und zum anderen in aller Regel unvollständig sein. Wenn für die zu treffende Entscheidung tatsächlich nur Fakten relevant sind, ist der Business Case als solcher wahrscheinlich unnötig. Wenn neben den Fakten aber auch unsichere Inputs relevant sind, der Business Case diese (in einem falsch verstandenen Streben nach Einfachheit) aber ignoriert, dann ist das Modell wiederum systematisch verzerrt.

Aussage 3: richtig

Die Aufspaltung von Annahmen in (komplexere) Teilmodelle kann die Akzeptanz erhöhen, weil das, was im Auge des Adressaten bisher „verborgen im Kopf des Erstellers" geblieben ist, nunmehr offen modelliert wird. Die Unsicherheit wird dadurch nicht notwendigerweise kleiner, das Verständnis und die Akzeptanz aber unter Umständen durchaus größer.

Aussage 4: falsch / richtig

Betreffen die Annahmen für die Entscheidung relevante Variablen, so sind diese nunmehr nicht mehr im Business Case modelliert. Der Business Case hat also an Relevanz verloren. Ob er „sicherer" geworden ist, kann nicht a priori gesagt werden. Betreffen die Annahmen aber Variablen, welche für die Entscheidung überhaupt nicht wichtig waren, dann hat der Business Case nunmehr an Relevanz gewonnen (weil ablenkende „Störgrößen" eliminiert worden sind). Wieder kann aber nicht automatisch gesagt werden, dass die Unsicherheit dadurch reduziert worden ist.

Kontrollfrage 7-3:

Wenn die Entscheidung konkrete Finanzierungsmaßnahmen auslöst bzw. voraussetzt, dann müssen die monetären Konsequenzen dieser Maßnahmen auch im Business Case abgebildet werden. Wenn die Erweiterungsinvestition nur unter Aufnahme eines Kredits zu realisieren ist (für welchen in der Folge Zins- und Tilgungszahlungen anfallen), dann muss diese Tatsache entsprechend berücksichtigt werden.

Kontrollfrage 7-4:

Nein. Die Art der Entscheidung kann einen Einfluss auf den Umfang des Business Case, vor allem auf die Menge an zu betrachtenden Alternativen und damit auch auf die Menge an zu verarbeitenden Daten, haben. Die Komplexität des Business Case Modells – ausgedrückt in der Zahl der Variablen und Teilmodelle und der Zahl der Verknüpfungen zwischen diesen – ist nicht systematisch von der Art der Entscheidung abhängig.

Antworten zu Kapitel 8

Kontrollfrage 8-1:

Die Erstellung des Business Case macht durchaus Sinn. Auch eine karitative Vereinigung wird das ökonomische Prinzip verfolgen und einen gewünschten Effekt (Output) mit möglichst geringen Mitteln erreichen wollen. Das bedeutet hier, für die Modernisierung des Fuhrparks möglichst geringe Kosten schultern zu müssen – das Vermögen also so hoch wie möglich werden zu lassen.

Auch non-profit Organisationen oder öffentliche Einrichtungen können deshalb Business Cases rechnen. Profitorientierung ist keine notwendige Bedingung für deren Anwendung. Einer sinnvollen Betrachtung durch Business Cases entziehen sich allerdings alle Entscheidungen, deren Nutzen nicht primär in einem Vermögenszuwachs gemessen wird (was in vielen privaten Situationen der Fall sein wird).

Kontrollfrage 8-2:

Die Geschäftsvorfälle lassen sich für Periode t folgendermaßen charakterisieren:

	Auszahlung	Ausgabe	Aufwand	Kosten	Einzahlung	Einnahme	Ertrag	Leistung
1					25.000 €			
2						6.800 €	1.800 €	
3			11.000€	11.000 €				
4					8.500 €	48.500 €	48.500 €	48.500 €

Ein Business Case, der die Cash Flow Betrachtung implementiert (Regelfall), wird nur die grau unterlegten Werte für Periode t berücksichtigen: hier also keinerlei Auszahlungen und zwei Einzahlungen. Alle anderen zahlungsrelevanten Wirkungen der beschriebenen Geschäftsvorfälle liegen in anderen (früheren oder späteren) Perioden.

Kontrollfrage 8-3:

Ihr Arbeitskollege hat insofern Recht, als die Terminologie in der angloamerikanischen Literatur tatsächlich nicht so exakt zwischen den Begrifflichkeiten trennt wie die deutschsprachige Literatur dies tut. Die Unterscheidung zwischen Zahlungswirksamkeit und Erfolgswirksamkeit – ausgedrückt im „cash flow statement" und dem „income statement" wird aber auch von angloamerikanischen Firmen gemacht. Dies kann nicht anders sein, weil die ökonomischen Prinzipien natürlich die gleichen sind. Auch ein „angloamerikanischer Business Case" wird also diesen Unterschied machen.

Antworten zu Kapitel 9

Kontrollfrage 9-1:

Die Frage lässt sich so nicht beantworten. Im Prinzip wollen Sie die Komplexität des Business Case insgesamt derart reduzieren, dass Sie möglichst wenig von seinem Nutzen aufgeben. Je weiter Sie sich in einer der beiden Dimensionen bereits in die Nähe der Ineffizienz-Zone bewegt haben, desto eher werden sie an dieser Dimension Abstriche machen (hier ist der Nutzenverlust geringer). Diese Abschätzung ist im Einzelfall aber sehr schwierig – vor allem für den Ersteller selbst, weil von ihm nunmehr gefordert wird, dass er als sein eigener Kritiker auftritt: Was er zunächst als notwendig und inhaltlich sinnvoll erachtet hat (Komplexität des Modells, Detaillierung der Daten), soll er selbst nun wiederum korrigieren. Hilfreich ist es deshalb, für diese Revision Hilfe von Dritten heranzuziehen (einen Kollegen, einen Vorgesetzten oder den Adressaten selbst!). Eine zweite Meinung kann hier die Blockade lösen und den Blick für die besten Revisionsmöglichkeiten öffnen.

Kontrollfrage 9-2:

Zunächst einmal haben Sie ein Datenproblem. Sie passen nicht das Modell an die verfügbaren Daten an, sondern suchen Daten für ein als passend eingestuftes Modell. Ein Datenproblem lässt sich im Zweifelsfall mittels Bildung von Schätzwerten lösen.

Ein Modellproblem hätten Sie nur dann, wenn sich herausstellt, dass die Variable, für die Sie keine Inputdaten finden in der Tat unnötig oder sogar irreführend ist. Um dies einigermaßen abschätzen zu können, haben Sie zwei Möglichkeiten:

1. Einbeziehung von anderen (Experten), welche Sie bitten das Modell auf Adäquatheit für die Fragestellung zu prüfen.
2. Durchführung einer Sensitivitätsanalyse für die fragliche Variable (siehe dazu Kapitel 11.1.2).

Sollte die Sensitivitätsanalyse einen geringen Einfluss der Variable auf das Business Case Ergebnis nahelegen, dann könnten Sie alternativ zur Bildung von Schätzwerten auch über eine Eliminierung der Variable aus dem Modell nachdenken. Dieser Schritt muss aber gut begründet werden, weil auch die Eliminierung einer weniger einflussreichen Variable an sich ein willkürliche, systematische Verzerrung des Modells darstellt und deshalb nicht die Regel sein sollte.

Kontrollfrage 9-3:

Modernisierung der IT-Infrastruktur:

Eine Einheitlichkeit der Daten wird generell anzunehmen sein, da die verschiedenen Standorte wahrscheinlich alle das unternehmenseigene Berichtswesen kennen und die dort üblichen Formate und Darstellungsformen benutzen. Außerdem werden die Daten aus einheitlichen Systemen und / oder Datenbanken stammen. Dies alles wird auch ihre Nachvollziehbarkeit erhöhen (zumindest für Unternehmens-Insider, was hier ja der Fall ist). Die Daten beziehen sich zwar zum Teil bereits auf ältere Perioden, dies ist aber durch die Anfrage beabsichtigt (z.B. um die zeitliche Entwicklung aufzeigen zu können). Eine zeitnahe Zurverfügungstellung ist damit allerdings nicht sichergestellt (Termineinhaltung). Ebenso wenig lässt sich mit Bestimmtheit garantieren, dass die Daten verlässlich sind. Denkbar wäre, dass bestimmte Sachverhalte in den zur Verfügung stehenden Kostenrechnungs-Systemen des Unternehmens überhaupt nicht oder nur ungenau erfasst sind. Dann können die einzelnen Standorte natürlich auch nur ungenaue (und damit weniger verlässliche) Daten liefern. Dies hat der Ersteller zu beurteilen.

Betriebskosten der Konkurrenzlösung:

Nachdem die Schätzung von einer einzigen Person (Ihnen) gemacht wird, ist Einheitlichkeit sichergestellt. Zeitnähe sollte ebenso gegeben sein. Die generellen Probleme jeder Schätzung (so auch hier) liegen in der Verlässlichkeit (sind Sie Experte genug, um die Betriebskosten der Konkurrenzlösung adäquat einschätzen zu können?) und in der Nachvollziehbarkeit (welche Überlegungen haben Sie zu den konkreten Schätzwerten geführt?). Beide potentiellen Schwächen lassen sich abmildern, wenn die Schätzung nicht von einer Einzelperson, sondern von einem Team erstellt oder zumindest geprüft wird und das Ergebnis samt dahinterstehenden Überlegungen schriftlich dokumentiert wird.

Markteintritt in Zentraleuropa:

Die Zusammenführung von Zahlenmaterial aus verschiedenen Studien kommerzieller Anbieter ist gängige Praxis, aber trotzdem sehr gefährlich. Die verwendeten Definitionen (z.B. von Märkten oder Marktsegmenten) werden fast immer voneinander abweichen. Dies ist von den Anbietern durchaus so gewollt. Auf jeden Fall kann die Vergleichbarkeit sehr schwer herstellbar sein. Aktualität kann hoffentlich unterstellt werden und Verlässlichkeit ist das große Argument externer Anbieter. Als schwierig ist dagegen wieder die Nachvollziehbarkeit einzustufen. Kommerzielle Anbieter lassen sich an diesem Punkt naturgemäß nicht zur Gänze in die Karten blicken, weil hier ein Teil ihres Wettbewerbsvorteils begründet ist. Nichtsdestotrotz sollte man diesen Punkt immer so genau als möglich prüfen. In Summe lässt sich feststellen, dass Daten von kommerziellen Anbietern nicht automatisch in allen Kriterien besser abschneiden als andere Formen der Datengenerierung (interne Quellen, fachlich fundierte Annahmen, etc.).

Antworten zu Kapitel10

Kontrollfrage 10-1:

Zu analysieren ist hier die Alternative „Halle errichten und nutzen" mit der Alternative „laufen lassen (und angemietete Halle weiter nutzen)". Alle Zahlungen, welche in diesen beiden Alternativen unterschiedlich sind, müssen in ihrem zeitlichen Anfall berücksichtigt werden. Dies ist auf jeden Fall die einmalige Auszahlung für die Errichtung der neuen Halle. Die Nutzungsdauer ist für die Zahlungsströme der nächsten 5 Jahre allerdings irrelevant, da in dieser Zeit kein Wiederverkauf geplant ist und die Abschreibung auf die Halle kein zahlungsrelevanter Vorgang ist.

Vermiedene Auszahlungen (hier für Miete der fremden Lagerhalle sowie für den Teil der in Zukunft vermiedenen Betriebskosten) werden als positiver Zahlungsstrom, d.h. als Einzahlung dargestellt. Die betrachtete Alternative führt zu niedrigeren Auszahlungen, hat also einen positiven Zahlungseffekt – dargestellt als Einzahlung (im Vergleich zur Alternative „laufen lassen"). Die Mieteinnahmen werden hier als in der gleichen Periode zahlungswirksam unterstellt.

Geschäftsvorfall	Jahr 0	Jahr 1	Jahr 2	Jahr 3	Jahr 4	Jahr 5
Hallenerrichtung	-120000					
Mietersparnisse		12000	12000	12000	12000	12000
Betriebskosten		3500	3500	3500	3500	3500
Mieteinnahmen		8000	8000	8000	0	0

Kontrollfrage 10-2:

Nachdem keine Angaben über Kapazitätsunterschiede gemacht worden sind, muss gleiche Kapazität für beide Anlagen angenommen werden. Die für die statischen Kennzahlen erforderlichen Berechnungen sind in der folgenden Tabelle zusammengefasst.

Kostenvergleichsrechnung:

Alternative A hat die etwas höheren Kosten (-5100 zu -4800). Damit wäre Alternative B also vorteilhafter.

Gewinnvergleichsrechnung:

Alternative A bringt (auf Grund der höheren Erlöse) insgesamt etwas mehr Gewinn (300 zu 200) und wäre nach diesem Vergleichsmaßstab die vorteilhaftere Alternative.

Größe	Jahr 0	Jahr 1	Jahr 2	Jahr 3	Jahr 4	
Auszahlungen - Alternative A	-3500	-400	-400	-400	-400	-5100
Einzahlungen - Alternative A		850	1200	1550	1800	5400
Gewinn	-3500	450	800	1150	1400	300
kumulierte Nettozahlungen	-3500	-3050	-2250	-1100	300	
Auszahlungen - Alternative B	-2800	-350	-450	-550	-650	-4800
Einzahlungen - Alternative B		1250	1250	1250	1250	5000
Gewinn	-2800	900	800	700	600	200
kumulierte Nettozahlungen	-2800	-1900	-1100	-400	200	

Statische Rentabilitätsrechnung:

Wird das durchschnittlich gebundene Kapital nach der „Faustformel"

$$K \times \frac{n+1}{2 \times n}$$

berechnet, erhält man bei Alternative A ein durchschnittlich gebundenes Kapital von 2187,5 und bei Alternative B von 1750. Dem steht ein durchschnittlicher Gewinn pro Periode von 60 bei Alternative A und von 40 bei Alternative B gegenüber. Daraus ergibt sich eine durchschnittliche statische Rentabilität von 2,7% bei Alternative A und von 2,3% bei Alternative B. Auch nach diesem Maßstab wäre Alternative A also etwas vorteilhafter.

Statische Amortisationsrechnung:

Für beide Alternativen liegt der Amortisationszeitpunkt in der vierten Periode (kumulierte Nettozahlungen am Ende der dritten Periode sind noch negativ). Durch lineare Interpolation erhält man für Alternative A eine Amortisationsdauer von 3 + 1100/1400 = 3,79 Jahren und für Alternative B 3 + 400/600 = 3,67 Jahre. Hier ist also Alternative B wieder etwas vorteilhafter.

Offensichtlich lässt sich an Hand der statischen Vergleichskriterien kein eindeutiges Urteil über die relative und absolute Vorteilhaftigkeit der beiden Alternativen fällen.

Kontrollfrage 10-3:

Bei einem Kalkulationszins von 6% ist der Barwert beider Alternativen negativ (-288,98 für Alternative A, -175,96 für Alternative B). Beide Alternativen erreichen also nicht die geforderte Mindestverzinsung und sind deshalb nicht vorteilhaft. Der interne Zinsfuß liegt in beiden Fällen bei ungefähr 3% (2,87% für Alternative A, 3,02% für Alternative B). Beide Alternativen erreichen also nur eine sehr niedrige Verzinsung – deutlich niedriger als die geforderten (weil in Alternativinvestitionen erreichbaren) 6%.

Antworten zu Kapitel 11

Kontrollfrage 11-1:

Da Sie aus guten Gründen auf eine „Korrektur" der Experteninputs verzichten, bleiben Ihnen noch alle anderen genannten Möglichkeiten. Am besten bitten Sie die Experten um Abgabe nicht einzelner Inputwerte, sondern um Angabe von als prinzipiell möglich oder wahrscheinlich erachteten Intervallen für die einzelnen Inputs. Dies fällt Ihren Inputgebern unter Umständen sogar leichter, weil sie dann selbst Spielraum haben, die von ihnen subjektiv empfundene Unsicherheit zu berücksichtigen und in der Größe und Höhe der Intervalle auszudrücken.

Umgekehrt stehen Ihnen mit Werteintervallen mehr Möglichkeiten offen, die inhärente Unsicherheit abzuschätzen:

1. Sie können Einzelwerte innerhalb der Intervalle zur Durchführung von Sensitivitätsanalysen nutzen.
2. Sie können die Intervalle in Wahrscheinlichkeitsverteilungen umformen und eine Simulation versuchen.
3. Sie könnten zu einem Workshop einladen, in welchem mit den Experten gemeinsam ein stimmiges Szenario entwickelt wird, auf dessen Basis die Werteintervalle weiter eingegrenzt oder verschiedene Inputkombinationen innerhalb der Intervalle ausgewählt und beschrieben werden.

Auf keinen Fall sollten Sie eine stillschweigende Korrektur durchführen oder umgekehrt die einmal gelieferten Inputwerte unreflektiert durchrechnen.

Kontrollfrage 11-2:

Sie geben dem Adressaten Recht, dass keiner die Zukunft vorhersagen kann. Das macht die Simulation auch gar nicht – im Gegenteil: sie versucht, die Wahrscheinlichkeit unterschiedlicher zukünftiger Entwicklungen oder Zustände einzuschätzen und für die Entscheidung greifbarer zu machen. Ihre Simulation ist gegenüber einer vom Adressaten stillschweigend durchgeführten Unsicherheitsabschätzung (welche er bewusst oder unbewusst machen wird) aus mehreren Gründen vorzuziehen:

- Über die in der Simulation getroffenen Annahmen zur Wahrscheinlichkeit bestimmter Inputwerte kann man diskutieren, da sie offengelegt sind. Stillschweigende Annahmen können nicht geprüft und nicht diskutiert werden.
- Das Ergebnis einer Simulation ist primär wieder eine Wahrscheinlichkeit. Es bleibt dem subjektiven Empfinden des Entscheiders überlassen, diese als ausreichend niedrig oder hoch einzustufen, um darauf die Entscheidung zu begründen („Dieses Restrisiko ist mir zu hoch!"). Der Entscheider wird durch die Simulation keineswegs ersetzt.
- Die Simulation nimmt dem Entscheider eine Menge Arbeit ab – so wie der gesamte Business Case an sich. Wenn der Business Case als solcher gewünscht ist – warum sollte es die Unsicherheitsabschätzung dann plötzlich nicht mehr sein?

Kontrollfrage 11-3:

Die vier untersuchten Variablen zeigen einen sehr unterschiedlichen (aber durchaus typischen) Einfluss:

Der Diskontzins zeigt eine deutliche negative Korrelation mit dem Ergebnis: je höher der Zins gewählt wird, desto niedriger ist der Barwert. Dieses Verhalten ist typisch, da die zukünftig anfallenden Einzahlungsüberschüsse bei hohen Zinssätzen mit geringerem Gewicht in das Ergebnis eingehen. Im Falle des Diskontzins bedeutet eine Änderung um 10% nicht, dass der Zins z.B. von 10% auf 20% erhöht wird (also um 10 Prozent**punkte**), sondern von 10% auf 11% (10% von 10% = 1%). Da der Zinssatz oft entweder vorgegeben ist oder aus den gewichteten Kapitalkosten ermittelt wird, ist die inhärente Unsicherheit allerdings im Prinzip nicht hoch: der adäquate Wert für die Variable „Diskontzins" also relativ gut ermittelbar.

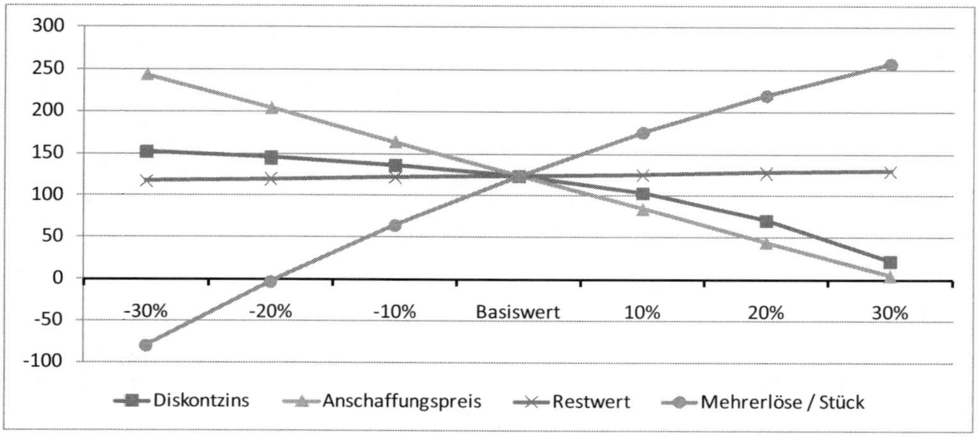

Ein ähnliches Bild zeigt sich bei der Variable „Anschaffungspreis". Sie zeigt ebenfalls einen deutlichen negativen Einfluss. Der Einfluss ist linear – wahrscheinlich wird der Anschaffungspreis in Periode 0 bezahlt und geht deshalb undiskontiert in das Ergebnis ein. Die Unsicherheit in der Variable hängt davon ab, ob man z.B. ein bindendes Angebot eines Lieferanten besitzt (Wert sehr präzise ermittelbar) oder nicht.

Der Restwert der Maschine zeigt einen sehr schwachen positiven Einfluss auf das Ergebnis. Je höher der Restwert, desto besser das Ergebnis. Allerdings wird der Restwert – da er erst einige Perioden in der Zukunft anfällt – stark diskontiert, womit sein Einfluss stark abgeschwächt wird. Im vorliegenden Fall würde man den Restwert wahrscheinlich als eine „unkritische" Variable definieren und keinen weiteren Analysen unterziehen.

Einen stark positiven Einfluss zeigt die Variable „Mehrerlös / Stück". Möglicherweise kann mit der Maschine ein bestehendes Produkt in besserer Qualität hergestellt und deshalb zu einem höheren Preis verkauft werden. In dieser Variablen steckt wahrscheinlich hohe Unsicherheit, da oft nicht genau abschätzbar ist, welche zukünftigen Preise sich am Markt durchsetzen lassen werden. Diese Variable ist definitiv kritisch und birgt wahrscheinlich die höchste Unsicherheit von allen vier behandelten Inputvariablen.

Kontrollfrage 11-4:

Das Ergebnis zeigt die kumulierte Wahrscheinlichkeit, dass das Business Case Ergebnis (hier: der Barwert) einen Wert gleich oder kleiner den Werten auf der x-Achse annimmt. Die Kurve zeigt einen typischen s-förmigen Verlauf. In der Simulation sind bei jedem Durchlauf für die betrachteten Inputvariablen zufällig Werte ermittelt und mit diesen Inputs der Output (Barwert) berechnet worden. Dieses Vorgehen ist im Beispiel bereits 500-mal wiederholt worden.

Während nach einigen wenigen Wiederholungen noch starke zufällige Schwankungen möglich sind (weil z.B. auch unwahrscheinliche, aber eben theoretisch mögliche Inputwerte eingeflossen sind), so werden sich mit zunehmender Zahl von Wiederholungen die wahrscheinlichen Inputwerte „durchsetzen" – d.h. wie werden auch öfter auftreten und damit Basis für die Berechnung des Outputs werden. Deshalb kann der Business Case Output nach wenigen Wiederholungen der Simulation ebenfalls noch stark schwanken bzw. „Ausreißerwerte" annehmen, aber mit zunehmender Zahl der Wiederholungen werden auch für den Output manche Werte häufiger auftreten als andere.

Genau dies ist das Ziel der Simulation: Ermittlung der wahrscheinlichen Outputwerte, d.h. des Intervalls, innerhalb dessen der Business Case Output wahrscheinlich liegen wird. Dies lässt sich am besten wie im Beispiel grafisch darstellen. Die Kurve zeigt folgendes:

- Sie schneidet die y-Achse bei einem Wert von ca. 11%. Das bedeutet, unter den gegebenen Annahmen (Wahrscheinlichkeitsverteilungen der Inputs) gibt es eine ca. 11%-ige Chance, dass der Barwert negativ wird.

- Umgekehrt bedeutet dies natürlich, dass in ca. 89% aller Simulationen ein positiver Barwert ermittelt worden ist.
- Der Erwartungswert liegt bei ca. 55.000 Euro. Dies ist der wahrscheinlichste Wert unter den getroffenen Annahmen.
- Die Kurve nähert sich asymptotisch der 100%-Marke und wird bei Werten oberhalb von ca. 150.000 Euro beinahe horizontal. Das bedeutet, dass noch größere Werte für den Output zwar möglich, (die kumulierte Wahrscheinlichkeit ist noch kleiner 100%), aber sehr unwahrscheinlich sind.

Das realistische Werteintervall für den Business Case liegt also ungefähr zwischen –10.000 Euro und +150.000 Euro – klar im positiven Bereich, die Wahrscheinlichkeit eines negativen Barwertes liegt bei ca. 11%. Die Simulation lässt den Business Case also als relativ attraktiv erscheinen, das einzugehende Risiko ist gering.

Antworten zu Kapitel 12

Kontrollfrage 12-1:

Der Vorschlag ist nicht wirklich überzeugend. Erstens ist der zu Grunde liegende Basispreis eben nicht derselbe. Während es nur zwei alternative Nominalbeträge gibt (Angebotspreis oder den um 5% erhöhten Angebotspreis), ist für die Größe „realer Angebotspreis" **jeder beliebige** Wert möglich – je nachdem, welche Preissteigerung man annimmt (diese ist ja unabhängig von den Angebotskonditionen zu schätzen!). Die reale Größe ist also nicht mit weniger Unsicherheit behaftet als die nominale Größe – eher im Gegenteil.

Zweitens lässt die Erstellung des Business Case mit nominalen Größen explizit die Einbeziehung der Variable „Preissteigerung" zu: Diese wird zur Einflussvariable für die Größe „Kaufpreis" und ist damit einer Diskussion bzw. einem intersubjektiven Vergleich zugänglich. Eine Transformation in reale Werte würde diese Möglichkeit ausschließen und die Transparenz und Nachvollziehbarkeit des Business Case Modells reduzieren.

Drittens müssten für die anderen Größen des Business Case höchstwahrscheinlich unterschiedliche Preisindizes angewendet werden (je nach betrachtetem Inputfaktor können dies Einzelhandelspreisindizes, bestimmte Branchenindizes oder auch die allgemeine Preissteigerungsrate sein). Damit wird die Ermittlung der realen Werte schwierig und schlecht nachvollziehbar.

Das Argument Ihres Kollegen ist also nicht ausreichend, um Sie zur Erstellung des Business Case mit realen Größen zu bewegen.

Kontrollfrage 12-2:

Sie bleiben dabei, dass zur korrekten Berücksichtigung von Steuern beide Größen angepasst werden müssen. Die Anpassung der Zahlungsreihen geschieht, um den unmittelbaren Zahlungseffekt der Steuern zu berücksichtigen: den Zu- bzw. Abfluss von Geldmitteln auf Grund von Steuerzahlungen oder Steuerersparnissen.

Die Anpassung des Diskontzinssatzes hat einen anderen Zweck: Der Zinssatz drückt die Opportunitätskosten des eingesetzten Kapitals aus – welcher Ertrag könnte mit dem Kapital erzielt werden, wenn es nicht für die im Business Case dargestellte Entscheidung eingesetzt wird? Dieser Ertrag ist dann konsequenterweise aber ebenfalls um den Steuereffekt zu bereinigen. Ohne die Anpassung des Zinssatzes würde man im Business Case zwar die Steuereffekte der betrachteten Alternative(n) berücksichtigen, diese aber in den Opportunitätskosten nicht ansetzen – also „Äpfel mit Birnen" vergleichen. Erst durch die Anpassung beider Größen kann die Berücksichtigung von Steuern (einigermaßen) korrekt erfolgen.

Kontrollfrage 12-3:

Aussage 1 ist falsch. Die dynamischen Methoden der Wirtschaftlichkeitsrechnung beruhen auf dem Prinzip der Zinseszinsrechnung. Hier ist es eben nicht gleichgültig, ob über zwei Perioden mit 8% abgezinst wird oder einmal mit 6% und dann mit 10% (Mittelwert = 8%). Die multiplikative Verknüpfung über die Perioden führt zu unterschiedlichen Barwerten, wie nachfolgendes Beispiel zeigt:

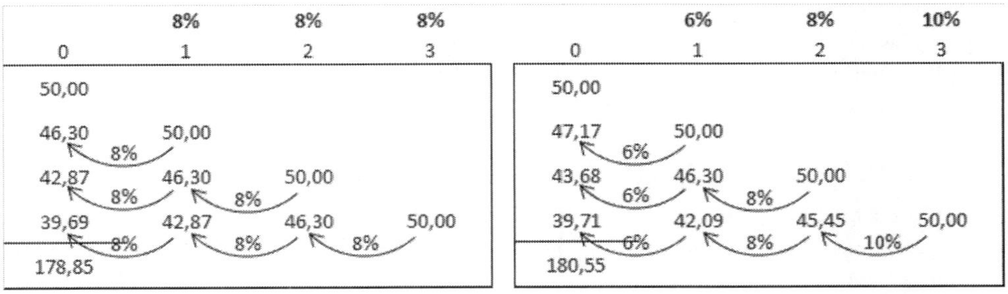

Bei einer multiplikativen Verknüpfung ist das arithmetische Mittel kein geeignetes Maß. Vielmehr muss das geometrische Mittel verglichen werden. Dieses beträgt in der linken Tabelle 8%, in der rechten 7,83%.

Aussage 2 ist richtig. Im Zeitverlauf steigende Zinssätze führten dazu, dass die hohen Zinssätze (in den späteren Perioden) nur mehr auf weniger Zahlungsströme angewendet werden, während die niedrigen aus den früheren Perioden für mehr (oder alle) Zahlungsströme relevant sind. Da hohe Zinssätze eine stärke Diskontierung (und damit niedrigere Werte) bedeuten, führen abnehmende Zinssätze zu niedrigeren Barwerten als zunehmende. Auch dies lässt sich in Fortführung obigen Beispiels demonstrieren:

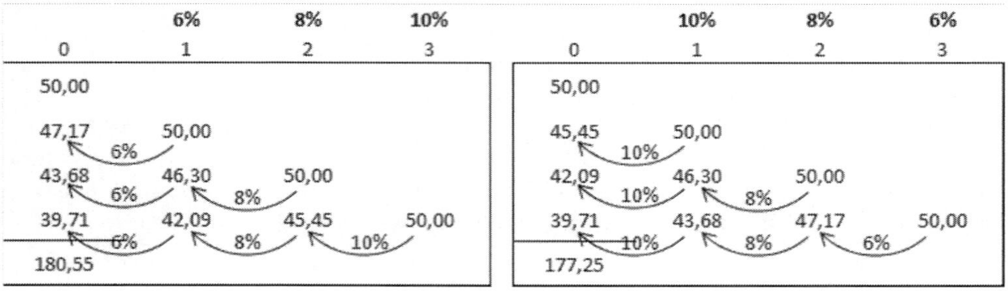

Kontrollfrage 12-4:

Eine für alle Fälle gültige Regel existiert nicht. Aber generell können die folgenden Tendenzaussagen gemacht werden:

1. Je mehr die Konsequenzen einer Entscheidung nur auf das Unternehmen intern beschränkt sind, desto eher kann eine rein monetäre Perspektive gewählt werden. Umgekehrt heißt dies, dass externe Wirkungen oft nur mittels qualitativer Verfahren abbildbar sind. Aber auch interne Wirkungen können qualitativer Natur sein (z.B. Mitarbeitermotivation oder Arbeitssicherheit).

2. Je längerfristiger die Analyse ist, desto eher wird die Einbeziehung nicht-monetärer Faktoren angebracht sein. Mit zunehmender Wichtigkeit des strategischen Fokus werden auch weiche Faktoren relevant, deren Wirkung nicht in Geldeinheiten ausgedrückt werden kann.

3. Je höher die inhärente Unsicherheit eines Business Case, desto eher sollte dieser mit nicht-monetären Faktoren ergänzt werden, um die Analyse und die nachfolgende Entscheidung auf ein tragfähigeres Fundament zu stellen.

Antworten zu Kapitel 13

Kontrollfrage 13-1:

Das wichtigste Kriterium ist der Wunsch des Adressaten. Sie werden auf jeden Fall den Adressaten fragen, ob ein schriftlicher Bericht gewünscht ist, und wenn ja, welchen Umfang dieser annehmen soll.

Unter Umständen mag ja eine deutlich „abgespeckte" Version genügen.

Die Hauptaufgabe eines Berichts liegt darin, über den Abschluss des Projekts hinaus Quelle von Information bei allfälligen Nachfragen, Diskussionen und natürlich bei der eigentlichen Entscheidung zu sein. Diese Informationsquelle kann aber unter Umständen auf andere Art und Weise geschaffen werden. Sie können deshalb auch versuchen, die Dokumentation einer Abschlusspräsentation als Ersatz für einen getrennten Bericht zu nutzen. Eine weitere Möglichkeit bestünde darin, einen Mittelsmann oder Vertrauten des Adressaten ins Projektteam zu integrieren, welcher möglichst viel von den Inhalten, Annahmen und Ergebnissen aufnimmt und als Ansprechpartner nach Abschluss des Business Case Projekts für den / die Adressaten zur Verfügung steht.

Kontrollfrage 13-2:

Obwohl Sie natürlich aus dieser ersten, noch sehr groben Gliederung nicht zu viel ableiten sollten, werden Ihnen wahrscheinlich zwei wesentliche Schwächen auffallen:

1. Der Bericht ist in der vorgeschlagenen Struktur sicher kein neutrales Instrument zur Entscheidungsfindung, sondern ein Plädoyer für die Wahl einer bestimmten Alternative. Selbst wenn die Ergebnisse Ihrer Analyse so eindeutig sind, dass das gesamte Projektteam von der Sinnhaftigkeit des Schritts überzeugt ist, so darf der Bericht nicht zu einem Verkaufsprospekt umfunktioniert werden. Dies war ziemlich sicher nicht der Projektauftrag. Deshalb sollten Sie darauf achten, dass im Bericht nicht nur das Pro, sondern auch das Contra einbezogen und möglichst neutral abgewogen wird.
2. Der Bericht „fällt mit der Tür ins Haus". Es fehlt eine Darstellung der aktuellen Situation und eine Beschreibung der einzelnen geprüften Alternativen. Die Einleitung darf nicht die Ergebnisse bringen (eine „Management Summary" dürfte dies in eingeschränktem Maße). Ebenso ist zu fragen, ob der letzte Punkt, nämlich Empfehlungen zur Umsetzung einer bestimmten Alternative, noch Teil des Projektauftrags sind oder nicht schon ein neues, eigenständiges Projekt darstellen (welches aber zuerst die Entscheidung erfordert!).

Sie sollten die vorgeschlagene Struktur also nicht unverändert Ihrem Bericht zu Grunde legen.

Kontrollfrage 13-3:

Schlauberger & Co. befindet sich in einem klassischen Interessenskonflikt: zum einen soll das Interesse an der Studie und deren Nutzen natürlich groß genug sein, um sie verkaufen zu können. Zum anderen darf dadurch nicht der Weg zu neuen Beratungsaufträgen verbaut werden. Der Business Case in der Studie wird selbst nur einen sehr eingeschränkten Nutzen für interessierte Unternehmen aufweisen:

- Zum einen muss er – da generisch, d.h. nicht auf ein bestimmtes Unternehmen bezogen – notgedrungen allgemein bleiben, die Antworten auf die „5 Fragen" würden also nur zufällig für ein konkretes Unternehmen passen. Das kann das Verständnis und die Akzeptanz deutlich beeinträchtigen.

- Da der Business Case bewusst nicht alle Quellen und Annahmen offen legt, werden Unsicherheiten und Zweifel bleiben: „Woher haben die das? Soll ich das glauben? Trifft das auf unsere Situation überhaupt zu?" Wiederum wird die Akzeptanz darunter leiden.

- Der Business Case kann nicht auf das Interesse und das Vorwissen des potentiellen Kunden Rücksicht nehmen. Für manche wird die Analyse vielleicht zu umfangreich sein, für andere zu oberflächlich.

Schlauberger & Co. will aber diesen Business Case gar nicht unmittelbar nutzbar gestalten! Er dient vielmehr als Argument für das eigentliche Angebot – die Beratungsleistung bei Umsetzung einer Just-in-Time Lösung. Der Business Case erfüllt also zumindest ein wesentliches Kriterium nicht: das der Neutralität und Ergebnisoffenheit. Dem Leser muss also bewusst sein, dass der Business Case nicht als eigenständiges Instrument zur Entscheidungsunterstützung gedacht ist und deshalb gar nicht als solcher interpretiert werden darf.

Kontrollfrage 13-4:

1. Die Präsentation ist häufig ein wichtiger Teil des gesamten Business Case – aber wie ausgeführt ist sie keine „Show", für welche ein „Profi" (Schauspieler?) engagiert wird. Nicht jeder Ersteller eines Business Case ist ein begnadeter Vortragender. Gegen Unterstützung bei der Vorbereitung bzw. auch bei der Durchführung der Präsentation (z.B. durch ein anderes Mitglied des Projektteams) ist nichts einzuwenden. Die Präsentation darf aber nicht zum Selbstzweck werden.

2. Diese Aussage ist zwar im Prinzip richtig, in dieser Schärfe aber nicht haltbar. Es werden immer Fragen offen bleiben bzw. Personen mit weniger Vorwissen und Kenntnissen zum Teilnehmerkreis der Präsentation gehören. Wäre dies nicht der Fall, dann wäre die Präsentation tatsächlich unnötig und für alle Beteiligten Zeitverschwendung.

3. Auch diese Aussage ist in der Praxis oft zutreffend. Es stimmt, dass die Akzeptanz und die Nutzung des Business Case durch die Präsentation stark beeinflusst werden kann (sowohl positiv als auch negativ). Eine gute Präsentation klärt offene Fragen, stellt Zusammenhänge anschaulich (und damit verständlich) dar, erläutert Ergebnisse und deren Bedeutung, etc. All dies hilft den Adressaten und wird die Nutzung des Business Case erleichtern – oder eben umgekehrt (bei Fehlen dieser Punkte) erschweren. Allerdings ist fraglich, ob der Zweck der Präsentation tatsächlich nur durch perfekte Folien erreicht werden kann. Die besten Folien helfen nichts, wenn die falschen Fragen beantwortet werden oder das Vorwissen der Anwesenden falsch eingeschätzt wird. Die Vorbereitung auf die Präsentation besteht also nicht nur in der Erstellung von Folien, sondern vor allem auch darin, sich (noch einmal) in die Rolle des Adressaten zu versetzen: Was wird dieser wissen wollen? Was könnte unklar sein? Welche Ergebnisse könnten politisch heikel sein?

Druck: KN Digital Printforce GmbH · Schockenriedstraße 37 · 70565 Stuttgart